LEGENDS OF
GRAND
DOMAINS VOL.2

頂級酒莊傳奇2

JASON LIU 劉永智 著

頂級酒莊傳奇2／劉永智 著 - 初版. - 台北市：積木文化出版：家庭傳媒城邦分公司發行，民100.10 328面；19×26公分--（飲饌風流；39）

ISBN 978-986-6595-59-2（精裝） 1. 酒業 2. 香檳酒 3. 葡萄酒 463.8 100021394

飲饌風流39

頂級酒莊傳奇 2 Legends of Grand Domains Vol.2

作者／劉永智｜特約編輯／陳錦輝｜責任編輯／林謹瓊｜發行人／凃玉雲｜總編輯／王秀婷｜版權／向艷宇｜行銷業務／黃明雪、陳志峰｜法律顧問／台英國際商務法律事務所 羅明通律師｜出版／積木文化｜104台北市中山區民生東路二段141號5樓｜電話：(02)2500-7696 傳真：(02)2500-1953｜官方部落格：www.cubepress.com.tw｜讀者服務信箱：service_cube@hmg.com.tw｜發行／英屬蓋曼群島商家庭傳媒股份有限公司城邦分公司｜台北市民生東路二段141號2樓｜讀者服務專線：(02)25007718-9 24小時傳真專線：(02)25001990-1｜服務時間：週一至週五上午09:30-12:00、下午13:30-17:00｜郵撥：19863813 戶名：書虫股份有限公司｜網站：城邦讀書花園 網址：www.cite.com.tw｜香港發行所／城邦（香港）出版集團有限公司｜香港灣仔駱克道193號東超商業中心1樓｜電話：852-25086231 傳真：852-25789337｜電子信箱：hkcite@biznetvigator.com｜馬新發行所／城邦（馬新）出版集團 Cité (M) Sdn. Bhd. (458372U)｜11, Jalan 30D/146, Desa Tasik, Sungai Besi, 57000 Kuala Lumpur, Malaysia.｜電話：603-90563833 傳真：603-90562833｜電子信箱：citecite@streamyx.com｜美術設計／許瑞玲｜製版／上晴彩色印刷製版有限公司｜印刷／東海印刷股份有限公司

感謝詞

To My Parents, JFB, Jean, Elaine and Atai.

頂級酒莊傳奇 2
Legends of Grand Domains Vol.2
目錄 | Contents

風雅因君不復墜

台灣的葡萄酒相關出版非常蓬勃，不僅數量驚人，品質也足以自豪。以工具理性、毫無情感，乃至於缺乏想像力的方式面對舶來葡萄酒，談年份、談產區、談酒莊、談排名與價格的書不是沒有，但更多是溫暖誠摯地談風土、談人文、談品

味，談身歷其味、其境之後而體會到的葡萄酒價值，以及這些獨特價值背後隱而不顯的獨特靈魂。如同美國地理學者索瑪斯（Brian J. Sommers）在《葡萄酒地理學》（The Geography of Wine, 2008）所揭櫫的立場：葡萄酒不只是味道、香氣與顏色，更是「地點與人的一種呈現」（an expression of places and people）──我以為，新出版的《頂級酒莊傳奇2》，或是作者兩年前出版的《頂級酒莊傳奇》，就是這類淋漓呈現葡萄酒相關地點與人的好書。

能寫出這樣的好書，除了具備對葡萄酒之美的深刻認識，也必須擁有一種不為寫而寫、不計成本地認真工作，並且「把工作轉化成文化」的態度與能力。而這種態度與能力，居然源自於台灣人深層文化基因中的「傻」。

作家韓良露寫過一篇文章（註①），提到她曾帶香港友人逛台北市信義路上位居三樓的「秋惠文庫」，裡頭陳列上千件精彩的台灣文獻、文物，反映著原住民、荷蘭、明、清、日治，乃至於國民政府來台後各個時代的常民精神。但這座收藏台灣人生活記憶的小「文庫」博物館其實是間

咖啡館，當有人指著一杯製作細緻的鮮奶油咖啡詢問售價，而新台幣120元的答案引發咋舌驚呼時，一位香港朋友忍不住脫口而出：「台灣人做生意真傻，在香港沒有人會這樣做生意的啦！」

同樣的評語，也一再重複出現在他們所拜訪的茶坊「冶堂」、素食餐廳「回留」、推廣古樂的「等閑琴館」，賣手工巧克力、現磨咖啡與生活閒情的寧靜小舖……等等巷弄裡毋需大策劃、不必大投資，不用好大喜功，絕非曇花一現，卻呈現出台北日常生活與人情紋理的小生意。

韓良露在文章裡說，這種「傻」，是來自「把生意做成文化」的「傻」，是盼望把生活底蘊和積累分享出去的「傻」，是不想也不必開連鎖店、加盟店的「傻」，是不計算坪效也不計較訂價的「傻」。

《頂級酒莊傳奇2》也是一本「犯傻了的」台灣人的著作。一本以絕大力氣孜孜對葡萄酒真正美好、酒莊風土地理與人文傳統特色，以及作者關於酒與酒莊靈魂詮

釋的完美呈現。呈現的目的既不是知識教科，更不是張狂炫耀，而是分享，簡單心意的分享。這樣的分享不但可以激發起讀者深埋心底的葡萄酒愉悅，也讓我們因為台灣人的「傻」而自豪。

曾經「文化是好生意」（註②）的論調蔚為潮流，甚至成為發展方向的指引。幸虧總有人默默地努力，為葡萄酒，為融入文化的生活，以及為融入葡萄與文化的生活而寫作，讓誤入歧途的我們因感動而知返，回到許多台灣人長期堅持的道路。鑿儒關決文泉彰，風雅因君不復墜，這就是我們期待的葡萄酒書。

《葡萄酒文化想像》作者
前台灣駐法代表
楊子葆

註①：韓良露，「把生意做成文化」的感動，《聯合報》，2010/9/25。
註②：馮久玲，《文化是好生意》，城邦文化，2002/4/10。

神馬都是為了伊

順用中國去年爆紅網路流行語「神馬都是浮雲」中的「神馬」（什麼），我要說，「神馬都是為了伊」。

伊，不是浮雲，而是讓筆者背負一身債，也要究其所以的人類文化遺產——葡萄酒。您要說，喝酒，量力而為唄，何苦把自己喝窮了。若只是喝酒、品酒，那不複雜，餘錢多一些，喝好點，喝多點，否則省點過日嘛。唔，似乎言之成理，反正我酒量淺薄。然而對筆者而言，葡萄酒不僅是裝在瓶中的酒精飲料，而是愈窮究它，便愈發能啖出其底蘊的妙飲。其風土來處的平緩或陡峭，遍佈花崗岩、石灰岩或是黏土質，釀酒人的氣質秉性與家族傳承，有機或自然動力農法的運用與否，以

上內外在條件終將瓶封，並以光陰醞釀酒質，逐漸向飲酒人顯現其原貌。「讀萬卷書不若行萬里路」，此老生常談不總是為真，但若要深入了解葡萄酒，讀書、品酒是基礎前提，但總有隔靴搔癢之感，因而驅使筆者行腳全球重要酒區一探究竟。

《頂級酒莊傳奇》在兩年多前出版，雖排不上暢銷書榜，但因愛酒讀者捧場，故仍具小規模卻不可忽視的基礎市場，使這本續集《頂級酒莊傳奇2》有機會面市。《頂級酒莊傳奇2》延續前集風格，每章以導言先行，再分文詳敘筆者至少親訪一次的三十六家頂級名莊。即便手頭拮据，但筆者還是花費傾資架設一全新個人網站「Jason's VINO」以發表本書相關酒莊的

詳細品酒筆記與評分；此新網站具備「進階搜尋」（Advanced Search）功能，讓讀者可依國家、產區、年分、葡萄品種、酒種、評分、物超所值程度以及價格進行搜尋。另，品味沒有絕對值，但卻可以有參考值，希望本人的品酒筆記對讀者有些參考價值。「Jason's VINO」除了慣常的留言板之外，另設有一專屬臉書，讀者有任何問題或意見，也可在此留言。

首部的《頂級酒莊傳奇》的採訪時間橫跨2004-2009五個年度，其中許多酒莊重訪、甚至三訪過；此次的《頂級酒莊傳奇2》的相關酒莊採訪期間則在2005-2011之間，為補上最新以及更深入資料，部分酒莊也都重訪過。展望未來，若這二部曲依舊受讀者捧場，則此書系的三部曲之形成也未嘗不可能。將來的《頂級酒莊傳奇3》將繼續探究前兩部書未能處理的其他產區，預想會有波爾多玻美侯（Pomerol）、布根地香波-蜜思妮（Chambolle-Musigny）、西班牙利奧哈（Rioja）、西澳的瑪格莉特河（Margaret River）、澳洲維多利亞州（Victoria）、

紐西蘭南北島重要產區以及阿根廷門多薩（Mendoza）產區等等。

在深不可測的葡萄酒學問面前，筆者借辭離世不久的蘋果創辦人賈伯斯之言「Stay Hungry, Stay Foolish」（求知若渴，虛懷若愚）自勉，以求葡萄酒的其真、其善與其美。

我希望此書不僅帶有書香，更要帶有酒香，您在閱讀陋文之際，若感酒蟲鑽骨，其難熬刻骨銘心，非來一杯得解，而酒液入喉，醺然神遊之際，還愈發想要窮究一下，這酒，因著何種的天時地利與人和的「神馬」，能這樣好飲，那麼，本書的誕生與筆者的「窮忙」都不僅是浮雲了。又，即便是浮雲，我的浮雲不是蒼狗，而是酒瓶、酒杯以及眾家酒神與酒仙。

劉永智

http://jasonsvino.com

（相關品酒筆記請上網查詢。Please check Jason's VINO for wine tasting notes and ratings.）

part I

北義雙 B 的前世與傳承
ITALY Piemonte

11月份，從法國駕車穿越瑞士的千巒萬壑，秋葉繽紛非黃即紅，針葉林相油綠深淺，黃綠襯上寶藍天色，臨巔之上的瑞義邊境，可眺遠，順此而下便到了環景巍峨壯闊的義大利阿奧斯達谷地（Valle d'Aosta），再驅車滑下，即來到寰宇饕家心之所向的美食醇酒之鄉：義大利西北邊的皮蒙區（Piemonte），近年來戮力推廣「慢食運動」（Slow Food）而蔚然成風的「慢食總部」也位於此。為何由北而南，而不是由東而西，例如以米蘭為起點，或是由南北上，像是以佛羅倫斯為出發點進入皮蒙區？君不見，所有的權威葡萄酒書，一律是由阿奧斯達谷地開宗名義，繼之，才論及皮蒙區，故不妨據此遊下，以阿爾卑斯群山夾道歡迎之偉壯，開啟明瞭原意為「山腳」的皮蒙酒區之精采萬狀。

即使是初初飲酒之人，定也曾聽聞義大利中部產酒區奇揚替（Chianti）之盛名；然而，產自皮蒙區最著名，且世稱「王者之酒，酒中之王」（Wine of Kings, King of Wines）的巴羅鏤（Barolo）產區紅酒，其實才是尖端收藏家以及刁鑽酒痴最迷戀、最津津樂道的酒種，同在皮蒙區內的巴巴瑞斯柯（Barbaresco）也隨後迎頭趕上，與前者共享義大利最佳紅酒的美名，愛酒者暱稱為「北義雙B」。

異香：阿爾巴

本區第一名城阿爾巴（Alba）以異香引人，每年秋季於老城市中心舉行的「國際白松露市集」乃最大賣點。白松露匿生在這山區的山麓邊，橡樹或榛果樹下，於泥中散發令母豬春心蕩漾的白松露異香，卻真以為是公豬帥哥發散荷爾蒙豬哥香，急忙挖下，未見豬哥，只見一醜陋塊莖物，母豬流涎掛嘴，不解之餘，老獵人卻一把搶去白松露塊莖，母豬難過落空，只好再奮力往他處挖去，尋尋覓覓豬哥的下落何方。然而，現下都是母狗賽母豬，狗代豬職了，此因狗狗愛吃餅乾不愛蕈菇。

城中高檔餐館、美酒美食專舖子眾多，連高級時裝店的櫥窗裡，男模擺酷、女模搔首弄姿之餘，身旁也都擺置兩瓶地酒增添氛圍，果然酒之重鎮不作他想；櫥窗裡曝光的葡萄酒廠家都付予店家酬傭，以實體廣告吸睛？遊人不意之間多看幾眼，或已將酒莊名號讀入心裡，加上義國酒標設計獨步天下，若近用餐飢腸轆轆之際，旅人倘在酒單上尋不著定見，方才櫥窗裡那款貼著美標的或許是款佳選。

品種之尊：內比歐露

皮蒙區最重要的三種黑葡萄品種，為多切托（Dolcetto）、巴貝拉（Barbera）以及最尊貴的內比歐露（Nebbiolo）。筆者首訪時，正值秋末時光，時有濃霧掩天，時而雲開霧散，金陽短暫，卻是美好溫存無限，下午三時眾生萬物披上一層金裳，靜謐詩意，多切托以及巴貝拉的葉片於此時節呈現金、橙、粉紅以及亮紅，未飲先醉，美極；兩者的酒色一如秋季葉片般深紅醒目（多切托還略帶紫光）；而，內比歐露的葉片只轉黃澤，單調的黃，所釀酒色也較淺亮，呈紅石榴色或紅寶石色，幾年熟

1

2

3

4

1. 朝陽即出，皮蒙區11月的霧氣便被緩緩驅散，山坡地種葡萄，山谷低處通常種植果樹，因易有霜害（圖中依稀可見地上白霜未散）。

2. 拉摩喇酒村裡的Gallo Wine Gallery葡萄酒專賣店，有各家頂級酒莊的巴羅鏤酒款可供選購。

3. 松露獵人Eugenio Agnello右掌捧拖著一塊如巨石般的白松露，重達1.3公斤，轟動一時，還曾上了報紙頭條。

4. 拉摩喇酒村廣場銅雕：〈與葡萄藤自土中共生的男人〉。

成，杯緣酒色便轉磚紅帶橙。可歸納出，多切托以及巴貝拉秋季葉色深，酒色濃；內比歐露葉淺黃，酒色亦淡。然酒款最為扎實，風味最之複雜，單寧含量最高，儲存潛力最強者，則是內比歐露。

巴貝拉目前仍是皮蒙區種植最廣泛的品種，最重要的法定產區DOC為Barbera d'Asti和Barbera d'Alba；但自1980年代初，在阿斯提（Asti）酒村附近的Braida di Bologna Giacomo酒莊提高了巴貝拉品種在葡萄園中的種植密度，並以法國小型橡木桶進行醇化熟成，將此品種的酒質拉升到更高的層次（代表作為Bricco dell'Uccellone），此後，其他酒莊同業佳作不斷，目前巴貝拉紅酒也漸受國際市場歡迎。巴貝拉酒款酸度較高，氣味以紅漿果為主，單寧通常不高，極適合搭餐，惟要注意現下所出現的國際釀酒風格裡，可能出現桶味喧賓奪主而遮掩了品種特色的現象。屬短、中長期儲存酒款。

多切托紅酒可說是義大利版的薄酒來，飲其清新可口，單寧頗豐卻甜潤易飲（多切托在義文即「小甜甜」之意），酸度不高，以黑色漿果以及紫羅蘭芬芳引人，也是當地人最常飲用的酒種，然而，在名家手裡（如Roberto Voerzio酒莊），多切托除了豐穎果香，其深度也常令人驚豔，飲似簡單，實則不可小覷。可惜台灣酒商通常看不上眼，極少有多切托紅酒進口。

本章討論重點的巴羅鏤以及巴巴瑞斯柯兩產區，分別位於阿爾巴城之西南與東北方，均僅以100%的內比歐露釀製。兩者皆於1966年列入法定產區DOC，接著在1980年升格為保證法定產區DOCG；舊時，酒農有時會在內比歐露裡加入約5％的巴貝拉葡萄，以添色並增加酸度。除巴羅鏤以及巴巴瑞斯柯之外，Nebbiolo d'Alba、Langhe Nebbiolo等法定產區葡萄酒也都是以內比歐露釀成，其香氣多變，結構扎實，存放潛力可達15到20年，而偉大年份的巴羅鏤甚至有60年的陳年潛力；內比歐露與托斯卡尼地區（Tuscany）的山吉歐維列

1. 以白松露浸漬過的橄欖油，拌麵或是淋在脆皮烤雞上都是天之美味。

2. 認明粉紅色認證標籤才不會買到贗品巴羅鏤；採收前酒莊需申報產量，有關單位才據量印發認證貼條。

3. 12歲的年老松露獵犬黛安娜所尋到的白松露，墊襯的是內比歐露秋季轉黃的葉片。

（Sangiovese）品種並列為義大利品質最高的黑葡萄品種。

由於內比歐露的生長期相當長，發芽早（易受霜害），採收期晚（易遇雨損），故而與黑皮諾（Pinot Noir）齊名為最難纏的品種。兩者均極容易受到地形、土壤、坡度、日照方位的影響而產生風味上的多樣變化，並皆擅以酒香顛倒眾生。又，黑皮諾原生地的法國布根地產區，與內比歐露原生地的巴羅鏤產區同為小農耕植為主，各人擁有零散四處的小規模葡萄園，釀酒人文風情極為相仿，故而常被拿來類比。內比歐露大約10月中左右才進行採收，此時葡萄園常伴生有霧氣（nebbia）飄邈繚繞，故有內比歐露因之得名的說法；此時，多切托以及巴貝拉通常已經採收，甚至發酵完畢。

巴羅鏤的原初風貌

1512年，拉摩喇（La Morra）酒村的年鑑上曾記載Nebiolium，專家相信此為內比歐露的舊稱；當時葡萄樹的種植方式逐漸改變，也就是由羅馬人流傳下來的Alteni方式轉變成較現代的、以木樁支撐葡萄樹株的方式；當時的Alteni植法，是將葡萄樹藤蔓直接架放在一棵活樹上離地蔓生，義大利南部某些地區尚可見到此種古法。

1787年期間，後來成為美國第三任總統的湯瑪斯・傑弗遜（Thomas Jefferson, 1743-1826）除了到波爾多參觀酒莊外，其實也至北義考察當地種植的優質稻米，冀望能在家鄉南卡羅萊納州移植北義稻種；傑弗遜當初是由尼斯（Nice）進入西北義的工業大城杜林（Turin），當初的尼斯還隸屬皮蒙公國（Kingdom of Piedmont）管轄。傑弗遜對當地

酒窖裡陳舊的大瓶裝（12公升）巴羅鏤葡萄酒瓶。

葡萄酒存有好感，尤其是他在杜林的英倫旅館（Hotel d'Angleterre）嘗到的一種叫做內比歐露的紅酒，其描述如下：「入口如溫潤的馬得拉酒一般甜潤可人，中段的口感又似波爾多紅酒不太甜，卻又好如香檳一般活潑清爽。」這段話證實了當時杜林上流社會已經盛行飲用帶有氣泡的內比歐露甜味紅酒。

因而，巴羅鏤的前身應是略帶氣泡的紅色甜酒。1803年，Giobert先生撰寫如下信件給法國釀酒師Jean Chaptal，述道：「欲釀出強勁且高酒精濃度的酒款，則發酵時間必須維持30天，且不能少於此數，尤其是對於巴貝拉而言；此外，要釀甜酒也需要發酵15天，這是內比歐露

葡萄所用的釀法。」

當時可能的情況是，不同版本的內比歐露都有人釀造：有不甜而較為強勁的，或是酒體清淡、有氣泡且留有剩餘糖分的版本。目前的研究者無法確認的是，氣泡型的內比歐露甜酒是為符合十九世紀初所流行的口感而釀造，還是因對發酵認知不足而導致發酵不完全？屬大陸型氣候的皮蒙區在10月、11月之際，的確會發生氣溫驟降，致使發酵暫停；然而，如此裝瓶的酒款雖甜美可人，酒質卻不穩定，也不適合久儲。

法式風格的影響

卡密歐・班梭・加富爾伯爵（Camillo Benso Conte di Cavour）在22歲時（1833年）被派任為格查內（Grinzane）酒村的村長，他也是1861年義大利統一後的第一任首相；由於伯爵對當地農業以及葡萄酒業的貢獻，此村後來改名為格查內・加富爾（Grinzane Cavour），其當時居所格查內・加富爾城堡（Castello di Grinzane Cavour）目前也是年度國際白松露拍賣會的舉行地點，堡體雄偉，遊人如織；堡內設有Enoteca Regionale Piemontese Cavour葡萄酒專賣店，供應齊全的巴羅鑶以及巴巴瑞斯柯酒款，酒迷不可錯過。

加富爾伯爵在1836年僱請對釀酒學極有熱情的史塔雷諾（Staglieno）將軍為釀酒顧問，期間，史塔雷諾開始於加富爾城堡酒窖內進行革新，首先是在密閉槽內發酵以避免葡萄汁氧化，並使用二氧化硫以增益酒款陳年實力，又引進大小各異的陳釀用木桶，當時最大者為4,400公升。不過，史塔雷諾的內比歐露紅酒依舊偏甜，當時「巴羅鑶」也尚未用在指稱某種酒款。

數年後，加富爾伯爵同時聘僱法國籍釀酒師路易・烏達（Louis Oudart）釀酒，烏達不辱使命，稍後幾年推出一款1843年份的內比歐露酒款（此酒在木桶經過4年熟成）。與史塔雷諾的義式偏甜版本不同，烏達的酒款以波爾多葡萄酒為範本，釀出勁道十足、風味複雜、口感不甜的內比歐露；似乎這兩種對內比歐露的詮釋版本共同存在了許多年。當然，後來法式風格贏得愛酒人讚賞，而奠定日後偉大巴羅鑶酒款的原型。當初若沒有加富爾的遠見，烏達便無機會轉變皮蒙區的釀酒史，故而巴羅鑶葡萄酒自始便深受法國影響，以降低葡萄每公頃產量、準確控制發酵過程、拉長發酵時間、延長葡萄皮與葡萄汁浸泡期間、不留糖分、以大型橡木桶陳年多載，終於型塑出巴羅鑶的現代風貌。

烏達的另一貢獻是自法國引進1,000支玻璃酒瓶，隔年，根據史載，烏達推出100瓶風味熟成的1844年份內比歐露，進一步開啟了巴羅鑶紅酒的現代史。當時，皮蒙區的酒農均以木桶或大型玻璃甕（Demijohn）盛酒出售，之後購酒者或是餐廳業者才轉倒在酒壺裡以方便餐桌上飲用。

此後不久，自巴黎嫁到皮蒙區法列提（Falletti）貴族世家的茱莉亞・柯爾貝（Giulia Colbert）侯爵夫人也向加富爾伯爵借調法籍釀酒師烏達，令其擔任釀酒顧問，在夫人居住的巴羅鑶村裡的法列提城堡（Castello Falletti di Barolo）督導釀酒；烏達成果斐然，夫人深愛此內比歐露美釀，便以她安身立命的酒村巴羅鑶替酒款命名。如今，巴羅鑶已是內比歐露極至表現的代名詞。

1850年代，巴羅鑶已成為貴族王公的珍釀，

阿爾巴城每年秋季舉行的「國際白松露市集」，代言名人眾多，已逝的帕華洛帝（Luciano Pavarotti）以及喬治‧亞曼尼（Giorgio Armani）赫然在列。

權傾一時的薩瓦王室成員也不例外，因而奠定了「王者之酒」的美名。直到1873年，巴羅鏤紅酒在維也納世博會（Vienna International Exhibition）贏得七面獎牌，作家逢提尼（Fantini）更於其著作《庫內歐省葡萄種植與釀酒學專論》（*Monografia sulla Viticoltura ed Enologia nella Provincia de Cuneo*）中評道：「讓我們向巴羅鏤致敬！若說內比歐露是葡萄品種中的王子，那麼巴羅鏤必定是酒中之王！」

巴羅鏤五大重要酒村

巴羅鏤DOCG產區面積約1,240公頃，區內的11個產酒村莊均位於阿爾巴城南，分別是：拉摩喇、巴羅鏤、卡斯提里奧內‧法列多（Castiglione Falletto）、蒙弗帖‧阿爾巴（Monforte d'Alba）、塞拉倫嘉‧阿爾巴（Serralunga d'Alba）、格查內‧加富爾、Diano d'Alba、Novello、Cherasco、Roddi以及Verduno。

品質最佳的葡萄園位於前五個村莊，我們可將它們分為東西兩大地理區塊以利明瞭巴羅鏤風土的概況。西半部包含拉摩喇以及巴羅鏤兩村，此區土壤黏土較多，較為肥沃，以含石灰質的泥灰岩為主，產出之巴羅鏤口感較柔軟、細膩、芬芳，也略微早熟。東半部則包括卡斯提里奧內‧法列多、蒙弗帖‧阿爾巴以及塞拉倫嘉‧阿爾巴，雖也以含石灰質的泥灰岩為主，但土質含砂量高，也較為貧瘠，所釀的巴羅鏤通常架構更扎實、口感更濃郁，酒質較為晚熟。若要更精確一些，則地理位置居中的卡斯提里奧內‧法列多，可說是兼擅兩種風格之長。

巴羅鏤・基納多

世居巴羅鏤產區內的醫師暨藥劑師朱賽裴・卡裴拉諾（Giuseppe Cappellano）於十九世紀時創製出巴羅鏤・基納多（Barolo Chinato）藥酒以治療病患的慢性病，後來成為該區特產的餐後甜味消化酒，廣受當地人歡迎，然而極少出口，是嘗遍巴羅鏤高級酒款者未必有機會品飲的美物。製作巴羅鏤・基納多的基本材料眾所皆知，即是符合DOCG規範的巴羅鏤紅酒、穀類酒精以及金雞納樹（Cinchona）的樹皮。據《本草綱目》記載，金雞納味辛，性苦、寒，有小毒，樹皮含奎寧，具有強壯、解酒、收斂、鎮靜和驅蟲功效，主治瘧疾，不論何瘧，將金雞納樹樹皮剝取乾燥後，與肉桂一起煎服，即可治癒。

巴羅鏤・基納多的通常做法是將前三種原料置入橡木桶內，加入少量蔗糖，並添入各家祕而不宣的各式藥草，歷經長時間浸泡、在桶中熟成才裝瓶。品質最優的釀造者為卡裴拉諾（Cappellano）與寇基（Cocchi），另知名大廠切樂多（Ceretto，台灣有進口）酒廠也有產製。由於各家釀法與藥草配方不盡相同且不完全公開，更添此酒神祕感。以1891年建廠的寇基為例，共運用21種配方，例如：大黃莖、老薑、小豆蔻籽……；該廠還請來在1996年於柏林舉行的「巧克力奧運」（The Olympics of Chocolate）奪金的Andrea Slitti巧克力廠，以寇基的巴羅鏤・基納多製作「巴羅鏤・基納多夾心巧克力」，與此甜酒形成天造地設的絕配。

傳統派與現代派

若說自十九世紀中期以降的巴羅鏤風格屬於現代型態，這風格一直延續到1970年代幾乎無任何變化，已然成為新的傳統；而這傳統的釀法與傳承，讓大多數酒農認為巴羅鏤若不經過至少十幾年陳放，單寧若不堅實，甚而澀口，便不是傳統巴羅鏤的真風貌；然而於1970、80年代之際，一股現代派（Modernist）巴羅鏤風潮再起，以縮短發酵時間、使用法國小橡木桶陳年等釀法，推出口感柔美、帶有新鮮果香型態的巴羅鏤而廣受歡迎，直接挑戰傳統釀法與觀念，進而形成一場「傳統派與現代派」的論戰；有關論戰種種，將在以下各家酒莊專論中進一步討論。

寇基酒廠釀製的巴羅鏤・基納多甜藥酒包含21種配方，例如：老薑、小豆蔻籽等；聞來有感冒糖漿、桂枝、陳皮、酒漬櫻桃等氣息，尚存不錯的酸度，搭上寇基同品牌的巴羅鏤・基納多巧克力，酒中浮現紅色莓果氣息相當迷人。

酒樽中見宇宙
Giacomo Conterno

漫畫《神之雫》的前五使徒皆以法國酒領軍，劇情進行到第六使徒，義大利巴羅鏤區頂級酒款終於現身，然而，在揭曉第六使徒的謎底之前，《神之雫》隆重介紹出場的其實是傳統派巨擘嘉柯莫・康特諾酒莊（Azienda Vitivinicola Giacomo Conterno），並將該莊的至頂級酒款Barolo Monfortino Riserva形容為「懾人魂魄的夜之祭」、「具有某種莊嚴的宗教性和宇宙觀」。幾年前，筆者品嘗的1997 Monfortino Riserva的確讓人心馳神迷，酒香廣袤無邊，將人圓融包覆，飲者所感受的無形空間與時間向量，一如宋朝蘇軾所書：「並生天

地宇，同閱古今宙」。凡人資質所限，無法與哲人同感，然只要有酒盈樽，東南西北往古來今之壯觀，可約略了然矣！

傳統派的聖壇

過去幾十年來，嘉柯莫・康特諾酒莊與朱賽裴・馬斯卡雷洛（Giuseppe Mascarello）、巴托洛・馬斯卡雷洛（Bartolo Mascarello）以及布魯諾・嘉寇薩（Bruno Giacosa）三莊同為傳統派巴羅鏤聖壇上的祭司，但首位設立酒質黃金高標的則非嘉柯莫・康特諾莫屬。

1   2   3

1. Barolo Monfortino Riserva僅在最好年份生產，每次產量約6,600-7,000瓶，與侯瑪內一康地（Romanée-Conti）年產量差不多。發酵時完全不作溫控，釀法極為傳統自然。

2. Barolo Cascina Francia酒質其實與Barolo Monfortino Riserva相差並不大，名列該區最佳巴羅鏤經典之一。本莊也曾在少數幾個年份釀過巴巴瑞斯柯，如Barbaresco 1965, 1970, 1971；

以及Barbaresco Riserva 1954,1958,1964，成為鐵桿酒迷喜愛蒐藏的品項。

3. 本莊的巴貝拉酒款在舊的大木桶中熟成兩年後裝瓶。2004以及2007 Barbera d'Alba酒質極優，強烈推薦。

Barolo Monfortino Riserva的首年份為1920，圖為1926以及1934年份，當年酒標還未標上Riserva，卻在瓶頸標有Stravecchio，可譯為「特級陳釀」之意，後因法規之故，不得再標上Stravecchio字樣。

青年喬萬尼・康特諾（Giovanni Conterno, -1934）於十九世紀末移民到阿根廷尋夢，發財未成，倒是於1895年在阿根廷的Tucuman鎮育有一子，此人即後來的酒莊創辦人嘉柯莫・康特諾（Giacomo Conterno, 1895-1971）；移民夢碎，喬萬尼攜眷遷回義大利，落戶皮蒙區的聖朱賽裴（San Giuseppe）村，康特諾父子開設小餐館營生，並購買葡萄釀酒以供餐館使用，多餘葡萄酒則以桶裝或是大型玻璃甕裝形式出售；一次世界大戰後，嘉柯莫返鄉，並於1920年在聖朱賽裴村一公里外的著名酒村蒙弗帖・阿爾巴建立嘉柯莫・康特諾酒莊；其實，依據家族留存帳冊所示，該家族釀酒史可上溯至1770年。

1920年代，皮蒙區的釀酒者與葡萄農涇渭分明，釀酒者占少數，多數是單純種植葡萄再將之轉售的葡萄農。相對於當時多數酒莊，本莊除了當地售酒，並以大型玻璃甕（嘉柯莫認為玻璃甕比木桶更適宜長程跨洋運送）出口葡萄酒至阿根廷，主要提供阿國的義大利移民「飲

喬萬尼・康特諾（1927-2004）與羅貝托・康特諾合照。羅貝托自承飲過最偉大的Monfortino Riserva年份為1947，其品嘗時間為2009年1月，可見此巴羅鏤酒王之潛力驚人。

酒思源」（當時嘉柯莫的舅舅Ernesto Conterno還留在阿國）。酒莊成立之際，嘉柯莫與父親喬萬尼都認為釀造適合陳年的瓶裝高級酒的市場已然形成，便於同年以外購葡萄釀出首年份的1920 Monfortino Riserva，並於1924年上市，開啟了Monfortino酒款傳奇的璀璨史。父子當下決定，Monfortino僅在極佳年份釀造，應在舊的大橡木桶內陳年好幾載才裝瓶，之後並在酒窖內陳年一段時間才釋出。

有遠見的嘉柯莫・康特諾認為，巴羅鏤絕對具有世界級美釀的質素，可站上世界酒壇與法國名釀一較高下。須知，當時多切托葡萄每公斤售價要高過於用以釀製巴羅鏤的內比歐露，因多切托酒款年輕時便極為可口，二十世紀初蔚為風潮。從許多方面來說，現代巴羅鏤之所以成為值得陳放的長壽型高級酒款，都要歸功於嘉柯莫在1920、30以及40年代的不懈努力，少了嘉柯莫這號人物，巴羅鏤的葡萄酒風景便要大為失色。

1961年份巴羅鏤雙胞典故

嘉柯莫育有五名子女，1961年將酒莊交給喬萬尼（Giovanni Conterno, 1927-2004，與其祖父同名）以及弟弟阿爾多（Aldo Conterno）經營；表面上退休後，嘉柯莫依舊給予兄弟倆釀酒上的建議，直到1971年溘然長逝。喬萬尼以及阿爾多跟在父親身邊學習釀酒多年，釀技精湛不在話下，雖兄弟兩人共事多年狀似和諧，實而阿爾多自有一套釀酒哲學，便在1969年與兄長分家，白創阿爾多・康特諾酒莊（Poderi Aldo Conterno），並分走一部分嘉柯莫・康特諾酒莊地下酒窖裡尚未裝瓶的巴羅鏤，後以阿爾多・康特諾酒標裝瓶；故而在1969建莊年份

1

2

3

1. 筆者所站拍攝點即為酒莊所在地，酒莊任一角落都可望見雪白的阿爾卑斯山葡萄園美景。

2. 木槽發酵桶的細部，底部槽門以不鏽鋼製成，易於維持衛生。

3. Cascina Francia葡萄園的海拔高度在370-420公尺之間，面向西南，向陽極佳，土壤含有高量的石灰岩以及泥灰岩，中有一條帶狀砂岩地通過葡萄園，所產酒款單寧豐富。

之前的阿爾多‧康特諾巴羅鏹其實與嘉柯莫‧
康特諾同年份巴羅鏹來源相同，但因阿爾多‧
康特諾當時較不知名，若讀者三生有幸還能找
著這些酒款，相對上物超所值，1961以及1958
年份的Barolo Aldo Conterno酒質優秀，且目前
還介於適飲期內。此外，當時酒莊尚未擁有自
有葡萄園，故而沒有葡萄園分產的問題。

相對於嘉柯莫‧康特諾酒莊擎傳統大旗為
傲，曾赴加州釀酒的阿爾多‧康特諾釀法較為
新世代，雖然其巴羅鏹酒款仍以舊的傳統大木
桶陳釀，但最優秀的Barolo Riserva Granbussia
只在桶裡陳釀36個月，這已經是該廠的極限；
其發酵期間的泡皮萃取時間也較短。另，該廠
的Conca Tre Pile Barbera d'Alba則是以法國小
型木桶陳釀（50%新桶），相對地，嘉柯莫‧
康特諾絕不使用法國小桶；更甚者，阿爾多‧
康特諾也產以100%新桶發酵並陳年的夏多內白
酒Bussiador Chardonnay Langhe DOC。目前，
阿爾多‧康特諾已將莊務交予三個兒子管理，
風格愈趨新世代，該莊也早被列入巴羅鏹頂尖
釀造者之列。

1969年的分家事件後，兄長喬萬尼繼續「以
父之名」延續嘉柯莫‧康特諾為廠號，稟承先
輩遺志，傳承偉大釀技，之後在1990年代中由
兒子羅貝托‧康特諾（Roberto Conterno）承掌
傳統巴羅鏹醇釀的聖壇地位；羅貝托也不負眾
望，酒評人皆認為羅貝托將嘉柯莫‧康特諾酒
莊的酒質拉升到史無前例的高度，睥睨世界酒
壇。羅貝托僅高中畢業，與其父執輩一般從未
接受過正式釀酒學訓練，四代男性都釀酒才情
縱橫，卻也都嚴肅不苟言笑，筆者親身驗證無
假；相對而論，阿爾多‧康特諾一家子就較為
可親，如同其傑出卻較為柔潤的巴羅鏹酒款。

紫羅蘭是巴羅鏹酒款中常會出現的香氣，圖為產自法國土魯斯
（Toulouse）地方的糖裏紫羅蘭花（Violettes Cristallisées），清甜
芬馥，可感受最直接的紫羅蘭香氛以及花朵在口中咀嚼的質感；此
做法首次出現在十九世紀。

Monfortino vs. Normale

嘉柯莫‧康特諾酒莊最重要的兩款巴羅鏹
代表作為Barolo Monfortino Riserva以及Barolo
Normale，1974以及之前年份均是以購來的葡
萄釀造。Normale意指一般款，就是非陳釀級
（Non Riserva），酒標上僅標出Barolo字樣；
當然，嘉柯莫‧康特諾出品，飲者有信心，廉
質彆腳酒款並不存在。

僅在超級年份生產的Monfortino Riserva
（Monfortino為Monforte d'Alba酒村之暱稱）
除了前幾個年份之外，其在斯洛維尼亞大橡木
桶陳釀的時間至少10年（嘉柯莫以及喬萬尼時
期），直到近幾年才縮短為至少7年（羅貝托
時期），依舊是桶中熟成時間最久的巴羅鏹酒
王，也可說是陳釀能耐最高的義大利酒款。此
外，酒莊在Monfortino Riserva桶中發酵期間完
全不做溫控（會進行經常性的踩皮以使果皮浸
泡在酒液中），發酵溫度有時可達攝氏35度，
如此釀法風險相對較大，但這幾近完全放任的
手法，讓Monfortino Riserva好似歷經苦痛艱難
後的浴火鳳凰，脫胎換骨成為具有一身傲骨的

偉釀，即便裝瓶上市後，也還需約10年的熟成期才能於酒中品嘗出其宏偉幽深的宇宙觀。

Barolo Normale與Monfortino Riserva釀法相近，但採溫控發酵處理，發酵溫度不會超過30度（約28-30度），大桶熟成4年，酒款較為早熟，其實品質相當接近Monfortino Riserva，酒價也相對便宜一半以上；基本上，兩酒款的前20年表現差異不算大，但在瓶中熟成30年後，Monfortino Riserva就會大放異彩，超越Barolo Normale的能耐。Monfortino Riserva也因發酵溫度較高，酒內的黑色漿果風味較為明顯，Barolo Normale則有著較多的紅色漿果氣韻。

1970年代初，喬萬尼發現巴羅鏤產區的氛圍逐漸改變，有愈來愈多的當地葡萄農紛紛成立酒莊，不再外售葡萄，改為自釀裝瓶上市，逐漸地，要購得高品質葡萄以釀酒益發困難。故在多年遊說努力後，喬萬尼在1974年購下旁臨酒村塞拉倫嘉・阿爾巴的Cascina Francia整塊葡萄園，並於該年種下5.5公頃的內比歐露，3公頃的巴貝拉、4公頃的多切托，以及1.5公

如同皮蒙區的其他酒莊，剛開始本莊也使用木槽發酵，但後來改為水泥槽，接著改為不鏽鋼槽，最後在1990年代末又改回木槽（如圖），但此現代化木槽有溫控設備，是本莊長遠的釀酒史裡少數的變革。Monfortino Riserva因產量小，故以後頭的約4,000-5,000公升的舊桶陳釀，基本上每年份僅有一桶。

頃的芙瑞莎（Freisa），面積共計14公頃，為嘉柯莫・康特諾酒莊的獨占園。購園後便不再外購葡萄，1974為最後一個外購葡萄的年份。2001年，羅貝托決定專心釀造內比歐露以及巴貝拉，便拔除多切托以及芙瑞莎品種。可惜，本莊的多切托紅酒品質數一數二，年輕酒迷已無緣得嘗。

Monfortino Riserva出自Cascina Francia葡萄園的第一個年份為1978，但是酒標上並不寫出Cascina Francia。購園之前的Barolo Normale，自此稱為Barolo Cascina Francia，不過此葡萄園字樣一直到1980年份才出現在酒標上。雖然之前的Monfortino Riserva主要是以外購自蒙弗帖・阿爾巴以及塞拉倫嘉・阿爾巴兩村的多處最佳地塊的葡萄，經釀製後混調而成，而1978年後的同款酒實為單一葡萄園酒款。然而，極為熟悉本莊酒款的美國葡萄酒作家約翰・吉爾曼（John Gilman）認為，購園前後的Monfortino Riserva酒質與風格幾無差異；而Slow Food Editore出版社發行的《朗給區葡萄酒地圖》（*A Wine Atlas of the Langhe*）一書的採訪團隊則認為出自Cascina Francia葡萄園的Monfortino Riserva酒質更勝以往。

1974年之前Cascina Francia園區並未種植葡萄樹，喬萬尼因長期觀察此地風土潛能極佳而購下；觀察重點之一是Cascina Francia在冬季晨陽初露時，總是第一批融雪的多陽地塊。1991及92年，因年份過差，本莊未出產Monfortino Riserva以及Barolo Cascina Francia，而是降級成為Nebbiolo d'Alba，然而此降級的DOC酒款其實可讓許多酒莊的巴羅鏤DOCG酒款相形失色。

1. 酒莊所在的蒙弗帖‧阿爾巴酒村一景。

2. 在嘉柯莫以及其子喬萬尼‧康特諾的時代，Monfortino Riserva在大桶陳年時間為至少10年，有些年份甚至更長，如1970年份一直等到1985年8月才裝瓶。

3. 購入Cascina Francia葡萄園之後，以該園葡萄釀造的Monfortino Riserva的產出年份為：1978（首年份）與1979, 1982, 1985, 1987, 1988, 1990, 1993, 1995, 1996, 1997, 1998, 1999, 2000, 2001, 2002, 2004, 2005, 2006, 2008……。1970年代時，酒標上標的是Riserva Speciale，後因DOCG法規限制，便將Speciale字樣去掉。

蒙弗帖・阿爾巴村裡的葡萄酒吧與街景。

一Monfortino Riserva的傳世經典。實而，不管該年度其他釀酒者表現如何，只要本莊推出Monfortino Riserva，必是頂尖名釀。

另一反例則是2002年份，當年該區9月3日慘遭冰雹無情攻擊，尤以巴羅鏤、拉摩喇以及卡斯提里奧內・法列多三村最為慘烈。然位於塞拉倫嘉・阿爾巴村的Cascina Francia葡萄園幸運逃過一劫，由於葡萄熟成狀態完美，喬萬尼甚至決定只釀造最頂級的Monfortino Riserva，反倒是Barolo Cascina Francia一瓶未產。2002是他莊的大爛年，甚至許多酒莊決定不產巴羅鏤，但此年卻是Monfortino Riserva史上最偉大的年份之一！

號外！嘉柯莫・康特諾酒莊近來有新作問世。羅貝托在2008年春天購入3公頃位於塞拉倫嘉・阿爾巴村的名園Cerretta，購入時已植有2公頃的內比歐露以及1公頃的巴貝拉。2008因年份不佳，多雨且有冰雹之害致使產量減少，酒莊也在2010年推出2008 Barbera d'Alba Cerretta以及由巴羅鏤降級釀成的2008 Nebbiolo d'Alba Cerreta；此外，首年份的2009 Giacomo Conterno Barolo Cerretta也將在幾年後上市。消息一出，眾家酒迷引領期盼，以空樽待酒，意想之餘，已感兩頰生津！🍷

Monfortino的經典與非經典

Monfortino Riserva無疑是傳統派巴羅鏤的傳世經典，然而它的經典年份卻常與他莊的佳釀年份相異，頗為特立獨行。以1989年份而言，許多酒莊都釀出相當精采的巴羅鏤，但喬萬尼卻認為當年的酒質未臻最完美的均衡狀態，所以未釀造Monfortino Riserva，僅產出Barolo Cascina Francia。而相對較差的1987年份，因本莊得以搶在採收季末期雨季來臨前完成採收，葡萄品質極高，故也造就了另

Azienda Vitivinicola Giacomo Conterno

Località Ornati, 2

12065 Monforte d'Alba(CN)

Italia

Tel: +39 0173 78 221

關鍵字：Michét
Giuseppe Mascarello

在《朗給區葡萄酒地圖》一書的各酒村章節介紹後，羅列了幾位曾經對北義雙B產區有過宏偉貢獻的酒農生平描述。曾經？是的，他們俱歿，因而被列為巴羅鏤偉人（The Greats of Barolo）或是巴巴瑞斯柯偉人（The Greats of Barbaresco）。

書載如同墓誌銘，除了生卒年，也憑弔其豐功偉業。若此書過幾年再版，誰尚有資格被列入偉人之林？目前健在的傳統派老英雄茅洛‧馬斯卡雷洛（Mauro Mascarello）以及布魯諾‧賈寇薩無庸置疑將受後人追憶，英雄尚在，論此太觸楣頭？或許，也不盡然，主要是兩老的貢獻有目共睹，功績幾可蓋棺論定使然，實崇敬欽佩也。本章先論茅洛‧馬斯卡雷洛所掌理的巴羅鏤名莊朱賽裴‧馬斯卡雷洛（Azienda Agricola Giuseppe Mascarello e

Figlio）。

與巴羅鏤共生

朱賽裴‧馬斯卡雷洛酒莊的發跡史可溯及十九世紀中期，第一代的朱賽裴‧馬斯卡雷洛（Giuseppe Mascarello, 1830-1902）當時因替法列提家族的茱莉亞‧柯爾貝侯爵夫人管理葡萄園而奠定名聲，其時夫人的酒釀遠近馳名，也恰是現代風貌的巴羅鏤初初形成之際。朱賽裴替侯爵夫人工作至1881年為止，於同年興建酒窖，買入3公頃位於蒙弗帖‧阿爾巴酒村的優質葡萄園Pian della Polvere，是為建莊之始。

朱賽裴育有3男3女，幼子茅力裘（Maurizio Mascarello, 1861-1923）留在父親身旁學習釀酒，並在1904年於旁臨酒村卡斯提里奧

1. 此為酒莊唯一醒目的老舊招牌，因酒莊字數過長，故只寫上目前莊主的大名。本莊也屬Ordine dei Cavalieri del Tartufo e dei vini di Alba這個地區性美酒美食推廣組織的成員。

2. 莊主茅洛‧馬斯卡雷洛是全世界葡萄酒行家所公認的巴羅鏤區大師級人物。

3. 冬季晨霜包覆下的內比歐露葡萄葉片。

Barolo Monprivato曾在1985年倫敦品酒會上勝出成為酒王，連波爾多五大酒莊都非敵手。在較遜色的年份，Monprivato園區部分葡萄會被和其他園區葡萄混調成為混調Barolo酒款，如1991, 1992以及1994。1972, 1977以及2002未產Barolo Monprivato。

內・法列多購下一農舍與將近4公頃的名園Monprivato，此後茅力裘便將酒莊遷至卡斯提里奧內・法列多，該莊的釀酒史也以此園為主要重心。1919年，機緣之下，茅力裘購下位於巴羅鑞產區西南邊緣Monchiero村裡的一大屋宅與建築的實際主體——儲冰窖。此建於十八世紀的古代儲冰窖挑高極高，牆厚達1公尺，即使外頭烈陽撒野，仍可保窖內終年恆溫約在

攝氏12度，又因儲冰窖位於河岸畔，溼度極佳，釀酒最宜。購窖同年，茅力裘又將酒莊遷移至此，之後未再遷址至今。

茅力裘逝於1923年，並將酒莊交予兩個兒子管理，分別是長子朱賽裴・馬斯卡雷洛（Giuseppe Mascarello, 1897-1983，也被喚作Gepin，以下就如此簡稱）以及次子那塔磊（Natale Mascarello）。離世前，茅力裘在1921年展開該莊最關鍵的葡萄園改造計畫：以馬撒拉選種（Sélection Massale）的方式遴選出自家葡萄園裡最佳的內比歐露葡萄株種Michét種，並將它重植於Monprivato園裡，逐年改種之下，Michét種的比例逐漸提高，這也是該莊酒款之所以芬芳雅致的要因之一。

就是要Michét

用以釀製巴羅鑞以及巴巴瑞斯柯酒款的內比歐露葡萄極容易產生基因變異（mutation），一如法國布根地的黑皮諾。內比歐露品種下存在著幾十種次品種（Sub-variety），但法規允許使用的僅有三種。第一種是Michét，它得名自Michetta，乃因其葡萄串形狀頗像Michetta圓麵包捲，Michét產量低，酚類物質含量高，一般認為品質最高。第二種是Lampia，其葡萄串型較大，也較碩長，品質頗可信賴，且釀酒上的各種要求都達一定水平，為種植最廣泛的次品種。第三種是Rosé，雖然芬芳，蓄積糖度較高，然酸度也偏高，且色素低，使原本酒色即較淺薄的巴羅鑞更不具顏色，故不受酒農歡迎而逐漸消失。朱賽裴・馬斯卡雷洛酒莊擇善固執，在Monprivato園中廣植Michét，使得定義該莊形貌的關鍵字除了Monprivato之外，就是Michét了！

1

2

3

4

1. Barolo Riserva Ca d'Morissio是本莊最高階酒款，以2001年份為例，酒標上載明此酒的750ml標準瓶裝產出2,040瓶，雙瓶裝產出252瓶，4瓶裝則產出38瓶。1993是Ca d'Morissio的首年份，同年，酒莊也首度推出Freisa Toetto酒款，芙瑞莎品種僅剩少數傳統酒莊種植。

2. 左為Barolo Villero（風格陰性優雅，1978為首年份）；右為Barolo Santo Stefano di Perno（風格雄渾勁實）。

3. Barbera d'Alba Superiore, Santo Stefano di Perno。

4. Mauro在1970年將Monprivato園區名稱註冊版權，他人不可使用。即便後來此園售與他人，後者也需購下Monprivato名稱使用版權方能在酒標上如此標示。此乃因當時法規尚未明確劃分各葡萄園界限，現已不可能註冊葡萄園名稱版權。

Monprivato 十大名園之一

1979年，巴羅鏤著名釀酒人暨地區葡萄酒史學家拿提（Renato Ratti, 1934-1988）根據田野調查的口述歷史以及實地觀察，畫出巴羅鏤以及巴巴瑞斯柯兩區的首份次產區（Sottozone）地圖，這裡指的即是單一葡萄園。拿提列出兩類次產區，第一類是「具有歷史重要性」，第二類是「具有特佳品質」；這分類有點怪，因這兩類項下都包含有巴羅鏤最精采的單一葡萄園。不過將兩類名單合一，就出現了相當完整的巴羅鏤單一葡萄園地圖。Massimo Martinelli在1993年將上圖整理並更新，列出10個一等葡萄園（1a Categoria），雖然這並非官方認可的分級制度（該區的分級制度尚未存在），卻是各方專家無異議認同的歷史名園，包括：Rocche dell'Annunziata、Brunate、Cerequio、Cannubi、Marenca-Rivette、Lazzarito、Gabutti-Parafada、Rocche di Castiglione、Villero以及Monprivato。朱賽裴·馬斯卡雷洛酒莊便在最後兩園中擁地釀酒。

如同前章的嘉柯莫·康特諾酒莊第三代的分家狀況，本莊第三代的Gepin以及那塔磊兩兄弟最終也告分家，各分走一些葡萄園和酒窖裡的老酒。Gepin續承前人努力，繼續為朱賽裴·馬斯卡雷洛酒莊釀出經典巴羅鏤酒款。且由於酒款深受歡迎，市需擴大，故而在其父茅力裴逝世不久，Gepin除了以自家葡萄釀酒，也開始購入優質園區葡萄（如：Villero、Bricco、Bussia等葡萄園）以釀酒，他甚至在1960年代初期也釀製了幾個年份的巴巴瑞斯柯。直至1969年，本莊僅出產一般款（Normale）和陳釀款（Riserva）兩種巴羅鏤，均以不同葡萄園的果實釀造後混調而成。

朱賽裴·馬斯卡雷洛家族同時也開始尋找購入優秀葡萄園的契機，當然首要目標乃在購入更多的Monprivato葡萄園；然而，當時整個Monprivato園區40%的土地均屬梵蒂岡教廷，儘管Gepin多次尋求與教廷協商購地，但都不得其門而入。直至1986年，教廷正式將Monprivato拍賣，馬斯卡雷洛家族當仁不讓標下美園，再加上向鄰居小農搜購的同園零碎地塊與1979年向那塔磊買回的0.7公頃，1990年Monprivato終成本莊的獨占園（Monopole），共計6.13公頃。

將單一風土裝瓶

與父親一同釀酒多年之後，家族第四代的茅洛·馬斯卡雷洛於1967年接續父親Gepin莊主之責持續釀酒至今；茅洛之妻Maria Teresa負責會計與行政事宜，其子朱賽裴·馬斯卡雷洛（Giuseppe Mascarello，與其祖父和曾曾祖父同名）則協助父親釀酒。

茅洛接手莊務之後的第一個重大決定，便是在1970年份以Monprivato園中的Michét種老藤（即由其祖父茅力裴於1921年所植）之果實單獨釀酒並單獨裝瓶，本莊的首年份Barolo Monprivato單一葡萄園酒款於焉誕生。繼茅力裴的1921年重植計畫後，Gepin也在1962年開啟另一波的Michét重植計畫，再度提高Michét的園中比例。 1970 Barolo Monprivato僅以老藤Michét所釀酒液裝瓶，其他果樹因重植之故尚過於年輕。

Gepin一開始並不同意茅洛釀造單一葡萄園酒款，因有違傳統巴羅鏤混調各園區葡萄之特質以截長補短，甚而更加增進酒質複雜度的做法；茅洛執意釀造Barolo Monprivato

1

2

3

1. 本莊酒窖原為建於十八世紀的儲冰窖，酒窖在河畔旁，舊時冬季河面結冰，便切冰儲於窖內，覆上木屑，可保冰塊至隔年6月不化。酒（冰）窖磚牆厚1公尺，可保終年恆溫於攝氏12度，釀酒最宜。

2. 除了部分訂製的不鏽鋼桶外，酒莊依舊使用水泥槽發酵。

3. 木梯搭著的是窖內較大型的熟成桶（約10,000公升）。大桶都以蒸氣加熱協助木桶成型，未經過燻桶步驟，桶味中性，幾未替酒添上任何桶味。

的原動力有兩點：第一，在茅力裘的時期，酒莊僅以自有葡萄釀酒，且絕大部分指的是來自Monprivato的葡萄，當時茅力裘曾有將Monprivato葡萄酒單獨裝瓶的紀錄，且據Gepin說酒質相當優秀，故而引起茅洛對Monprivato單獨裝瓶的好奇，此乃有祖史可徵。

再者，1960年代之際，前段提及的葡萄酒史學家拿提以及著名美食美酒作家維諾內利（Luigi Veronelli, 1926-2004）皆大肆鼓吹單一葡萄園裝瓶的做法，令茅洛的決心更加堅定，甚至欲在接莊首年的1967年即開始單獨裝瓶，無奈父親Gepin持反對意見，茅洛只好等到下一個優秀年份——1970年——才進行Barolo Monprivato的釀造計畫。Gepin的擔心也不是完全毫無緣由，因為他掌莊時期所裝瓶的Barolo Normale以及Barolo Riserva傳統混調酒裡，通常Monprivato的葡萄原料僅占25%，故而對100%的Monprivato單獨裝瓶信心不足。Gepin總是對兒子說：「以Monprivato為基礎，然後再加入其他葡萄園優秀果實為釀酒原料。」然而，Gepin晚年時態度轉變，對兒子當時的抉擇抱持極為認同的看法。

1985倫敦品酒會

Monprivatio葡萄園呈長條帶狀，西南向，晨晚受陽，除黏土、泥灰岩外，亦含高比例的活性石灰岩，土色灰白，酒釀芬芳婉約，具健全酒體，在口中優雅地瞬變出複雜風味。Barolo Monprivato於國際酒壇的成名之役發生在1985年的一場倫敦品酒會，該場品酒會由專業品酒人、酒界專家以及葡萄酒大師（Master of Wine）等所組成的Forum Vinorum民間品酒協會主辦，當年採盲試的品酒結果也被刊登在克萊夫・柯耶特（Clive Coates）葡萄酒大師的 *The Vine* 雜誌上，1978 Barolo Monprivato被評為第一，且克萊夫・柯耶特還給予20/20的滿分；當天競試酒款除了來自巴羅鏤，也包括義大利27個DOC以及DOCG等級葡萄酒，並包括56款波爾多酒款，其中的貝翠斯堡（Château Pétrus）以及波爾多五大（Château Margaux, Château Latour, Château Lafite, Château Mouton Rothschild, Château Haut-Brion）都在競賽名單之內，結局波爾多經典皆居下風。經此一戰，Barolo Monprivato已成酒壇名釀，這簡直是「1976巴黎品酒會」事件之翻版。

Ca d'Morissio：茅力裘之家

接續Gepin在1962年的Michét重植計畫，茅洛在1983年又開始進行為期4年的Michét選種計畫，這期間若是連續4年某些Michét植株不論是在抽芽、開花、結果、果實轉色（Veraison）或是熟成狀況都有最佳表現，便選為這階段Michét重植計畫的植株；1985年拔除Rosé種老株，1986年進行深達地下4公尺的徹底翻土，好讓土壤深層的礦物質和微量元素重回地表，休耕3年後終在1988年於Monprivato園裡劃定的1N區域種下Michét新植株。1993年，重植計畫又再重複一遍，將優選的Michét種植於劃定的2N區域，目前Monprivato園區約有五成的內比歐露屬於Michét種。

1993年份，1N區域生產了2,700公升酒液，其中3/4在大橡木桶中熟成4年後裝瓶為Barolo Monprivato，另外還有600公升則繼續陳年至第6年，於1999年才裝瓶為Barolo Monprivato Riserva Ca d' Morissio，乃本莊品質最高、最稀罕、以100%Michét種釀成，且僅在最優年

1. 除了較現代的氣墊式壓榨機，酒莊還依舊使用傳統的垂直式壓榨機，後者效率僅達前者1/8，但莊主表示壓榨效果極佳，只是需隨侍在側，壓榨時大約要一天一夜不得闔眼。若是氣墊式壓榨機則是全自動，輕鬆許多。

2. 酒莊外表。因近河邊，故而約每50年會遭大水侵襲，1994年大水侵入窖內達2公尺高，沖走莊內幾百瓶美釀與河中魚蝦分享，還好大型釀酒桶夠高，水未淹過桶頂，算是不幸中之大幸。

3. Barolo Monprivato名列最芬芳細緻的巴羅鏤名酒之一。

發酵完的酒液需裝成小瓶樣本送檢通過才可裝瓶。本莊現以100%自有葡萄釀酒。

份才產出的旗艦酒款，可與Barolo Monfortino Riserva Giacomo Conterno 以及Bruno Giacosa 的紅標陳釀款（Riserva Red Lables）並駕齊驅為世界級酩釀。Ca d'Morissio為皮蒙區方言，即是「茅力裘之家」的意思，茅洛取此酒名意在向祖父茅力裘致敬。截至目前，Riserva Ca d'Morissio的生產年份為1993、1995、1996、1997、2001、2003、2004以及2006，之後年份尚待幾年品嘗評估之後才下決定；萬一未達最嚴選標準，則打回Barolo Monprivato經典酒款裝瓶。

朱賽裴‧馬斯卡雷洛酒莊裡當然看不到法國小型橡木桶，使用的是目前巴羅鏤釀酒人最常用的斯洛維尼亞大橡木桶。Gepin在二次大戰時曾被派駐斯洛維尼亞，他觀察到該國橡木的高品質，戰後返鄉仍舊謹記在心，1950年代當酒莊需汰除過於老舊的大桶時（當時皮蒙區最常用的是大型栗木桶），Gepin便以斯洛維尼亞橡木製成傳統大型陳釀酒桶（Botti），現已成為本區傳統派釀酒者必備，Gepin也是本區第一位使用斯洛維尼亞大橡木桶的釀酒人。

相較於法國橡木，斯洛維尼亞橡木質地更密，氣味較中性，通常幾年使用後，已成僅提供酒液與桶外氣體微微交流以助緩慢熟成的中性容器。

目前除了Barolo Riserva Ca d'Morissio在桶中熟成6年之外（1996年份則為7年），其他巴羅鏤酒款皆在桶中熟成4年左右裝瓶，巴貝拉則為2年。目前本莊共有12款酒，多數是單一葡萄園裝瓶，水準非常整齊，即便是初階的Dolcetto d'Alba Bricco也相當美味。值得一提的酒款還有Barolo Villero（陰性優雅，Villero葡萄園位於Castiglione Falletto酒村）、Barolo Santo Stefano di Perno（雄渾勁實，此園位於Monforte d'Alba酒村）和以極為罕見的「前根瘤芽蟲病」時期所植而尚存的百年老藤所釀的Barbera d'Alba Superiore Codana（優雅帶土系氣韻，位於Castiglione Falletto）。

現任莊主茅洛被稱為能夠與時俱進，不沉溺自限於往日舊時光的開明傳統派大師，他甚至在1994年起花費3年光陰依據自我需求打造不鏽鋼溫控發酵槽，因能夠較過去更準確控制發酵以及萃取過程，故而相對於幾十年前發酵以及之後的浸皮萃取時間可長達60天的狀況已不復見，現平均為30天左右。這特製發酵槽甚至還獲得「工業發明專利」。傳統與創新共濟一身，茅洛老英雄是也！🍷

Azienda Agricola Giuseppe Mascarello e Figlio

Via Borgonuovo, 108
12060 Monchiero(CN)
Italia
Tel: +39 0173 792 126

不默而生
Bartolo Mascarello

2005年版的《朗給區葡萄酒地圖》一書中,在巴羅鑢酒村介紹章節之後,羅列了五位曾對本村葡萄酒產業貢獻卓著,並為後世樹立典範的「巴羅鑢偉人」,其中兩位為父子檔,分別是朱留‧馬斯卡雷洛(Giulio Mascarello, 1895-1981)以及巴托洛‧馬斯卡雷洛(Bartolo Mascarello, 1926-2005),以後者為名的巴托洛‧馬斯卡雷洛酒莊(Cantina Bartolo Mascarello)目前則由巴托洛之獨生女瑪莉雅—泰瑞莎‧馬斯卡雷洛(Maria-Teresa Mascarello)接掌。真正的巴羅鑢酒迷無不奉本莊為傳統巴羅鑢釀酒哲學的終極代表,也因前任莊主巴托洛不願隨波逐流,甚且「冥頑不靈」,而被稱為「傳統死硬派大師」。

暖房裡的兩隻濕狗

設於紐約的「義大利葡萄酒商人」(Italian Wine Merchants, IWM),這家專營義大利美酒的專業葡萄酒舖除了設有網站,老闆愛斯波希多(Sergio Esposito)也會定期寄發與葡萄酒相關的新聞信給顧客參考,在其於2008年冬季所寄出的創刊號裡頭,有篇標題為〈超越100分的84分美釀〉(*When 84 Points Is Better Than 100*)的文章,講述的即是巴托洛‧馬斯卡雷洛酒莊。

內容大略是:2008年3月初,愛斯波希多接到友人義大利葡萄酒作家Franco Ziliani的電郵來信:「你能相信嗎?他們竟然將Bartolo Mascarello的2001年份Barolo評為84分。」

這裡的「他們」,指的是總部位於加州的《葡萄酒觀察家》(*Wine Spectator*)雜誌,它也是全球影響力最大的葡萄酒雜誌之一,評鑑系統如同知名美國酒評家派克(Robert Parker)採取100分制。

電郵附件是《葡萄酒觀察家》的資深編輯沙克林(James Suckling)針對此酒的評論:「聞起來有怪怪的霉臭味,就像一間暖房裡,窩居著兩隻濕答答的狗……」其實,這樣的外行評論與評分早在酒界間引起軒然大波;讀畢信件,愛斯波希多明白沙克林只懂現代派(Modernist)的巴羅鑢酒款,不懂傳統派醇釀的美質而亂下評語,故而馬上加訂了50箱的2001 Bartolo Mascarello Barolo;愛斯波希多如此篤定,是因他已嘗過此酒,心中早埋定見,況且類似的事件已在1996 Bartolo Mascarello Barolo酒款身上發生過,當時愛斯波希多也是追訂50箱,並力薦客戶每人購下一箱,今日再嘗馬斯卡雷洛1996 Barolo的客戶,無不感激愛斯波希多的專業鑑酒能力。

附件文中還說,Franco Ziliani抱持著陰謀論,認為應該是因巴托洛‧馬斯卡雷洛酒莊從未正視《葡萄酒觀察家》的顯赫名聲,並常常拒絕贈送樣品酒供雜誌品鑑評分之用,故該誌有此報復之舉。筆者無從得知報復是否屬實,但確實認為並非每個人都「喝得懂」最優秀傳統派巴羅鑢的精采。比如:心思不夠細膩、只愛風騷、強勁、大尺寸的加州卡本內紅酒、每日吞吐50款以上葡萄酒的「專業酒評人」,是無暇耐心等待美酒自瓶中慢慢綻放的,自然容

1. 1930年代時，本莊如同其他同業，多數的葡萄酒都是以圖中的大型玻璃甕的型態出售給餐廳以及私人直客。

2. 本莊「惡名昭彰」的「棄絕小型橡木桶，棄絕貝魯斯科尼」酒標，右上角的紙窗被訪客不小心撕掉了，殘念！

3. 除了葡萄酒外，榛果也是皮蒙區特產。

4. 巴托洛‧馬斯卡雷洛閒暇時在木板上的塗鴉作品，圖中機翼上寫的是：「棄絕小型橡木桶」（No Barrique）。

易錯判。其實只要稍具耐心，酒齡10年左右的巴托洛‧馬斯卡雷洛巴羅鏤紅酒，醒酒過後，必定回報飲者以繁複的玫瑰、紫羅蘭、地系、瀝青等之迷魂風味；當然，若能品到20年以上的，必能感受傳統死硬派大師之所以終身奮鬥所為何來。

另外，巴托洛生前諄諄告誡瑪莉雅－泰瑞莎，要讓品酒人親臨酒莊試酒，而非追著酒商四處跑；況且，今日此刻，本莊幾乎所有的酒款在釀造前皆已被榜上有名的老客戶分光，要擠入購酒名單，只能盼光陰之流汰除老客人……。

2009年冬季，筆者親到位於巴羅鏤酒村裡的巴托洛‧馬斯卡雷洛酒莊，瑪莉雅－泰瑞莎在杯中徐徐倒入2001年份的巴羅鏤，我並未嗅聞到「暖房裡的兩隻濕狗」，但探有紅棗、炭焙咖啡、皮毛、白松露、凋枯玫瑰、甘草糖漿等繁複幽微如絲毯交織的香氛質地；或許距沙克林品評的一年多後，「暖房裡的兩隻濕狗」已狗毛乾爽，蓬鬆柔軟了；筆者以慣用的10分制，在筆記本上寫下9.5/10，意指「餘韻繞梁的天之美祿」，離「不可臻至的烏托邦最高境界」10/10也不是那麼遠了；〈超越100分的84分美釀〉這標題或嫌溢美，然美酒素質之高，卻是無庸置疑。

左派世家

馬斯卡雷洛家族的釀酒史可溯至巴托洛梅歐‧馬斯卡雷洛（Bartolomeo Mascarello, 1862-1952）時期，巴托洛梅歐曾經擔任巴羅鏤釀酒合作社（Cantina Sociale di Barolo）的酒窖大師多年，然而，此釀酒合作社在1920年代便遭當時的右派法西斯政府下令關閉，堂而皇之的

理由是「不准人民結黨集社，免生是非」，實則是懼怕人民齊聚不滿聲音，奮起對抗高壓政府。

巴托洛梅歐之子朱留，家貧，自幼失學後，便離家到南邊的熱那亞（Genova）城擔任麵包學徒，身為貧苦勞動階級一員，對於社會不公慘狀感受尤深，以左派人士自居，左派思潮令其境遇愈加坎坷，一次大戰時（1914-1918）甚至被留放到薩丁尼亞島旁的小島—聖安提歐科島（Sant' Antioco），是為政治犯，同梯流放的同胞還包括反戰者、社會主義者以及無政府主義者；戰後歸鄉，見父親任事的釀酒合作社江河日下，便在1920年1月1日建立馬斯卡雷洛酒莊（Cantina Mascarello）。朱留釀酒之餘，不忘政治運動，曾是國家解放委員會（CLN, Comitato di Liberazione Nazionale）的游擊隊成員，以對抗二次大戰的占領德軍以及不得民心的義大利法西斯政權。朱留也是二戰後的首位巴羅鏤村村長。

1920到30年代，馬斯卡雷洛酒莊多次購園擴充成為占地5公頃的莊園，但此後至今未再擴充（即使曾有多次購園機會），始終維持小而美的家庭工匠事業型態，年產量一直維持在3萬瓶左右（巴羅鏤酒款占2萬瓶）。當時本莊如同其他同業，多數的葡萄酒都是以大型玻璃甕的型態出售給餐廳以及私人直客，並附上裝瓶指示、酒標以及瓶頸標籤，若客戶未及將剛上市（經過4年大橡木桶熟成）的巴羅鏤飲完，便可自行裝瓶以利陳年；彼時本莊僅將約十分之一的葡萄酒以瓶裝方式售出。

二戰過後的1950年代，朱留的獨生子巴托洛也加入酒莊事業，與父親並肩續釀傳統酪酒，並進一步將「頗具盛名」的小酒莊發展成為國內外皆知的傳統派典範名莊；1970年代，

酒窖一角。地上玻璃甕裡的葡萄酒可作添桶用（冬天天氣乾燥時，大木桶中的酒液容易蒸散到空氣中，即所謂「天使的那一份」）。右邊架上儲有本莊1964年份的優秀巴羅鏤酒款，較老的精采年份還有：1961, 1967, 1970, 1971, 1978, 1982, 1985, 1989, 1996, 1997, 2001；而2004到2009也都相當優秀。

本莊僅剩十分之一的葡萄酒以大型玻璃甕形式出售，其餘十分之九皆是現代瓶裝；在1980年的巴羅鏤DOCG保證法定產區規範實施前夕，馬斯卡雷洛酒莊已停售大型玻璃甕裝的版本。另外，為避免客戶將本莊與另一名莊朱賽裴·馬斯卡雷洛搞混，產生混淆，巴托洛遂在1985年將大名Bartolo Mascarello標於酒標上，而Cantina Mascarello僅在背標以小字印刷，故現多稱本莊為Bartolo Mascarello。

當然，巴托洛是「哲人日已遠，典型在夙昔」，但在他過逝前幾年，談到他身為眾人公認的典範人物時表示：「曾經，年輕的釀酒師在事業草創初期都會來跟我尋求建議與鼓勵。曾幾何時，當1990年代的狂潮（註：指使用法國小型橡木桶與其他新式釀酒技巧）席捲整個產區時，我這個典範也成過時標本。我擁有的5公頃園區是父親手耕的遺產，我堅持以前人之法釀造巴羅鏤。今天，卻出現了另一種典範。人們僅想著擴張，提高產量，賣出更高的價錢。對這些不尊重先祖遺留給我們健全風土的人士而言，我已教無可教，因為這些釀酒人所期待的是另一種典範：商業為尚、釀出可早飲的酒款，以及廣大的美國市場。」

然而，以今日的時間點看來，二十一世紀起始，許多過度以法國小型橡木桶陳年的俗豔易飲巴羅鏤酒款，已遭部分曾經「迷失」的飲酒人棄絕，「迷途知返」重新回顧傳統優秀釀酒人所堅持的釀酒哲學，靜心驚喜地發現其醇釀風格之深廣而悠揚。哲人雖已遠，醇釀明心志，吾輩飲之了然於心。目前，本莊有70%的產量出口各主要國家，其中，美國仍是市場霸主。當然，馬斯卡雷洛不競逐市場，而是市場傾身來訪。

朱留與巴托洛共同釀酒直到其生命盡頭來臨那一刻才歇手，時為1981年。隔年，巴托洛雇用青年Alessandro Fantino為助手以協助葡萄園以及釀酒工作的進行，並傳授釀酒絕學，Fantino的助理工作直到1997年離開本莊自創事業才結束；1980年代中期，巴托洛的膝蓋以及

1. 酒莊的2,500公升熟成用木桶（算是本莊較小容量的木桶，本莊也不用法國的228公升小橡木桶）。1995年以前，巴羅鏤是在大橡木桶中熟成4年後裝瓶（裝瓶後再熟成1年後上市），1995之後，改為在大橡木桶中熟成3年後裝瓶，繼續一年瓶陳後上市。

2. 巴托洛生前在書房作畫的情形。1990年本莊才裝設電話，之後有了傳真機，但電子郵件還是過於現代的玩意兒，酒莊並未使用。

3. 現任莊主瑪莉雅－泰瑞莎。

1   2   3

1

2

3

4

5

6

7

8

9

10

11

12

2001年份之前的彩繪酒標全是由巴托洛手繪的原版作品，之後，他身體狀況無法負荷，故只能採印刷作業以印製酒標。

1

2

脊椎骨開始產生病變而疼痛不堪，雖依舊可行走工作，但行動不甚敏捷，故而Fantino成為其重要的左右手；從此，巴托洛待在書房的時間變多了，為了消磨時間，他開始提筆作畫。第一幅素人畫作出現在1986年，畫的內容是「一個大太陽與三支酒杯」，當初的起心動念是來自於義大利《紅螯蝦葡萄酒評鑑》（*Italian Wines, Gambero Rosso*）對本莊巴羅鏤酒款給予最高榮譽「三支酒杯」（Tre Bicchieri）的評價之故。

自首府的杜林大學畢業後，巴托洛之女瑪莉雅—泰瑞莎在1993年回到酒莊擔任酒莊行政以及銷售的工作，並在Fantino離開的1997那年，擔起酒莊釀酒的重責；除大師巴托洛的親自教導，酒莊也在1999年雇用了來自蒙弗帖‧阿爾巴酒村的另一位也叫Alessandro的青年協助酒莊營運（他雖有釀酒師文憑，但酒莊規模極小，所以從接待品酒、釀酒，到葡萄園工作等大小事宜皆須分擔）。

1990年代末期，只能以輪椅代步的巴托洛依舊頑強地將輪椅滑入酒窖裡以監督釀酒，這景況僅持續到2003年；生命中的最後兩年如風中殘燭，老英雄只能纏綿病榻；2005年3月，巴托洛生前具左派色彩的好友，在其棺木上覆蓋一面左派游擊隊的標語旗幟，在低迴笛音中送走巴托洛。

1. 右邊即為本莊的正常版酒標巴羅鏤，其內容物以及酒價與彩繪版相同。另，本莊巴羅鏤酒款乃以四塊葡萄園的原料混調而成：巴羅鏤酒村的Cannubi、San Lorenzo、Rué以及位於拉摩喇酒村的Rocche dell'Annunziata Torriglione葡萄園（酒標下方有標示）；此乃本區的傳統做法。

2. 現已極少有本區酒莊還釀造芙瑞莎品種酒款，巴托洛‧馬斯卡雷洛的年產僅2,000瓶；本莊的芙瑞莎在發酵過後，會淋上曾用以釀造巴羅鏤所剩的內比歐露皮渣以加強酒體，此稱為「內比歐露化」（Nebbiolata），原理與瓦波利切拉產區的「利帕索」（Ripasso）做法相同（請參見《頂級酒莊傳奇》第228頁）。

酒標明志

據瑪莉雅—泰瑞莎表示，巴托洛的畫作首次出現在1990年份的酒標上，且自1990年代中期以來，愈加不良於行的巴托洛更加勤奮作畫以運用在酒標上；這些酒標多彩而幽默詼趣，有時甚至愛挖苦人，或是直接表達其左派的政治觀點。最為酒友津津樂道的一張應是「棄絕小型橡木桶，棄絕貝魯斯科尼」（No Barrique, No Berlusconi）。貝魯斯科尼（Berlusconi）就是那位轟趴嫖妓被抓包，並在歐盟會議上畫女性內衣塗鴉的現任義大利總理。酒標原版是以紅磚牆為底，上頭有黑字塗鴉「No Barrique, No Berlusconi」。後來發展的版本是在紅牆右上方挖了一活動紙窗，內藏貝魯斯科尼大頭照，若想目睹總理蠢樣，就翻開紙窗，若受夠其呆樣，可闔上紙窗；紙窗上頭，巴托洛還畫上一隻瓢蟲，意指益蟲應吃掉貝魯斯科尼這隻大害蟲。

2001年義國大選時，是由右派的貝魯斯科尼對上左派的魯泰利（Rutelli）競逐總理職位。當時，阿爾巴城裡一家具左派意識的葡萄酒專賣店竟將貼有「棄絕小型橡木桶，棄絕貝魯斯科尼」的本莊酒款陳設在櫥窗內展示，後遭右派份子向警方檢舉專賣店違反選罷法，因義國競選期間只能將傳單標語等文宣品在規定的地方張貼。後來警方不但對專賣店開罰，並沒收「貼有文宣品的酒瓶」，隔日，這則消息上了義大利全國性報紙頭條，甚至鬧得國際皆知，此酒標酒瓶也立刻洛陽紙貴，成為酒迷蒐購的極品。

事後，巴托洛又畫了一張酒標以示抗議，並表達對專賣店的支持：新酒標是在原版的「棄絕小型橡木桶，棄絕貝魯斯科尼」上頭塗上一道白漆，並寫上查封（Censura）的黑色字樣以回譏有關單位。

以上巴托洛的「寧鳴而死，不默而生」的精神，讓筆者想到個人最尊崇的搖滾歌手趙一豪，曾在1990年出版了一張《把我自己掏出來》專輯，以音樂表達現代社會人性以及自我遭扭曲壓抑的狀態，卻被新聞局以「危害善良風俗」之名查禁；趙隨後又出了一張《把我自己收回來》專輯，新專輯封面即是在原版的《把我自己掏出來》封面上頭塗上一塊紅漆，並以白字寫上「收回來」，以抗議新聞局之顢頇官僚；兩相對照，頗堪玩味。

現任莊主瑪莉雅—泰瑞莎在受訪時表示，她在20歲之前是不喝葡萄酒的，不管是白酒、紅酒或是甜酒一概不碰，但巴托洛在獨生女年輕時並未施給太多壓力，大約是料到女兒終會回頭傳承祖業。的確，本莊依舊稟承傳統，以長時間發酵並浸皮萃取（共約3-4星期）、不干涉發酵溫度、不用法國小型橡木桶，並且不採用單一葡萄園裝瓶的做法來延續死硬派巴羅鏤名莊的傳統。唯一的改變是約每50-60年一換的斯洛維尼亞大橡木桶，近年來開始進行汰舊換新；然而不變的是瑪莉雅—泰瑞莎對延續父志的承諾。雖然莊務繁忙，分身乏術而沒時間交男友、組家庭、生小孩，但現年40出頭的她卻說：「葡萄酒就是我的寶貝小孩。」聞此，其決心不可稍疑也！🍷

Cantina Bartolo Mascarello

Via Roma 15
12060 Barolo(CN)
Italia
Tel: +39 0173 56 125

一刻即永恆
Bruno Giacosa

　　什麼樣的酒香能夠透筋沁骨還不罷休，直要穿透了時間的帷幕，氣凝香住，一刻即永恆？幾年前，筆者有幸品飲到剛上市的2001 Barolo Riserva Le Rocche del Falletto，啜飲的當下，上述印象便深烙心中，此酒也是日本漫畫《神之雫》第六使徒的候選酒之一。此酒的作者（釀造者）布魯諾·賈寇薩（Bruno Giacosa, 1929-）乃巴羅鏤以及巴巴瑞斯柯兩產區的大師級人物，酒評家派克曾說其醇釀是少數他不需經過品嘗，就有完全信心，毫不遲疑便下手購入的產品。此外，2007年4月號英國《品醇客》（Decanter）雜誌便以「義大利列級酒莊」（Italy's Classed Growths）為名製作了一篇專題，且仿效波爾多梅多克地區（Médoc）的排名制度列出義大利的前五大酒莊（First Growths），而布魯諾·賈寇薩酒莊便榮膺五大之一，文章稱賈寇薩釀酒「例無虛發」，本莊出品，必是佳釀。

　　巴巴瑞斯柯產區裡有四個產酒村莊，分別是：巴巴瑞斯柯、聶維（Neive）、泰索（Treiso）以及聖洛可·希諾·艾薇（San Rocco Seno d'Elvio），以前三者較為重要；而本莊的所在地以及莊主布魯諾·賈寇薩的出生地便是在聶維酒村；本村約涵蓋了巴巴瑞斯柯

莊主布魯諾·賈寇薩以及大女兒布魯娜·賈寇薩；這對父女個性南轅北轍，剛開始共事時如貓狗打架，現則成為事業上的好夥伴。

1. 剛完成採收的阿內斯（Arneis）白葡萄；阿內斯葡萄原產自皮蒙區，曾被稱為白巴羅鏤（Barolo Bianco），此品種一度幾近絕跡，後由Bruno Giacosa以及Vietti兩莊的倡導與釀造而獲重生。

2. 本莊使用5,000-11,000公升的大木槽來陳釀巴羅鏤以及巴巴瑞斯柯酒款。然而，該莊在1991, 1992, 1994以及2002年份都因認為品質未臻水準，而未生產巴羅洛以及巴巴瑞斯柯。

1

2

產區1/3的種植面積，其中最優質的歷史名園之一Santo Stefano di Neive更是本莊賴以成名的地塊。

十九世紀末，布魯諾・賈寇薩的祖父卡洛・賈寇薩（Carlo Giacosa）便開始購入葡萄釀酒，當時的葡萄酒都以大型玻璃甕的型態售出（僅極少數裝瓶自用），本莊實際建立於1930年代。直到二次大戰後，布魯諾的父親馬力歐（Mario Giacosa）才真正開始將葡萄酒裝瓶出售；然而，依舊要到1960年代，本莊的瓶裝葡萄酒數量才超越大型玻璃甕裝。布魯諾自13歲

起便跟在父親以及祖父身旁釀酒，兩年後成為酒廠的全職員工。在1964年之前，本莊並未推出任何單一葡萄園酒款，所有的巴羅鑢以及巴巴瑞斯柯酒款都僅寫明Barolo或是Barbaresco。此外，在1982年以前，本莊的精采酒款其實都是以向長期合作的葡萄農買進的葡萄原料來釀酒，然酒質優越，更令人佩服其釀技之超群。

巴巴瑞斯柯的再興

1950、60年代的巴巴瑞斯柯產區相當窮困，

塞拉倫嘉‧阿爾巴酒村附近的葡萄園環景照片，酒村為中間靠右有教堂以及城堡高塔聳立者；照片右端有三棟房舍高踞之處的下方即為酒莊購於1982年的Falletto葡萄園。

種植釀酒葡萄僅是整體農業的一部分，當時的小麥以及玉米的經濟價值更勝葡萄，而目前被視為最優質的巴巴瑞斯柯葡萄園在當時也都採混合種植，即是葡萄種植的行距通常較大，好在其間同時種植玉米與蔬果；葡萄酒多是供當地人日常飲用，尚未成為一種具經濟規模、有利可圖的行業。

當時促進巴巴瑞斯柯產區復興，不再永遠隱蔽在巴羅鏤的巨人身影下，總是以其「小老弟」地位自居的推動力來自兩方面：第一是巴巴瑞斯柯釀酒合作社（Cantina Sociale dei Produttori del Barbaresco）於1958年的成立；第二方面是富有且聲名顯赫的歌雅家族（Gaja）酒業在1950及60年代獲得的空前成功所致。巴巴瑞斯柯釀酒合作社對於該區葡萄的整體品質以及價格的提升和穩定貢獻卓著。其時，賈寇薩家族擅釀的名聲逐漸建立，然而與歌雅家族的龍頭地位尚存一段距離。

如同當時的多數釀酒者，賈寇薩家族並未擁有自有葡萄園，而是向熟識酒農購買最頂級的

葡萄以釀酒；卡洛、馬力歐、布魯諾三代都是如此做法，所購的葡萄來源中，最知名者要算是本身也釀酒的聶維堡（Castello di Nieve）。聶維堡獨家擁有Santo Stefano di Neive園區，布魯諾也以此園的葡萄醞釀出其釀酒生涯中最精湛的巴巴瑞斯柯經典，為舉世愛酒人終生追尋的醞釀。直到今日，兩莊的契約購果關係依然存在；而Santo Stefano di Neive的名園氣勢其實也絕大部分要歸功於布魯諾‧賈寇薩的慧眼與努力。與此同時的1950年代，歌雅家族已經購下目前其所擁有的絕大多數的巴巴瑞斯柯美園。

時序進入1970年代，巴巴瑞斯柯產區裡有愈來愈多葡萄農開始自行設廠、釀酒，並裝瓶出售，尤以1980年代風潮正盛，儼然有風行草偃之勢，布魯諾曾說：「他們像雨後香菇，一直冒出頭來！」也是在1970年代，布魯諾‧賈寇薩酒莊真正被認可為本產區的頂尖釀酒者，與歌雅酒莊、巴巴瑞斯柯釀酒合作社以及葛雷希侯爵（Marchesi di Gresy）酒莊並列為當時的一時之選。40年的光陰試煉後，布魯諾‧賈寇薩與歌雅並列為該區最閃亮的釀酒明星；然而，喜愛傳統派巴巴瑞斯柯酒款的死忠酒迷當

會首推布魯諾‧賈寇薩為真主。

1982年時機降臨，賈寇薩家族購下巴羅鏤產區內位在塞拉倫嘉‧阿爾巴酒村裡占地8.4公頃的Falletto葡萄園；是而，本莊所擁有的第一個園區反倒是在巴羅鏤，而非巴巴瑞斯柯。相隔十餘年，賈寇薩再購下巴巴瑞斯柯產區裡屬於巴巴瑞斯柯酒村範圍的兩個名園Asili以及Rabajà，並自1996年起開始以自有的這兩個葡萄園果實釀酒（1996年之前的Barbaresco Asili以買進的葡萄釀酒）。1997年開始，本莊自Falletto葡萄園裡再劃出一塊（3公頃）位於上坡處的最優質地塊，稱為Le Rocche del Falletto，可說是「園中園」（Cru of Cru）。接著，二十一世紀初的最新購園行動則是買下了巴羅鏤產區拉摩喇酒村裡的Vigna Croera葡萄園，2004為其首年份。故而目前本莊自有葡

---

1. 曾有人誤以為內比歐露與法國布根地的黑皮諾葡萄有血緣關係而加以類比，其實兩者無基因上的關係，但皮蒙區確是義大利最「布根地」的產區，因均以百分百的單一品種釀製（皮蒙區有時會摻入少量其他品種），且因葡萄園的位置、土壤組成、海拔、日照之不同，都對葡萄酒產生細膩的影響，一如風味光譜多變的布根地。

2. 史卡里奧內為布魯諾‧賈寇薩長期以來的的左右手，曾經一度離開本莊，但最新消息是他又在2011年5月底與老東家再度合作，成為本莊最新的釀酒顧問。

1

2

萄園共為四塊（不將Le Rocche del Falletto算在內），而目前均以單一葡萄園酒款的方式裝瓶。

紅標與白標

本莊在1996年之前，皆以布魯諾・賈寇薩酒廠（Casa Vinicola Bruno Giacosa）為名貼標裝瓶以售酒；之後，若是以買入的葡萄釀造的酒款則同樣繼續以Casa Vinicola Bruno Giacosa貼標，但若是以自有葡萄園果實所釀者，則貼以布魯諾・賈寇薩・法列多酒莊（Azienda Agricola Falletto di Bruno Giacosa）的標籤。不過，酒友倒是不必疑心本莊以買入葡萄或是自有葡萄釀酒，有無酒質上的明顯差異，因為早在1982年首次購園之前，本莊已以酒質精湛收服人心；況且，本莊極為精采的Barbaresco

Santo Stefano di Neive，仍是以向聶維堡所買來的葡萄所釀。

此外，本莊的一般款巴羅鏤以及巴巴瑞斯柯酒款是以白色標籤印製，一般業界稱為白標（White Label），而品質最頂尖、僅在最佳年份才推出的的陳釀級酒款則以紅色標籤印製；《神之雫》裡的2001 Barolo Riserva Le Rocche del Falletto便是紅標旗艦酒。然而，其實白標價格較可親，品質與紅標的差別並不特別巨大，酒友不可輕視。另，在1980年的保證法定產區DOCG制度實施之前，本莊的陳釀級酒款是以Riserva Speciale標示，之後此種標法被禁止，而僅能以合法的Riserva字樣標明。

單一葡萄園裝瓶之祖

巴羅鏤地區葡萄酒史學家拿提曾根據口述

布魯諾・賈寇薩在Barbaresco酒村的兩塊優質葡萄園；近景為Asili，酒質具女性纖細風格；遠景右邊的坡段為Rabajà葡萄園，較屬於雄渾男性風格。

1

2

3

1. 三款白標酒款，左到右為：Barbaresco Rabajà、Barbaresco Asili以及Barolo Le Rocche del Falletto。2010年版的義大利《紅螯蝦葡萄酒評鑑》選定本莊為「年度最佳酒莊」。

2. Barbaresco Santo Stefano di Neive為愛酒人終生追尋的釀醸；這也是本莊第一款單一葡萄園裝瓶的酒款（始於1964年）。其Riserva陳釀款的年份包括：1964, 1971, 1974, 1978, 1982, 1985, 1988, 1989, 1990, 1998。

3. 本莊的Roero Arneis酒款以100%阿內斯白葡萄釀成，葡萄來自Roero產區的不同葡萄園，土壤為帶砂岩的沙質地。在不鏽鋼桶裡發酵（未經乳酸發酵），也未經橡木桶陳年，是本莊銷售極好的一款白酒。阿內斯品種在皮蒙區的方言裡有「瘋子」之意。

歷史暨實地觀察，畫出巴羅鏤以及巴巴瑞斯柯兩區的首份「單一葡萄園地圖」（次產區地圖），而他也是倡導單一葡萄園裝瓶最初與最力的領導人物。酒友或許會以為歌雅酒莊是進行單一葡萄園裝瓶的第一人，其實巴巴瑞斯柯釀酒合作社與歌雅的首年份單一園酒款都是1967年份；然而，雙B產區真正的單一園裝瓶鼻祖卻是布魯諾·賈寇薩：本莊的首年份單一園酒款為1964 Barbaresco Santo Stefano di Neive，賈寇薩同時推出此酒的一般款以及陳釀款。拿提本人的首年份單一園為1965 Barolo Marcenasco，比賈寇薩晚了一年，但比歌雅早了兩年。稍晚，賈寇薩又推出第二個年份的單一園：1967 Barbaresco Asili Riserva Speciale。到了1970年代晚期，賈寇薩的單一園巴羅鏤以及巴巴瑞斯柯酒款已達十幾種。之後的1980年代，單一葡萄園裝瓶蔚為風潮；如今，這已成為酒友們所熟悉的常態現象。

目前，賈寇薩生產的三款單一園巴羅鏤為：Barolo Vigna Croera、Barolo Falletto以及Barolo Le Rocche de Falletto。前者最為早熟，中間居次，以Le Rocche de Falletto最具儲存潛力，且產量最少（每公頃約4,000公升，前兩者每公頃約4,500公升），並且自1997年起，本莊只以Le Rocche de Falletto的果實釀造巴羅鏤陳釀款。

此外，本莊的三款單一園巴巴瑞斯柯為：Barbaresco Asili、Barbaresco Rabajà以及Barbaresco Santo Stefano di Neive，三者產量均約為每公頃4,500公升。以第三款的Santo Stefano具有最為堅實的單寧質地，口感也最為豐厚；Asili土壤含砂量較高，酒質芬芳細膩，也較為早熟；Rabajà整體風格則介於兩者之間，酒款年輕時較為粗獷，單寧明顯，但達到成熟期時也能展現出不亞於Asili的複雜與芬

馥。在特佳年份時，這三款單一園巴巴瑞斯柯都有被釀造成為紅標陳釀款的機會。

與時俱進的傳統派

莊主布魯諾·賈寇薩已屆八十多歲高齡，幾年前筆者初訪時，老人家因中風而致行動不便屈身輪椅為行動工具，他的白天時光就在積極參與復健課程當中度過；2009年12月再訪時，無緣見到老莊主，但聽說已可倚杖行走，且開始到酒窖檢視並給予釀酒指導，老英雄復出的消息實令愛酒人欣慰！

其實，自1991年開始，本莊便雇用釀酒師史卡里奧內（Dante Scaglione）為布魯諾·賈寇薩的左右手，持續釀出許多醉人美釀；2008年3月史卡里奧內離開本莊改任多個酒莊的專業釀酒顧問，但最新消息是他又在2011年5月底與老東家再度合作，成為本莊最新的釀酒顧問。目前負責實際釀酒作業的新任釀酒師為年輕的Francesco Versio先生。基本上，釀酒方針還是由布魯諾以及史卡里奧內主導，不會有太大改變，然而自1990年代起酒莊也因時制宜做了一些調整。

史卡里奧內在受訪時表示，過去與現在的主要差別在於發酵時間的長短。本莊最早期的發酵與酵後的浸皮萃取時間可達60天，後來縮至40天；直到目前，依照酒款的不同，發酵與浸皮時間約12-24天。本莊自1994年起裝設了全新的不鏽鋼發酵槽，採程式自動控制所需發酵時間；由於更能準確地控制發酵時間與萃取程度，故而不需採取過去那般長時間的發酵浸皮程序。發酵後的紅酒酒液會移到5,000-11,000公升的大木槽中進行乳酸發酵，接著進行幾次換桶以去除較大的酒渣之後，依酒款所需，進

行2-4年的桶中陳年；若是陳釀款Riserva，則在大型木桶的熟成時間會再拉長1-2年。

依照目前法規，巴羅鏤紅酒需至少熟成3年才能上市，其中至少2年必須在木桶中（法規未規定木料種類以及木桶容量大小）；巴巴瑞斯柯紅酒的規定較寬鬆，必須至少2年熟成才能上市，其中至少1年必須在木桶中。當巴羅鏤以及巴巴瑞斯柯酒款的總熟成時間不少於5年，則可以釀成所謂的陳釀Riserva。本莊的桶中熟成時間通常較法規規定的底線多出約1年左右。

本莊酒款較之20年前的型態的確較為早熟，一方面或許是大環境氣候的影響，另方面是因後來採用法國橡木製成的大桶進行陳年（基本上，由斯洛維尼亞橡木製作成的大橡木桶，會比法國的質地更密實，故而熟成速度較慢）。再者，使用斯洛維尼亞大橡木桶的酒莊通常50年左右才更新換桶，使用法國大桶者通常不到10年就會汰換部分舊桶，新桶的木質微氣孔促進了木桶內外的微空氣交換，酒質當然在年輕時便顯得柔順圓潤些。本莊酒質依舊精采絕倫，口感細緻而風味繁複，然而，終極的存放潛力有無受到影響還需時間加以驗證。

巴羅鏤女孩出線

這些年的巴羅鏤酒界出現了一種「巴羅鏤女孩」（Barolo Girls）浪潮的說法，許多酒莊的莊主不約而同都只生女兒，而當莊主逐漸交棒或是凋零老去，便將承續莊務的重責大任交棒給女兒，這些女將的年紀從20幾歲到40出頭不等，表現絲毫不遜於男孩，而形成「女孩力量」（Girl Power）的展現。

約莫20年前當布魯諾‧賈寇薩逐漸感到體力不若以往，便將酒莊的日常管理運作以及旅赴各國推廣的工作交給大女兒布魯娜‧賈寇薩（Bruna Giacosa）。當筆者詢問這位「巴羅鏤女孩」：「您從小便立志在酒莊裡工作嗎？」布魯娜一聽發問便猛然搖頭，金色髮絲與具現代感的銀質項鍊一同在空中晃響，表示她的最愛其實是與時裝設計相關的行業，然父命難違，既久，也終是愛上酒莊裡的工作事項，舉凡行政、推廣、釀酒她都密切掌控，每週7天，每天至少12小時的繁忙工作，讓她一年只得8月份兩星期的休假，其他時間，她東奔西忙，難得閒下來；「幫您拍張照好嗎？」她說抱歉，實在沒時間，但筆者急急訪問下來，也過了一個半鐘頭，沒時間？

的確，她大約是忙得精神緊張而時時處於亢奮狀態，見她與員工交談，義大利文如連珠砲射出；惟在講英文時，因語言不熟而稍緩講話速度。莊主共有兩名女兒，小女兒嫁人生子，與酒莊無甚關聯；一人扛起整個家族企業的布魯娜壓力之大不難想見。她不願稱自己是釀酒家族第四代：「還好，老爸還在世，我哪能號稱第四代。」即便昨日南義，明日米蘭，後天倫敦，旅行全球推廣酒款之際，她依舊愛極老爸一日三次的電話熱線：「布魯娜，你覺得這樣做好嗎？那樣，或許比較……」已四十出頭的「巴羅鏤女孩」沒時間交男友，然而女孩有一天終必老去，未來誰來接棒？她無奈一笑：「期待姪兒吧，只是他年紀尚小，誰能說得準？」🍷

Bruno Giacosa

12057 Neive (CN) Piemonte

Italia

Website: www.brunogiacosa.it

我是傳奇
Gaja

　　巴巴瑞斯柯產區裡酒質能與布魯諾‧賈寇薩等量齊觀的頂級酒莊唯有歌雅（Gaja）酒莊；2007年英國《品醇客》雜誌在其「義大利列級酒莊」的專題中，便選出歌雅為「義大利五大酒莊」之一，同級並列的名莊還有Bruno Giacosa, Tenuta San Guido（代表名釀為Sassicaia）、Romano Dal Forno以及Tenuta dell'Ornellaia（後兩莊的詳細介紹可參見《頂級酒莊傳奇》一書）。

　　另，Gambero Rosso出版社發行的《紅螯蝦葡萄酒評鑑》對酒質最高的酒款會評予最高榮譽的「三支酒杯」之評價，若某莊獲評10次的

「三支酒杯」，則被評為一星酒莊，而在此評鑑的2010年版本裡，歌雅歷年來共獲45次「三支酒杯」，獲評為唯一的四星名莊，乃本書目前所曾給予的最高讚譽（歌雅自2008年起即是四星）。儘管巴羅鏤以及巴巴瑞斯柯產區的傳奇酒莊不只歌雅，然而，最具明星氣質、最為自負、隨時自我鞭策，已屆七十「從心所欲而不逾矩」之齡，卻依舊衝勁十足的現任莊主安傑羅‧歌雅（Angelo Gaja, 1940-）大概是唯一最有資格宣稱「我是傳奇」的人物。其他同受筆者尊崇的莊主都過於低調，喜歡隱身於傳奇之後。

Sperss酒款的原料來自Marenca-Rivette葡萄園，位在塞拉倫嘉，阿爾巴酒村裡頭，如圖。

COSTA RUSSI*

LANGHE
DENOMINAZIONE DI ORIGINE CONTROLLATA
NEBBIOLO
IMBOTTIGLIATO DA · BOTTLED BY GAJA, BARBARESCO, ITALIA
RED WINE, PRODUCT OF ITALY

1

SORÌ TILDÌN*

LANGHE
DENOMINAZIONE DI ORIGINE CONTROLLATA
NEBBIOLO
IMBOTTIGLIATO DA · BOTTLED BY GAJA, BARBARESCO, ITALIA
RED WINE, PRODUCT OF ITALY

SORÌ SAN LORENZO*

LANGHE
DENOMINAZIONE DI ORIGINE CONTROLLATA
NEBBIOLO
IMBOTTIGLIATO DA · BOTTLED BY GAJA, BARBARESCO, ITALY
RED WINE, PRODUCT OF ITALY

2

3

4

5

6

7

1. 本莊最為蒐藏家競逐的三款單一葡萄園酒款,左到右為Costa Russi, Sori Tildin, Sori San Lorenzo。

2. Sori Tildin算是三款單一葡萄園Barbaresco酒款中最均衡細膩者;2001為特佳年份。

3. 1997為絕佳年份;1996年份開始,此為本莊唯一的Barbaresco DOCG酒款,葡萄原料來自14個葡萄園。

4. Sperss酒名有「懷念」之意。

5. Gaia & Rey這款以夏多內品種釀造的白酒,是以安傑羅的大女兒以及祖母的姓名命名。

6. Darmagi的首年份為1982,釀酒品種以卡本內─蘇維濃為主。

7. Brunello di Montalcino, Sugarille近幾年份頗獲酒評家讚賞。

本莊是由喬萬尼一世（Giovanni Gaja）建於1859年，後傳給其子之一的安傑羅一世（Angelo Gaja, 1876-1944）經營。安傑羅一世於1905年娶了法國籍女子Clotilde Rey（1880-1961）為妻，當時除了酒莊，他們也同時經營一家小餐館Osteria del Vapore而成為銷售歌雅葡萄酒的據點之一；當時酒款都以大型玻璃甕的型態售出，並附有歌雅酒標，客戶若有需求才於自宅裝瓶、貼標。拜賜於Clotilde Rey的品味高超與執著要求，初期歌雅的酒質已凌駕同業；除了餐廳經營，此法國女子還身兼酒莊的行政、會計與接待客戶之職，可謂女權運動發展之前的正格女強人，當地村民也只能尊稱她為Madame，僅家人或親戚可使用其暱稱Tildin。夫妻倆後再將莊主職責傳予其子喬萬尼二世（Giovanni Gaja, 1908-2002），位於巴巴瑞斯柯酒村中心處的歌雅酒莊也在其經營下逐步起飛。

測量師之子

喬萬尼二世在投入酒莊事業之前，已是著名的建築測量師（Geometra），地位僅次建築師，乃極受當地人尊敬的職業，村民也都尊稱他為Geometra。二戰後皮蒙區各地百廢待興，喬萬尼二世在建築業上的經營極為成功，賺到雄厚身家；即便加入家族酒莊事業後，他依舊是測量師與莊主職務雙軌並行，也因此，不必百分百依賴酒莊收入養家，而得以僅在好年份推出酒釀，酒質未達理想便低價大桶賣給其他酒商。喬萬尼二世也曾任巴巴瑞斯柯村的村長（1958-1983），在他任職第六年的1964年本莊才有自來水的供應。

歌雅成為不可一世的名莊，是在第四代的安傑羅二世（Angelo Gaja, 1940-; 以下簡稱安傑羅）掌莊時期所形成。1960年，安傑羅自「阿爾巴葡萄種植暨釀酒學校」畢業，隔年正式成為歌雅酒莊的一員，不過直至1968年，喬萬尼二世並不讓其子安傑羅進入酒窖工作，而是安排他管理葡萄園；1970年安傑羅正式接掌酒莊。被問到是否驚訝於歌雅後來的極致成就，安傑羅表示：「我是測量師之子，本就被期待只許成功，不准失敗。」

祖母笑了

60年前，酒壇巨星安傑羅還是小安傑羅時，一日，正當他伏案練習鋼筆字時，老是穿著一身黑，方正臉上總是神情嚴肅的祖母Clotilde突然近身問道：「等你長大後，想繼承家族的釀酒事業嗎？」11歲的小安傑羅被此突然一問，驚嚇之餘，脫口而出：「想。」這名自1944年夫婿安傑羅一世歸天後，便幾乎以一己之力經營酒莊的寡婦Clotilde Rey（其子喬萬尼二世投入更多時間於建築業），此時做出一件讓小安傑羅極為驚訝的事，她，竟然笑了。

安傑羅憶及往事時說：「祖母的微笑深深溫暖了我的心。」畢竟，這是安傑羅能夠憶起的寥寥三、四次祖母臉上曾綻放微笑的情景。接著祖母的話影響了安傑羅的一生：「好樣的，安傑羅。釀酒生涯可獎勵你三件事情；首先，你可以賺錢，賺了足夠的錢就可以買更多的地以擴充酒莊規模；第二，你可獲得榮耀，得到本區酒農的尊敬與認可；第三點，也是最重要的，你將會擁有希望。

「每年份，你都會夢想釀出比之前更好的酒，你的希望與夢想將澎湃於你的心中，對你的人生與工作都是如此，」安傑羅記得祖母接

著是這麼說的：「能夠同時回報你以金錢、榮耀及希望，這麼完美的工作上哪去找？」安傑羅當然不必他尋，只要努力實踐便是。祖母又收起笑容，退回她的肅穆裡。

芽眼之戰

安傑羅在1961年進入葡萄園工作時，便著手進行改革，首先他決定自1962年起停止外購葡萄；其次，他認為應藉由減少芽眼的方式將產量降低一半，如此才能擁有最優質的葡萄以釀造可讓祖母在天之靈也驕傲微笑的美釀（Clotilde Rey逝於1961年）。然而，村中酒吧裡的七嘴八舌均議論紛紛這個安傑羅是不是瘋了；畢竟在1950、60年代的義大利，多數酒農還是以量產為尚。此時身為村長的喬萬尼二世聽到流言，也質問兒子：「村民都說我們的產量少得可憐，大概要宣告破產了，這樣我們要如何支付工人薪水呢？」

而先前領導歌雅葡萄園管理的家族老臣卡瓦羅（Luigi Cavallo）也帶頭反對少莊主的指示，有時陽奉陰違，有時甚至當著安傑羅面前屈膝跪在園中，握拳捶地，大喊：「不，不，不！」為了說服卡瓦羅執行疏剪芽眼的新政，安傑羅每星期天都邀約卡瓦羅於自宅用餐好方便苦口婆心地勸說，對老卡瓦羅而言，這簡直是每7天一次的酷刑。終於，毅力戰勝頑固，3年後，卡瓦羅屈服照做，雖依舊老大不情願。芽眼數目已經由1950年代的22-24個降低到目前的8-10個之譜。

三園鼎立

皮蒙區如同法國布根地，在舊時也流行無

償佃農（Métayage）制度：地主允許佃農在其所有的葡萄園中耕種收成，不收租金，但通常需要上繳給地主約五成的收穫以為回報。1948年時，歌雅僅擁地2公頃（其餘外購葡萄釀酒），當年喬萬尼二世便決定本莊停止無償佃農制，以求葡萄品質的確實控管，因當時絕大多數的佃農僅求量產，並使用產量較高的美國種樹株之根部實行嫁接以抗根瘤芽蟲侵襲。

義大利在1964年開始廢除無償佃農制（法國依舊存有此制度），致使許多坐享其成慣了的大地主開始賣地，喬萬尼二世抓住機會開始大規模購地，同年他購入位於巴巴瑞斯柯酒村的Masuè這塊葡萄園，後又在1967年購下同村的Roncagliette葡萄園，而歌雅名震天下的三款單一葡萄園酒款（Cru Wines; Single Vineyard Wines）其實就是來自於以上兩塊葡萄園，三款名釀介紹如下：

Sori San Lorenzo：Sori San Lorenzo為酒款名，首年份為1967年，這也是歌雅首次發行的單一葡萄園酒款。葡萄園即是1964年購入的Masuè，其實隸屬於Secondine這塊大園區中最精華的中間區塊。Sori為皮蒙區方言的向陽之意，因皮蒙區的最佳向陽地塊都向南方（或是西南、東南），故酒名的中文或可譯為「聖羅倫佐之向陽南園」。目前的釀酒品種比例為：95%內比歐露、5%巴貝拉。葡萄園有3.6公頃，園區海拔為260公尺，土質為泥灰岩、黏土以及石灰岩。此乃歌雅的單一葡萄園酒款中最為強勁扎實的酒款，以黑莓以及黑色漿果的風味醉人。

Sori Tildin：Sori Tildin為酒款名，乃以Clotilde Rey之小名Tildin命名以茲紀念，首年份為1970，葡萄園為1967年購入的Roncagliette葡萄園裡的其中一塊。目前的釀酒品種比例

1. 巴巴瑞斯柯酒村空照圖，中間ㄇ字型迴廊建築為歌雅於1993年
   購下的巴巴瑞斯柯城堡（Castello di Barbaresco），原打算改
   建成旅館的計畫已經取消，現為品酒室以及部分地下酒窖所在
   地。

2. 安傑羅是本村第一位導入法國小型橡木桶者，酒窖裡擺有他
   最愛的現代雕塑。歌雅也在1977年建立Gaja Distribuzione
   公司，成為許多世界名釀在義大利的代理商，其代理酒莊包
   括Domaine de la Romanée-Conti以及Vega Sicilia，甚至連
   Riedel酒杯也是其代理產品。

3. 歌雅酒莊的外牆一景。

為：95%內比歐露、5%巴貝拉。葡萄園有3.2公頃，園區海拔為271公尺，土質與上者類同。算是這三款中最均衡細膩的酒款，常常散發出酸櫻桃、礦物質以及雪松的氣息。

Costa Russi：Costa Russi為酒款名，Costa意指向陽的斜坡，Russi為當地人對前任地主的暱稱，首年份為1978年，葡萄園為1967年購入的Roncagliette葡萄園裡的其中一塊，緊鄰用以釀造Sori Tildin的地塊之旁。釀酒品種比例為：95%內比歐露、5%巴貝拉。葡萄園有4.5公頃，園區海拔為229公尺，土質與上者類同。此酒較上兩者為早熟，年輕時即以天鵝絨般的優雅質地攫取飲家目光。

這三款酒直到1995年份為止的法定產區等級為Barbaresco DOCG（需使用100%內比歐露），但自1996年份開始，安傑羅決定將等級改為Langhe Nebbiolo DOC。此「降級」做法頗引人議論，據安傑羅的說法是希望藉此突顯本莊另一款經典巴巴瑞斯柯酒款，其酒標僅寫明Barbaresco，乃由14個不同的巴巴瑞斯柯葡萄園酒款混調而成，算是向父親喬萬尼二世一貫釀製的混調傳統酒款致敬。

當初有人懷疑安傑羅是為了在這三款單一葡萄園酒款中加入法國品種卡本內─蘇維濃（Cabernet Sauvignon）才降級到品種使用規範較鬆的DOC等級；但此質疑遭安傑羅否認；事實上他添加的是少量的巴貝拉葡萄，此舉所為何來？安傑羅受訪時表示，歌雅的主釀酒師里維拉（Guido Rivella）觀察到自1996年份起，或許肇因於溫室效應影響，天氣愈來愈暖，酒中的酸度略有欠缺，故而自此加入酸度較高的巴貝拉。其實，這做法並不新鮮，釀造傳統派巴羅鏤的已逝大師巴托洛·馬斯卡雷洛（Bartolo Mascarello, 1926-2005）曾說，在其祖父Bartolomeo Mascarello的時代就已有雷同做法。此外，在欠佳年份如1991, 1992, 1994, 2002等，本莊並未推出此三款單一園區名釀。

「實在可惜！」

為了向世人展現巴巴瑞斯柯的風土除了釀出最佳的內比歐露紅酒之外，也有能耐釀出卡本內─蘇維濃的美釀，安傑羅首在1973年於Masuè（Sori San Lorenzo）園中試種了幾行卡本內─蘇維濃；兩年之後正式在巴巴瑞斯柯酒村旁的Bricco葡萄園中拔除2公頃的內比歐露，之後休耕到1978年才改種卡本內─蘇維濃（目前已有2.8公頃）；這拔除傳統優良品種、改種法國外來品種的作為被當地人視為離經叛道的罪行，甚有酒農直接上門說：「我以你們為恥！」若安傑羅種的是大麻，可能還不至於激怒這麼多人。甚至連他父親都不太諒解，每回經過種有卡本內─蘇維濃的葡萄園旁，喬萬尼二世就會搖頭嘆息以皮蒙方言說：「實在可惜！」（Darmagi！）；1982首年份上市時，安傑羅便「頑皮」地取此酒名為Darmagi。目前酒中的品種比例約為95%卡本內─蘇維濃、3%梅洛（Merlot）以及2%卡本內─弗朗（Cabernet Franc）。

安傑羅或許是巴巴瑞斯柯產區裡第一位導入外國品種者，然而，他並不是皮蒙區或義大利首位種植外來種的先驅。1808年之際，薩丁尼亞王國的外交大臣暨拿破崙麾下的高級官員聖馬扎諾男爵（Marquis Filippo Asinari di San Marzano）便在巴巴瑞斯柯以北不到10公里的Costigliole d'Asti村種下聞名法國隆河的希哈（Syrah）葡萄。到了1822年，男爵還向後來在1855年被列為波爾多一級酒莊的四

大名莊——瑪歌堡（Château Margaux）、拉圖堡（Château Latour）、歐布里雍堡（Château Haut-Brion）以及拉菲堡（Château Lafite）——取得卡本內－蘇維濃的植株；此外，還包括自蘇黛侯堡（Château Suduiraut）取得榭密雍（Sémillon）以及白蘇維濃（Sauvignon Blanc）白葡萄樹株。

懷念塞拉倫嘉‧阿爾巴

喬萬尼二世幼時曾在巴羅鏤產區內的塞拉倫嘉‧阿爾巴酒村的秀美葡萄園工讀過，記憶深刻，無時不懷念；再加上歌雅自1962年起停止外購葡萄釀酒，且本莊當時未擁有任何巴羅鏤葡萄園，使本莊巴羅鏤紅酒的釀造也一度終止，喬萬尼二世總引為憾事。

1988年時機來到，安傑羅替老父完成心願，購下了塞拉倫嘉‧阿爾巴酒村裡的Marenca-Rivette葡萄園（其實是兩塊相鄰的葡萄園）；並在同年推出Sperss單一園區酒款。Sperss是皮

蒙方言裡的「懷念」之意，以紀念父親的幼時想望終於達成。酒莊也在1996年之後將Sperss自Barolo DOCG改列級為Langhe Nebbiolo DOC，酒中除了94%的內比歐露，也添有6%的巴貝拉。

另款單一葡萄園酒款Conteisa的首年份為1996，葡萄園為巴羅鏤產區內拉摩喇酒村的Cerequio名園，以92%的內比歐露加上6%的巴貝拉釀成，也值得注意。歌雅最新的Barolo DOCG等級酒款為Barolo Dagromis，首年份為2001年，葡萄原料來自釀造Sperss以及Conteisa酒款的相同葡萄園，經混調而成。

安傑羅在1978年開始使用溫控不鏽鋼發酵槽，經過幾年調整後，目前（1986年之後）

---

1. 莊主安傑羅不僅具有釀酒文憑，還具有經濟學博士頭銜；喜愛現代藝術，愛開快車，講話大聲，直言不諱。目前本莊在雙B產區共有100公頃葡萄園。

2. 中間牽驢者為安傑羅一世（Angelo Gaja, ?-1944），乃目前莊主安傑羅的祖父；靠左的小男孩是安傑羅之父喬萬尼二世（Giovanni Gaja, 1908-2002），攝於1913年。

1

2

歌雅自1962年起停止外購葡萄釀酒,故此1957老年份Barbaresco酒款可能有部分葡萄原料來自外購。

對巴羅鏤以及巴巴瑞斯柯酒款的發酵過程進行如下:葡萄採收進廠的溫度大約攝氏10度,會立刻提高溫度到攝氏28度以促進立即發酵(除非怪異年份如2002、03,否則不採用人工酵母),以此溫度發酵一星期,之後降溫到攝氏19度繼續發酵掉尚存的50%糖分為期約兩星期。安傑羅也是巴巴瑞斯柯首位使用法國小型橡木桶陳釀者,不過以雙B酒款而言,都是先在小型木桶中熟成12個月之後,再移至傳統大木桶中繼續熟成12個月而成;算是傳統與現代釀法兼具的釀酒人。

歌雅·歌雅

安傑羅幾年前接受《GQ》雜誌採訪時曾說:「義大利人可以原諒許多事情,即使是砍妻、殺鄰居,但旁人的成功卻是絕對不可原諒的!」對其同胞所可能持有的「別人的成功,就是俺的失敗」的信條,讓事業成功的安傑羅懂得行事低調,免惹人眼紅;故而雖然他的座車實是Audi 4.2,為求謹慎,他甚至讓車廠以較低檔次的Audi 2.8標誌替換前者,以障眼法避去可能的麻煩。

但對於家族名號,安傑羅可是毫不保留地挺身而出。1979年,安傑羅之妻Lucia生下頭胎女嬰,未免萬一之後只生女孩而無法使家族名號延續,安傑羅執意要將女兒取名為Gaia Gaja;Gaia在皮蒙方言有「快樂」之意。然而,官僚的戶政人員竟回答安傑羅:「你不能替女兒取名為Gaia Gaja,這名字太可笑了!」在安傑羅力爭之下,戶政人員也只淡淡地說:「你必須請求地方法官的同意。」

法官判斷後,認為Gaia這名字並未列在政府認可的正式新生兒命名名單之中而予以回絕,

巴巴瑞斯柯酒村葡萄園一景。

並建議以某位聖人的名字取名就沒問題了，像是依照Saint Caio取名為Caia。安傑羅則回答：「然而，義大利並不存在Saint Igors，為何到處都看得到叫做Igors的小男孩亂跑亂竄？」聞此，法官無以回應，但說會請學院教授研究一下Gaia命名的可能性。約莫十幾天後，法官傳訊安傑羅，說是教授在詩人但丁（Dante Alighieri, 1265-1321）的《神曲》一書裡找到一個名喚Gaia的角色，既然大詩人但丁都覺得此名甚好，法官當然也只能欣然同意。

此外，在歌雅釀製的幾款白酒裡頭，Gaia & Rey這款以夏多內（Chardonnay）品種釀造者算是其中品質最高者，即是以安傑羅的大女兒以及祖母的名稱命名。

1994年安傑羅將觸角延伸到義大利中部的托斯卡尼，買下位於蒙塔奇諾布雷諾（Brunello di Montalcino）產區的Pieve Santa Restituta酒莊，以傳統的山吉歐維列品種釀出頗受好評的蒙塔奇諾布雷諾紅酒兩款，分別為Sugarille以及Rennina。

然而，酒業鉅子安傑羅並不以此為滿足，在經過17次與地主的漫長馬拉松式協商之後，終在1996年購下托斯卡尼西岸的著名產區博給利（Bolgheri）占地60公頃的園地，並將酒莊命名為Ca' Marcanda，在皮蒙方言裡，有「馬拉松協商之屋」的意思，以紀念他在地主家將近20次不屈不撓的商談購地過程。

Ca' Marcanda推出三款紅酒：Camarcanda, Magari以及Promis，其中以Camarcanda品質最高（品種比例為50%梅洛、40%卡本內—蘇維濃以及10%卡本內—弗朗）。

安傑羅‧歌雅正邁入人生的七十大關，但退休的關卡似乎還極為遙遠，或許其字典上並不存在「退休」這個字彙，他較喜歡的語彙是「傳奇」與「傳承」，而他的三名子女Gaia、二女兒Rossana以及小兒子Giovanni三世已逐漸接班傳承，以續歌雅傳奇。

Gaja

Via Torino 18

12050 Barbaresco (CN)

Italia

Tel: +39 0173 635 158

使徒柔情
Luciano Sandrone

在美國資深酒商大衛‧索柯林（David Sokolin）於2008年出版的《葡萄酒投資》（*Investing in Liquid Assets*）一書裡，列出了皮蒙區的第一等級「投資級葡萄酒」（Investment Grade Wines, IGW）的10款紅酒裡頭，路其阿諾‧桑鐸內酒莊（Azienda Agricola Luciano Sandrone）就占了兩款，分別是Barolo Cannubi Boschis以及Barolo Le Vigne；其他入圍的酒莊還包括Aldo Conterno, Bruno Giacosa, Gaja以及Giacomo Conterno；然而，桑鐸內酒莊的出廠酒價較之同級酒莊其實更為可親，一般酒友只要攢存幾個月零用錢便可親炙名酒風采。

其中的一款IGW——Barolo Cannubi Boschis——也被漫畫《神之雫》選為「第六使徒」，謂其「不但兼具巴羅鏤的宇宙觀以及所有的複雜度，還擁有天下無敵的柔情。」Barolo Cannubi Boschis的確是款相對上年輕好飲，也可期待陳年的酒款；然而，漫畫還借年輕的天才酒評家遠峰一青的角色說道：「有『巴羅鏤男孩』之稱的現代派生產者，討厭大

酒桶釋出的強烈單寧，所以採用小型橡木桶（Barrique）的布根地式發酵法，營造出柔和的單寧，因而獲得高度評價。」

其實，橡木桶愈小，與酒液的相對接觸面積就愈大，則新桶中釋出的少量單寧愈可能影響酒質，遠峰一青在此說反了。且真正釀技高超的現代派釀酒師並不需要更多的單寧，因用以釀製巴羅鏤的內比歐露品種以單寧豐富聞名，不需額外補強；使用布根地桶（228公升）的釀酒師的主要目的，乃是因全新的小型橡木桶可讓外界空氣和桶中酒液進行更多交流（類似慢速的微氧化作用），以促進酒質熟成，因而此類酒款通常較為早熟，香氣也更為奔放。而使用傳統斯洛維尼亞大橡木桶者，通常40-50年才換桶，故老舊大桶斷無可能再賦予酒中更多的單寧。

1. 莊主路其阿諾‧桑鐸內表示本莊採取有機種植，且僅使用野生酵母。

2. 本莊的Valmaggiore葡萄園（種植內比歐露），位於巴羅鏤以北的Roero產區的Vezza d'Alba酒村裡，種植密度為每公頃8,000株，相較於一般的3,000-4,000株密度高出許多。

1

2

1

2

3

4

1. 巴羅鏤堡側邊一景；左下門前掛有一大型木質老式開瓶器之處，為開瓶器博物館（Museo dei Cavatappi）。

2. 第六使徒Barolo Cannubi Boschis雖是單一葡萄園酒款，但本莊將所擁有的2.5公頃Cannubi Boschis依據地質以及向陽的略微差異，將其分成三塊，分開採收與釀製，隔年再予以混調。

3. 與Barolo Cannubi Boschis同等級的好酒Barolo Le Vigne，乃由三個酒村的五塊葡萄園原料分別釀製後再混調，屬巴羅鏤的傳統做法。

4. 酒莊的「私房窖藏款」（Sibi et Paucis），在釋出時已初界試飲期，因原封不動存於酒莊窖內，品質完美。

巴羅鏤老男孩

相對於以傳統為尚，使用大型老舊橡木桶熟成巴羅鏤的酒農或是酒商而言，1980年代初期則興起了一股改革風潮，而此批領導風潮的年輕革新者認為，過去傳統的巴羅鏤酒款之缺點在於為了緩和內比歐露特有之酸度與單寧，而在大型木桶裡熟成7、8年，甚至10年以上以軟化口感，卻也失去了新鮮的果香；然而，這批遊歷豐富的新世代小酒農發現，若以布根地（或波爾多）式的小型橡木桶熟成，不僅可增添香氣的多變，還可縮短桶中熟成時間，只約3、4年即成；由於可早些將酒款推出上市，資金週轉較快，也鼓勵了原本資金並不充裕的小酒農或是葡萄農開始紛紛自行釀酒裝瓶，而非如過去只種葡萄，後再賣給大酒商釀酒。

這股現代派釀酒風潮的代表人物，後來被冠上「巴羅鏤男孩」（Barolo Boys）的稱號，泛指在皮蒙區——尤其是在巴羅鏤、巴巴瑞斯柯產區所在的朗給（Langhe）周遭丘陵上的一群小規模高品質釀酒人；自1990年代以來，這些巴羅鏤男孩虔心研究而釀出的酒款常常在Gambero Rosso出版社的《紅螯蝦葡萄酒評鑑》獲得「三支酒杯」之最高評價；然韶光荏苒，當時出道即技驚四座的巴羅鏤男孩年輕不再，華髮添歲，均已步入中老年階段，可說是「昔日巴羅鏤男孩，今日一介宗師」之景況。這些由媒體指稱的「巴羅鏤男孩」，包含：Elio Altare、Domenico Clerico、Paolo Scavino、Roberto Voerizo、Giorgio Rivetti以及本莊的現任莊主路其阿諾‧桑鐸內（Luciano Sandrone, 1946- ）。

中間偏右

為了便於討論，一般將所謂「傳統派」與所謂「現代派」對立來看，若說傳統是左派，現代是右派，那麼，其實路其阿諾‧桑鐸內應歸類於「中間偏右」而非全然的現代派。當然，「傳統vs.現代之爭」是個永無休止的論題，筆者認為，最優秀的傳統派與現代派釀酒人都讓人心儀尊敬。若干傳統派也會批評現代派所釀酒款確是無庸置疑的好酒，卻不是巴羅鏤，對

內比歐露品種的最前面四個芽眼基本上不長果實，因此，一般而言酒農所留的葡萄枝長度會比國際品種長了許多。

此，筆者認為或許擔心過度；至少，以本書介紹的幾家較為現代的最優質酒莊，都詳知擅用現代釀酒設備，以表達巴羅鏤的另樣風貌，並未讓技術凌駕風土。

莊主路其阿諾目前已屆耳順之年，育有一獨生女芭芭拉（Barbara）；在路其阿諾之前，桑鐸內家族與葡萄酒並無關聯（路其阿諾之父為木工師傅，家族並未擁有葡萄園），故而，莊主本人即是釀酒家族第一代，這點與其他本區傳奇人物相當不同。1964年，路其阿諾自阿爾巴的農業學校畢業後（未唸過釀酒學校），曾在兩家位於巴羅鏤酒村的老牌酒莊擔任過釀酒師：Giacomo Borgogno & Figli以及Marchesi di Barolo；路其阿諾一直到1990年才辭謝後者的釀酒師職務。

然而，在1970年代中期，路其阿諾就開始外租葡萄園自行栽種，以更加貼近土地，好了解葡萄園管理的最佳方式，並彌補身為他莊釀酒師卻無法真正插手葡萄園管理的缺憾；因緣際會，1970年代中期，路其阿諾有幸購下位於巴羅鏤酒村的Cannubi Boschis美園，再加上後購的幾塊小園，他於1978年開始釀製首年份酒款，這也是路其阿諾‧桑鐸內酒莊的建莊元年。

自1978-1984年為止，本莊的巴羅鏤酒款酒標上僅寫明Barolo，因其為混調不同園區的酒款。不過，本莊盛名的建立還在於1985年路其阿諾決定將Cannubi Boschis的葡萄分開釀造、裝瓶，並推出單一葡萄園名釀Barolo Cannubi Boschis而聲名大噪為起始（此時他身兼Marchesi di Barolo以及自有酒莊釀酒師職務）。

1. 庫那（Cougná；或拼為Cugná）是種當地葡萄農常製的葡萄沾醬，此為莊主路其阿諾‧桑鐸內親製的版本，主要原料除了剛剛壓榨的內比歐露「葡萄汁與皮」（Must）之外，莊主還放入了黑李以及榛果一同熬製（常見的食材還有無花果以及榲桲果）；庫那可搭配鄉土料理綜合水煮肉（Bolito Misto）或是成熟期較長的起司共食，或是早餐以可頌沾食也極佳。

2. 本莊所有的酒款都在不鏽鋼槽內發酵；視酒款而定，會實施不同程度的淋汁或踩皮。

3. Valmaggiore Nebbiolo d'Alba的葡萄園具有許多砂土，使此酒呈現優雅芬芳的特色。

4. Barbera d'Alba（左）以及Dolcetto d'Alba（右）價格實惠，酒質優良且可早飲，不可錯失。

傳統為體，現代為用

愛美食、嗜美酒的路其阿諾在1960年代曾遊訪法國布根地，其最尊崇的名莊包括Domaine de la Romanée-Conti以及Domaine Armand Rousseau（此兩莊介紹詳見《頂級酒莊傳奇》），在見習布根地的傳統釀法之後，適度轉用在其釀法上，竟被簡單歸類為現代派，其實不甚符實。

例如，路其阿諾雖未使用傳統派酒農常用的大橡木桶（Botti），但本莊也並不運用許多現代派釀酒者常用的小型橡木桶。反之，他使用的是500公升的中型桶（Fusti），路其阿諾並認為500公升的中型桶於本區的使用歷史，甚要比超大型木桶（5,000公升、10,000公升，甚至到18,000公升）的歷史還要長，他並佐證歷史可上溯至十九世紀的Marchesi di Barolo酒莊一直以來都有使用500公升中型桶的紀錄。中型桶比大型桶的運用歷史還長遠的說法是否屬實或許尚待考證，但中型桶屬於傳統巴羅鏤釀酒史的說法則可以確立。故而，其木桶的運用並不現代，實屬傳統。

本莊所有酒款均在溫控不鏽鋼槽裡發酵，然而，依此判定本莊為現代派似也不妥，因為傳統派大師級酒莊布魯諾・賈寇薩以及朱賽裴・馬斯卡雷洛均在1994年開始採用溫控不鏽鋼發酵槽。至於，現代派多愛將發酵以及浸皮時間縮短以避免過度萃取的現象，也不適用在本莊身上，對於巴羅鏤酒款，本莊的發酵以及浸皮時間還可長達30-35天，而目前布魯諾・賈寇薩的最長施行時間為24天；據此，本莊基本釀法還屬傳統派。路其阿諾・桑鐸內唯一在釀法上比較偏向現代做法的地方，在於部分酒款於熟成階段時，他會使用部分的新橡木桶（使徒柔

情之來處），然而新桶比例相當有節制：巴羅鏤為20-25%，巴貝拉品種酒款則為30%（過去比例略高一些），此因巴貝拉果香迷人，但單寧量較為欠缺之故。

路其阿諾強調酒窖工作固然要緊，但葡萄園的管理更是重要至極。為降低產量，以求品質最佳的葡萄果實，本莊僅留6-8個芽眼（一般酒莊約為16-20個）；並進行兩次夏季綠色採收（Vendange Verte），即進行疏果，剪除多餘葡萄串；採收前15天則將樹葉疏剪（Effeuillage）以利空氣流通避除黴菌生長（也不能過早疏葉，會影響光合作用而導致果實成熟減緩）。另外，本莊採有機種植、廢除化肥以及除草劑的使用。

歷史名園Cannubi

目前，整個朗給區尚存最古老的一瓶葡萄酒由布拉村（Bra）的Manzone家族所持有，破舊的酒標上寫明Cannubi 1752，可見早在真正的巴羅鏤酒款出現之前（十九世紀中期），Cannubi已是受人尊重的歷史名園。第六使徒、也是桑鐸內最著名的巴羅鏤紅酒Barolo Cannubi Boschis，其葡萄園Cannubi Boschis屬於Cannubi葡萄園中最北的一塊，古名為Monghisolfo，總面積約7公頃，本莊擁地2.5公頃，本莊在1998年新建，具備現代化釀酒設備的酒窖即位於Cannubi Boschis葡萄園山腳下。

桑鐸內的Barolo Cannubi Boschis的首年份為1985年，園中多砂地，酒質較早熟，以馨美酒香以及優雅質地享有盛名；此酒的酒精發酵與浸皮時間可達35天，之後的乳酸發酵在500公升中型木桶中完成（新桶約20-25%），接著進行24個月的桶中熟成培養，裝瓶後繼續

1

3

2

1. 路其阿諾·桑鐸內與眾不同，全莊僅使用500公升的中型法國橡木桶。

2. 以巴羅鏤醃漬豬肉所製成的香腸，「起司扇貝盒子」裡頭呈裝的醬汁當然也以巴羅鏤紅酒濃縮而成。

3. Valmaggiore Nebbiolo d'Alba在500公升木桶中熟成12個月後裝瓶（無新桶），接著於瓶中熟成9個月後上市。

18個月的瓶中熟成才上市。本莊另一巴羅鏤名釀Barolo Le Vigne的首年份為1990年，屬傳統的多園區混調酒款，釀酒葡萄來自三個酒村（Barolo,Monforte d'Alba,Novello）的五個葡萄園，年輕時酒質比Cannubi Boschis來得晚熟封閉一些；各葡萄園酒款分開釀造，程序與Cannubi Boschis相仿（但浸皮時間多出約3天），隔年7月才進行混調，再接續之後的桶中陳釀手續。

本莊另一款優美的內比歐露紅酒為Valmaggiore Nebbiolo d'Alba，知名葡萄園Valmaggiore位於巴羅鏤產區以北的Roero產區，園區坡度陡峭，每公頃種植密度為8,000株，在本區相當罕見，有助降低產量，提升酒質。路其阿諾·桑鐸內針對以上三款代表性酒款，每年會留下10%的數量置於窖中陳年，俟第一批上市後的4-5年後才推出此第二批「私房窖藏款」（Sibi et Paucis；酒標會打印上此拉丁文圖樣），這批酒已初界試飲期，且因原封不動保存於酒莊窖內，品質完美。另，價格怡人，馨鮮可口的Barbera d'Alba以及Dolcetto d'Alba也千萬不要錯失。

第一代酒農路其阿諾·桑鐸內未有釀酒世家傳承與祖傳美園，但腳踏實地、苦幹實幹，已在世界酒壇穩據一席之地；除了獨生女芭芭拉協助經營外，其幼弟盧卡（Luca）也在1992年加入長兄團隊負責葡萄園管理工作，看來，本莊的使徒傳奇仍將薪傳不墜。🍷

Azienda Agricola Luciano Sandrone

Via Pugnane, 4

12060 Barolo (CN)

Italia

Tel: +39 0173560023

Website: www.sandroneluciano.com

極品潮紅
Roberto Voerzio

1980年代崛起，以現代派觀念釀酒而導引整體酒質提升風潮的「巴羅鏤男孩」眾家健將裡頭，綜觀整體酒款品質最高、酒質最穩定者應推羅貝托・弗艾裘酒莊（Azienda Agricola Roberto Voerzio），本莊平均年產量約為40,000瓶，其巴羅鏤酒款乃為現代風格（此指新鮮豐盈、綽約又撩人的果香）巴羅鏤的極品，寰宇戀酒人爭相蒐購蔚為風潮，實為「極品潮紅」。

嘉柯莫・弗艾裘（Giacomo Voerzio, 1909-1994）自1950年代便開始釀酒事業，後傳予長子賈尼（Gianni Voerzio, 1951-）與次子羅貝托（Roberto Voerzio, 1952-）經營；未久，兩兄弟於1986年分家（各人分有2公頃葡萄園），大哥賈尼於同年創莊，本文主角羅貝托・弗艾裘也於隔年的1987年創莊，其釀酒首年份為1988年，由於酒質出眾，在短短20年間已竄升為巴羅鏤最閃耀的明星酒莊之一。羅貝托・弗艾裘酒莊位於巴羅鏤產區裡的拉摩喇酒村之西南隅，並由20年前僅有的2公頃園區擴增為目前的21公頃；除了Sarmassa位於巴羅鏤酒村之內，其他地塊均位於同產區的拉摩喇酒村之內，所掌地塊均是歷史名園，手握王牌園區，加以釀技精湛，使本莊傲視群倫。

若是年份特出，酒質符合莊主認可的極高標準，本莊目前共可產出酒款12種；然而，如此特佳的年份實屬少見特例，最近兩個12款酒均有產製的年份為2004以及2007年份。本莊的前三款初階酒款為：Dolcetto d'Alba Priavino, Barbera d'Alba Vigneti Cerreto（以450公升中型

拉摩喇酒村盤踞在山坡之巔，算是此區最秀美的酒村，羅貝托・弗艾裘酒莊也位於村內。

1

2

桶熟成，50%新桶）及Langhe Nebbiolo Vigneti S. Francesco，Fontanazza，雖是初階款，但款款美而動人，讓人連番要酒以止貪杯之慾。

接著是七款精湛的巴羅鏤酒款，依照大略的建議品酒順序列出如下：Barolo La Serra, **Barolo Rocche dell'Annuziata / Torriglion,** Barolo Cerequio, Barolo Brunate, Barolo Sarmassa di Barolo（僅推出1.5公升雙瓶裝）、**Barolo Riserva Vecchie Viti dei Capalot e delle Brunate**（僅推出1.5公升雙瓶裝）以及**Barolo Fossati / Case Nere Riserva 10 Anni**（以粗體字標示者，為採園區相鄰或是風格相近的兩個地塊的內比歐露葡萄釀製後混調而成，其餘為單一葡萄園酒款）。

另有兩款「特釀」：第一款為Barbera d'Alba Riserva Vigneto Pozzo dell'Annunziata（僅推出1.5公升雙瓶裝，15-18個月在225公升小桶熟成，50%新桶），此酒可算是巴貝拉品種葡萄酒的旗艦陳釀版，品質要與其並駕齊驅者幾希。第二款為Langhe Merlot Fontanazza - Pissotta（首年份為2001），乃以法國的梅洛品種釀成，其架構良好而均衡優雅，應可列為義大利最佳的梅洛紅酒之一。

1. 拉摩喇酒村的Brunate葡萄園裡有一處必訪名勝，此為建於1914年的布魯拿鐵小教堂（Cappella delle Brunate），原當做葡萄農避雨或是冰電之用，著名酒莊Ceretto在1976年購下此小教堂，並請美國藝術家Sol Lewitt（1928-2007）以及英國藝術家David Tremlett（1945-）共同設計彩繪成的藝術傑作。

2. 羅貝托·弗艾裘表示2002年份在採收前一星期遇80年僅見最大冰電災害（降電持續50分鐘），故當年他一瓶未產。

十年磨一劍

或許為了討論方便，或是認識未足，許多論者僅將本莊歸類為所謂現代派釀酒者，甚至稱之為激進派，一筆勾消其背後的釀酒哲學，實在不妥；其實，骨子裡，羅貝托·弗艾裘還屬頗為傳統的酒莊，而其敬重的大師也都是傳統派的巨擘，像是布魯諾·賈寇薩，以及已逝的喬萬尼·康特諾。

以其最新，即將推出的最新款巴羅鏤2003 Barolo Fossati / Case Nere Riserva 10 Anni而言（此為首年份），雖依照法規Riserva陳釀級酒款在採收年份的5年之後即可上市，羅貝托卻決定此首年份酒款將在2013年，也就是窖藏10年之後才上市，硬是將上市時間拉長一倍（然而，價格恐怕是本莊同年份巴羅鏤酒款的一倍），這將是2003年份巴羅鏤裡最晚上市的

1   2   3   4   5

1. Barolo Cerequio是本莊最知名的酒款之一；Cerequio葡萄園是本莊占地最大者，但也僅有2公頃。藝術酒標描繪主題：農忙後的園中午憩，右手執木質小酒壺。

2. 本莊以梅洛品種釀成的優雅Langhe Merlot Fontanazza – Pissotta酒款。藝術酒標描繪主題：剪枝。

3. 相當物超所值的Barbera d'Alba Vigneti Cerreto酒款。藝術酒標描繪主題：牽牛犁整葡萄園。

4. 極為可口的初階酒款Dolcetto d'Alba Priavino。藝術酒標描繪主題：翻土植新株。

5. 1992乃一極為艱難的差勁年份，但本莊依舊釀出相當精采的巴羅鏤酒款（許多酒莊並未在此年生產巴羅鏤）。

一款酩釀，某種程度上也算是向傳統巴羅鏤獻上致敬之意。不過，此酒的陳年主要在瓶中進行，而不像喬萬尼‧康特諾早期的Monfortino Riserva酒款甚至在大型木桶中陳釀10年。

羅貝托‧弗艾裘的酒款較之傳統派酒釀可提早些飲用，然多數飲者過早喝掉，讓羅貝托大嘆可惜；為讓愛酒人能真正品到本莊酒款的巔峰之味，故推出此10年陳釀新款。可說是「十年磨一劍」，欲借光陰之流將「酒的劍鋒」磨得更加鋒利（使更具清透、爽利與細節），把「酒的劍身」磨得更加圓滑（單寧更加圓融溫潤、光可鑑人）。

12月初，釀酒發酵程序剛結束，酒廠員工正以接近攝氏100度的滾燙熱水清洗不鏽鋼發酵桶。

超高密度，超低產量

羅貝托‧弗艾裘即使在最差的年份如1992、1994都能釀出如今飲來依舊清新、令人回味的醇釀，祕訣並非在握有任何特殊的奇淫巧技，實則首重在葡萄園的管理。首先，該區一般酒莊的每公頃種植密度約在4,000株，而本莊一些內比歐露老藤地塊也約在此數；然而，遇有翻整重植機會，羅貝托必大舉提高種植密度，藉此限制葡萄株的產量以提升酒質；以位在酒莊旁的巴貝拉葡萄園Vigneti Cerreto來說，其目前每公頃種植密度為9,000株；最嚇人的是生產高檔巴貝拉的Vigneto Pozzo dell'Annunziata葡萄園的種植密度可達每公頃11,000株，應屬整個皮蒙區之最。

若以每株葡萄樹的平均產量來算，梅洛葡萄株僅產450公克，Vigneto Pozzo dell'Annunziata的巴貝拉樹株僅產400公克，而七款巴羅鏤的每株葡萄樹平均只產500公克，也即是每2.5棵內比歐露葡萄樹才能產製一瓶羅貝托‧弗艾裘巴羅鏤葡萄酒。如此超低產量造就了本莊酒款的超級濃縮風味，然而，這與某些加州或是智

利的超濃縮而厚重的俗豔肥美酒款不同，後者是以超熟、乃至過熟的葡萄釀成，而本莊的風味純粹來自超低產能所匯聚的風味精華；也由於低產而致使本莊葡萄較為早熟，未免葡萄過熟，本莊總是此區首先進行採收的酒莊之一。

本莊在經過7、8月份的綠色採收（疏果）之後，內比歐露樹藤上平均只剩5到6串葡萄（是一般葡萄農的四分之一）；不僅如此，羅貝托甚會對每串內比歐露葡萄進行「修整」作業，即是修掉每串葡萄的下端以及左右兩側的果粒（據說這些果粒的單寧較為粗澀），使得原本呈現倒三角形的果串變得圓潤而小巧，當然也更進一步限縮了產量到近乎荒謬的地步；還好，似乎國際的愛酒人士皆願意付出高價以支持羅貝托的嚴釀之作。

羅貝托並不使用旋轉式發酵槽（Roto-fermenter），故而不能稱其為激進派，而僅使用廣為傳統派釀酒者接受的不鏽鋼直式發酵槽（布魯諾・賈寇薩以及Giuseppe Mascarello酒莊均使用）。發酵期間，本莊每日採取兩次淋汁（從發酵槽底下抽汁，再重新淋回發酵槽中，藉著增加皮汁接觸以加強萃取），而其發酵與浸皮（或稱泡皮）的總天數約在22-30天，比傳統派大師酒莊布魯諾・賈寇薩目前的平均天數還長，以此而論，其釀法依舊遵循傳統。至於酒精發酵完且皮汁分離之後，繼續壓榨皮渣以獲取榨汁酒時，本莊僅壓榨20分鐘（且壓力不超過一個大氣壓）以壓取前段優良榨汁；此榨汁會再添回先前的葡萄酒裡。其後的乳酸發酵皆在不鏽鋼桶裡進行（1996年份是唯一在小型橡木桶中進行乳酸發酵的年份，後來酒莊覺得清洗木桶不易，且若用接近沸騰的熱水清洗又會破壞桶內木質結構，因而放棄），接著才將酒液導入木桶中陳年（多切托

1

2

3

4

1. 酒莊的品酒室一隅。

2. 本莊僅採用最高品質的軟木塞；一袋300個的優質軟木塞還需經過酒莊實驗鑑定才決定下單，例如：以此批軟木塞裝瓶60瓶的多切托初階紅酒，經過15天，若軟木塞的TCA細菌感染機率小於1%，才放心向優質廠商下單採購。

3. 羅貝托・弗艾裝的酒款以清新華麗的酒香著稱。

4. 當地三個主要品種（內比歐露、巴貝拉、多切托）葡萄酒都能與茄醬手工麵條有著極好的搭配。

酒款不經木桶陳年）。

傳統融合現代的木桶陳釀法

本莊唯一可被稱為現代派做法者，應在採用法國小型橡木桶陳釀這點之上。以巴羅鏤酒款而言，橡木桶的使用可分為三個階段。從本莊首年份的1988-1994之間，一律使用50%的傳統大木桶（1,000-6,500公升），以及50%的法國小型橡木桶（225公升）分別陳釀後混調，這融合傳統與現代的陳釀做法與歌雅酒莊雷同。1995年因冰雹重襲，葡萄產量銳減，數量遽減的酒液無法填滿大型木桶（尤其本莊對不同地塊酒液均分開釀造），便於此年份起使用100%法國小型橡木桶陳釀巴羅鏤；酒莊同時也將大型木桶賣掉。

2005年起本莊購得幾塊新的葡萄園，產量相對增加，羅貝托便又再購入大型木桶（1,500-2,000公升）；且自2008年份起，對於巴羅鏤的釀造，本莊又再走回「大小木桶各半」的老釀法，不過各半的比例並非一成不變，而隨年份有所調整。雖然過去20年期間，本莊釀法時有改變，但羅貝托強調其釀酒準則在於和諧與均衡，也未有人向他表示本莊釀酒風格有所轉變的說法；酒莊目前的巴羅鏤酒款至多使用30%的新桶（多在2-3成之間）。

本莊還有一個筆者未曾聽聞的特殊釀酒過程：當所有酒款在地下酒窖經過木桶陳釀之後（Dolcetto d'Alba酒款除外），都要重新導回一樓的大型不鏽鋼槽存放（完全無人工溫控），經過一冬一夏的「冷熱培訓」之後，才於8月份趁著月圓之際裝瓶；為何遇月圓之際？莊主僅說是該莊一直以來的傳統，再追問有何理論根據？從未上過釀酒學校的羅

貝托僅笑答：「各有巧妙法門！」（Vivre la difference!）

跟隨羅貝托已經有4年之久的優秀助理釀酒師Cesare表示，一樓的釀酒廠在嚴冬時，氣溫僅達攝氏1-3度，可藉此低溫讓酒中的酒石酸自然離析出來（否則酒瓶中可能留有許多酒石結晶）；而在8月初氣溫升高時（最高可達攝氏30度）進行裝瓶作業，是因高溫讓酒香流衍飄逸，此刻裝瓶可讓葡萄酒永遠在開瓶時刻就顯露其誘人芬芳，而不會讓葡萄酒產生滯悶不快的氣味。這樣高溫「操酒」，不怕酒質氧化？Cesare信心滿滿說：「本莊酒質濃郁集中且均衡，不怕操。」

此外，本莊的二氧化硫（SO_2）使用量也是本區最低者之一。該區法規規定每公升葡萄酒的二氧化硫最大使用量為每公升170mg，本莊的使用量則為80mg（3年的瓶中熟成後〔軟木塞封瓶〕會隨時間降至約30mg）。故而，若您對於釀製葡萄酒無可避免使用的二氧化硫特別敏感的話，本莊酒釀是不錯的選擇。

目前將近60歲的羅貝托與兒子大衛（David Voerzio）共同經營酒莊，且在2009年成為兩個孫女的祖父，當他談及寶貝孫兒時，歡悅之情溢於言表，還興奮地說要將每年份50%的酒釀留下來當做「女兒紅」（應是「孫女紅」），此話過於誇張，不過，本莊後繼有人續釀極品美酒，讚矣！🍷

Azienda Agricola Roberto Voerzio

LOC. Cerreto, 1
12064 La Morra (CN)
Italia
Tel: +39 0173509196

激進的酒質
La Spinetta

Gambero Rosso出版社所發行的《紅螯蝦葡萄酒評鑑》對酒質最精采的酒款會評給至高榮譽的「三支酒杯」之評價，若某莊獲評10次的「三支酒杯」，則評為一星酒莊；此國際知名的義大利葡萄酒評鑑裡，目前（2010年版本）已出現許多一星以及二星的優質酒莊，然而，四星酒莊僅有一家：歌雅（獲得45次「三支酒杯」）。至於三星名莊則有兩家，分別是本文的主角史皮內塔（La Spinetta，35次）以及以釀造高級氣泡酒聞名的Ca' del Bosco酒莊（33次）。其實，《紅螯蝦葡萄酒評鑑》在2001年就頒予史皮內塔「年度最佳酒莊」頭銜，且早在2006年本莊就已是該評鑑的三星名莊。此外，相較於四星的歌雅，本莊的酒價相對上更是物超所值。

以甜味氣泡酒起家

1890年代，喬萬尼・里衛帝（Giovanni Rivetti）一如當時的許多義大利人，離開家鄉皮蒙區，移民到南美洲的阿根廷以開挖當地豐富的煤礦，欲致富而後榮歸故里，然後買園、種植葡萄以開創酒莊事業；然而，喬萬尼並未在新世界挖到金山銀山，也從未開創酒莊事業，不過其子朱賽裴・里衛帝（Giuseppe Rivetti, 1913-2003）於二十世紀中期再次移民回皮蒙區，立下便購地植樹釀酒完成先父遺願；不過，位於卡斯坦紐內・蘭澤酒村（Castagnole Lanze, 位於阿爾巴與阿斯提兩城市之間）的史皮內塔酒莊是直到1977年才建

可惜，總釀酒師喬治歐・里衛帝並不喜歡多切托品種，故本莊未產此品種酒款。

立。

朱賽裴・里衛帝正式建莊後，很快便將酒莊交給大兒子卡洛（Carlo）、二兒子布魯諾（Bruno）以及小兒子喬治歐（Giorgio Rivetti, 1957- ）經營。其家況當時並不富裕，三個男孩中，只有喬治歐被送到阿爾巴的著名釀酒學校學習釀酒，他是本莊的總釀酒師以及讓本莊大放異彩的靈魂人物。喬治歐在建莊當年的1977年，便創新地釀出皮蒙區首見的單一葡萄園Moscato d'Asti。當地人僅將Moscato d'Asti視為簡單的甜味微氣泡開胃酒，少有人認真看待，且傳統上是將多個園區的蜜思嘉（Moscato）白葡萄混合釀造。

喬治歐的單一葡萄園釀造觀念，來自於年輕時參觀布根地名莊侯瑪內一康地莊園（Domaine de la Romanée-Conti）之經驗啟發。因捕捉了單一風土特色，加以葡萄篩選嚴格，酒質特出，使本莊成為義大利最佳Moscato d'Asti酒款的代名詞；其兩款單一園區Moscato d'Asti為：Moscato d'Asti Biancospino以及Moscato d'Asti Quaglia。此外，本莊以風乾的蜜思嘉葡萄釀造的Passito Oro酒款，具甜美繁複而深邃之風味，更不應錯過。

釀造白酒游刃有餘，本莊也開始邁向釀製紅酒之路。1985乃當地一絕佳年份，喬治歐實驗性地拿了部分丈人的巴貝拉葡萄釀酒，命酒款名為Cà di Pian（法定產區DOC為Barbera d'Asti），色深味濃醇，此酒一出便確認喬治歐在釀製紅酒上的天賦。目前，本莊還有另兩款品質更見深度的巴貝拉紅酒，分別是Barbera d'Alba Gallina（首年份為1996年）以及Barbera d'Asti Superiore Bionzo（首年份為1998年）；後者，Bionzo紅酒以50年老藤釀成，以其深邃優雅氣質擄獲人心，《紅螯蝦葡萄酒評鑑》並將此酒的2007年份評為「三支酒杯」。

本莊還產製一款以65%內比歐露以及35%巴貝拉混調而成的Pin Monferrato Rosso（首年份為1989），此為當時首批推出的「內比歐露+巴貝拉」混調酒款之一（以極少比例的巴貝拉混入內比歐露以增添酸度的例子不在討論之內）。然而，嘴尖的刁鑽酒友或可嘗出，其實Pin在1993-2001年份之間，酒裡總混調有5-10%的卡本內一蘇維濃。

激進的酒質

喬治歐曾在波爾多的一級酒莊瑪歌堡實習過

喬治歐‧里衛帝（左）正與愛馬皮寶（Pippo）於Campè葡萄園上方區塊翻土以活化土壤（目前用以釀造Riserva Campè的最佳區段），且自2010年起，此區不再使用機械翻土，怕壓實了土壤。

由左至右為：Barbaresco Vigneto Gallina, Barolo Vigneto Campè, Barbaresco Vigneto Starderi。這幾款高級酒的酒標上都寫明了本莊當初想要釀製最高品質巴羅鏤以及巴巴瑞斯柯的「強烈想望」（Vürsù）。

酒窖一角。

一年，故也學取了波爾多最菁華的釀酒技術，此後，他善以波爾多小型橡木桶（225公升）釀酒的風格，讓其酒款在年輕時就充滿澎湃果香，易於親近；然而，喬治歐仍舊追尋風土原味，並未讓木桶風味輕易占了上方，只讓酒中果香清亮而飽滿，底韻細節卻一絲未予以妥協。若有些年份的部分酒款，在年輕時桶味略顯突兀，其實待其陳釀3、4年，此微小突兀便會完全融合於酒中，而成為風味繁複之一部分（此暫時的桶味突兀通常僅出現在口嘗的後段回韻，酒之鼻息通常極其雅致）。

也因此，酒界多將本莊歸為現代派，甚而稱其為「激進派」。史皮內塔與多數通稱為現代派的釀酒者，存有之唯一差別在於本莊也使用較為新潮的釀酒設備：（溫控）橫式旋轉發酵槽（Rotofermenter，或稱Rotary Fermentor）。葡萄酒發酵時期，若要萃取更多的顏色、風味或是單寧，較為傳統的做法是採取踩皮

（Pigeag, Punch-down）或是淋汁（Remontage, Pump-over）的方式處理；而橫式旋轉發酵槽不僅省時省力，也具有較高的萃取效率。例如，使用從發酵槽底抽汁，再從發酵槽上方灑淋酒汁於皮渣上的淋汁萃取法時，酒液通常會在皮渣層內流竄形成「液體流動隧道」，之後的酒液就會順此隧道流到皮渣下方，故而，並未完成充分萃取。

由於橫式旋轉發酵槽的槽體會水平旋轉（或是其內的旋刀會進行旋轉），故而很容易就將葡萄皮渣打碎，使酒液時時與皮渣產生萃取效應，效率大增。對原本單寧就相當豐富的內比歐露品種而言，擅於運用橫式旋轉發酵槽者，如史皮內塔，就可在幾天之內萃出其所要求的風味以及酒色，而不需藉由傳統的長時間浸皮（幾十年前，浸皮可達40-60天）來達成顏色與風味的萃取，但卻常常因此浸皮過度，而萃出過多粗澀的單寧（如葡萄籽裡的單寧），致使傳統派的巴羅鏤紅酒常需陳釀至少15-20年才初達適飲階段。

以橫式旋轉發酵槽達到萃取目的後（約是2-6天不等，看各莊需求），便可將發酵僅達約50%左右的的內比歐露酒液與皮渣分離，以免過度萃取，然後再於不鏽鋼槽內進行為期十幾天左右的完整酒精發酵；剩下的皮渣，經壓榨成為榨汁酒後，依需求可再加回原本的酒液（因未經壓榨，又稱自流汁、自流酒）。最後，榨剩的皮渣便可拿去蒸餾成Grappa di Nebbiolo烈酒（本莊也產Grappe di Moscato）。

當然，器物之用，存乎一心；或有大量生產商業化酒款者，欲藉由橫式旋轉發酵槽快速萃出原本即不存在於劣質葡萄中的風味，以彌補葡萄園中工作之散漫隨便；但史皮內塔卻以

1

2

3

4

5

6

7

1. 本莊三款Barbaresco之中，筆者最欣賞 Barbaresco Vigneto Valeirano，常具有 精緻婉約的花香以及成熟性感的白松露 氣息。

2. 目前，「巴巴瑞斯柯三劍客」（Gallina, Starderi 以及Valeirano）的Riserva版 本年份有：2001，2003；僅以1.5公升 容量上市。

3. 2002 Barbaresco乃以「巴巴瑞斯柯三 劍客」的三塊葡萄園裡所精挑出的葡 萄分開釀製後，混調而成。酒標上的犀 牛圖案取自1515年德國藝術家Albrecht Dürer的版畫，畫家當時未見過活生生 的犀牛，只憑言傳口述（或許還有他人 極為粗略的素描）而描繪出相當精準的 犀牛圖樣，接下來的300年，歐洲的教 科書都以此圖為本；然而，真正的犀牛 並無冑甲，四肢也無鱗片。

4. 本莊最新款的單一葡萄園巴巴瑞斯柯 為Barbaresco Bordini，首年份為2006 年。另，莊名La Spinetta在當地方言的 原意為「丘頂」，指出本莊所在的地理 位置。

5. Barbera d'Asti Superiore Bionzo以50 年老藤釀成，曾被《紅鱉蝦葡萄酒評 鑑》評為「三支酒杯」。

6. 單一葡萄園Moscato d'Asti Biancospino 乃義大利最佳Moscato d'Asti之一。

7. Passito Oro以約8星期時間風乾的100% 蜜思嘉白葡萄釀成，酒精以及乳酸發 酵都於100%全新法國小型橡木桶內完 成，緊接著進行24個月的桶中熟成。 餘糖為每公升200公克；常有甘草、蕈 菇、八角以及乾橘皮氣味，極為迷人。

圖為Campè葡萄園，它位於Grinzane Cavour酒村裡；雖本村最知名的葡萄園為Castello，但本村唯一高品質巴羅鏤酒款其實僅以Barolo Vigneto Campè為代表。

對現代科技的完整理解及高度掌控，嚴釀出風格柔美，卻又架構完整、馨香多幻的美酒，令人懾服。若僅以「激進派」概括本莊而論，未免粗略而自以為是。喬治歐說，其葡萄酒90%完成於葡萄園裡，酒窖裡的完成度僅占10%，此有數據可加佐證：該莊位於皮蒙區的全職員工總數共有65人，其中50人即為葡萄園工人。看來，已成本區大師級人物的喬治歐並不打誑語。本莊激進之處，在於酒質，而非其他。

3+1款單一葡萄園巴巴瑞斯柯

精釀巴貝拉之後，本莊接續挑戰內比歐露。1990年代中，繼一連串的購園行動之後，本莊接連推出三款單一葡萄園巴巴瑞斯柯酒款，依據品飲順序介紹出場：Barbaresco Gallina（首年份為1995，平均年產11,500瓶，位於Neive

酒村）、Barbaresco Starderi（首年份為1996，平均年產15,500瓶，位於Neive酒村）以及Barbaresco Valeirano（首年份為1997，平均年產7,000瓶，位於Treiso酒村）。

以上三款酩釀皆相當精采，國際酒評也長年評出至少90分以上的極高評價；其中，Valeirano最教筆者醉心，以其細膩花香揉合白松露香氛讓人飲來「醉眼迷離，含笑半步顛」；這「巴巴瑞斯柯三劍客」也確立本莊為巴巴瑞斯柯產區的要角。另，本莊最新一款單一葡萄園巴巴瑞斯柯則為Barbaresco Bordini，首年份為2006年，酒質優良，但略較「三劍客」簡單一些；之前Bordini葡萄園的果實都被拿去釀造Pin以及Langhe Nebbiolo。

世紀之交的公元2000年，喬治歐又購下巴羅鏤產區裡，位於格查內・加富爾酒村裡的8公頃葡萄園Campè，幾年後便推出2000 Barolo

Campè；一上市，美國的《葡萄酒觀察家》雜誌便評出98分的驚人高分，自此讓本莊躍昇為國際矚目的名莊，成為帶領產區前進新世紀的主要領導力量之一。

對Barolo Campè以及「巴巴瑞斯柯三劍客」，本莊也以超嚴選的老藤葡萄原料來釀造，並拉長桶中陳釀時間（多出9個月）以推出罕見的陳釀款，並僅以1.5公升雙瓶裝（Magnum）的容量推出上市。截至目前，Barolo Campè Riserva的年份有：2000與2001，「巴巴瑞斯柯三劍客」Riserva版本的年份有：2001與2003。另外一款值得注意的美釀為2002 Barbaresco，因2002年份欠佳，故本莊以「巴巴瑞斯柯三劍客」的三塊葡萄園裡所精挑出的葡萄分開釀製後，混調成此款「三劍客合一」的版本，具野生薔薇、白松露以及酸櫻桃的優美韻味，值得一嘗。

Barolo Campè以及三款Barbaresco（Gallina, Starderi, Valeirano）的釀法幾乎雷同：手工採收後，全部去梗、破皮，接著於橫式旋轉發酵槽發酵5天左右（發酵溫度設定在攝氏28-32度），酒液與皮渣分離後，繼續於不鏽鋼桶內完成約十幾天的酒精發酵，待加回第一榨的榨汁酒後（不用第二榨），一同於100%全新法國小型橡木桶內進行乳酸發酵，之後於桶內繼續陳年約20-24個月；接著將酒液移到不鏽鋼桶內幾個月後才進行裝瓶作業，並在瓶中熟成12個月後上市。

酒壇裡，自然動力法（Biodynamic Viticulture）導師之一的法國酒莊莊主尼可拉・裘立（Nicolas Joly）曾在1980年代初期造訪喬治歐，一見到史皮內塔的葡萄園仍依循千年

格查內・加富爾酒村裡的Castello di Grinzane Cavour是年度國際白松露拍賣會的舉行地點，堡內並設有Enoteca Regionale Piemontese Cavour葡萄酒專賣店，供應齊全的巴羅鏤以及巴巴瑞斯柯酒款。

1

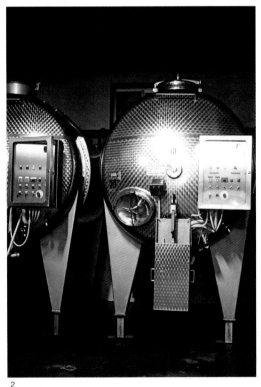

2

3

1. 採收景況。本莊在夏季會進行多次綠色採收（疏果）以減少葡萄串數，故而葡萄成熟較快，La Spinetta常是本區最早採收的酒莊之一。

2. 橫式旋轉發酵槽（Rotofermenter）的造價是一般垂直不鏽鋼發酵槽的三倍，但也因萃取速率高，在同一年份內便可使用同一橫式旋轉發酵槽進行多次發酵。

3. 3款Barbaresco（Gallina, Starderi, Valeirano）都在100%全新法國小型橡木桶內進行乳酸發酵，並於桶內繼續陳年約20-22個月。

來的傳統，不噴農藥、不施化肥、除草劑，以馬匹翻土整地，便道：「自然動力法，不過如此！」然而，其實目前本莊並非以自然動力法種植（因未調製自然動力法著名的「配方500」系列），只能算有機農法（本莊計畫將來正式申請有機認證）。

喬治歐三兄弟於2001年在托斯卡尼購下65公頃葡萄園，成立Casanova della Spinetta酒莊，目前共釀5紅1白（旗艦酒款為Sassontino和Sezzana單一葡萄園紅酒）；之外，再加上於皮蒙區所有的100公頃園地，史皮內塔的葡萄酒帝國氣勢逐漸成型，且由於里衛帝家族人口眾多，年輕的第三代也多已逐漸參與酒莊經營，故而，本莊前程似錦，值得酒友密切關注。🍷

La Spinetta Campè

Via Carzello 1

12060 Grinzane Cavour (CN)

Italia

Tel: +39 0173 262291

part II 十年一審　聖愛美濃佳釀爭芳競豔
FRANCE Saint-Emilion

聖愛美濃（St-Emilion）產區位於波爾多右岸的葡萄酒交易重鎮利布恩市（Libourne）右方，同名的中世紀酒村聖愛美濃因被聯合國教科文組織列為世界文化遺產而引來遊人如織，村內窄巷陡斜，旅人遊走其間頗有台灣九份景點之閒趣。村裡的羅馬以及哥德式教堂、修道院、修院迴廊等古蹟隨處可遇，為人類建築史之珍寶。聖愛美濃產區的釀酒史始自羅馬人時代（至少可追溯至西元四世紀）。

相較於波爾多左岸，右岸的聖愛美濃以及北臨的玻美侯（Pomerol）產區之酒堡規模較小，典型的列級酒莊平均僅占地12-14公頃，年產量平均為6萬瓶（僅及左岸同業的20%產量）。聖愛美濃總面積為5,500公頃，酒堡總數近千，其中一半以上酒堡擁園不到5公頃（左岸五大酒莊之一的Château Lafite Rothschild便獨立擁園105公頃）。左岸土壤含較多礫石，右岸的聖愛美濃則含有較高量的黏土質，且以梅洛（Merlot）為主要釀酒品種。其實右岸氣溫甚至較左岸略微高些，但因黏土不若礫石可保持溫熱，故此質涼的黏土質較適種植成熟較早的梅洛；左岸稱王的卡本內－蘇維濃（Cabernet Sauvignon）品種因熟成期較梅洛要晚上幾星期，故而植於聖愛美濃通常存在不易達到完美熟度的風險。梅洛目前占聖愛美濃產區整體種植面積的75%左右。

聖愛美濃酒質較之左岸來得早熟一些，風格豐潤熟美，果味深厚盎然；然質佳的聖愛美濃紅酒之儲存潛力並不遜於左岸好酒。本區地形變化相當大，土質也較左岸為複雜，葡萄酒風格也因之更多元。一般而言，產區西南靠近多爾多涅河（Dordogne）附近的平坦砂質地無法釀出優質美釀，也幾無出色酒莊建立於此（Château Monbousquet除外）。聖愛美濃有兩大優質地塊，首先是位於聖愛美濃酒村周圍以及東南邊的丘區（Côtes）區塊，此區以石灰岩床上覆蓋淺薄的壤土（Loam）以及黏土為主，明星酒莊如歐頌堡（Château Ausone）、加儂堡（Château Canon）以及帕彌堡（Château Pavie）之部分園區都位於此；另一釀酒美地則在聖愛美濃西北部鄰近玻美侯邊界地帶的礫石區（Graves），顧名思義此區土壤含有許多礫石，甚至形成幾處礫石圓丘，以白馬堡（Château Cheval Blanc）以及費賈克堡（Château Figeac）為最佳代表。

自1990年代初起盛極一時的車庫酒（Vin de Garage）風潮也發源自聖愛美濃，因此類酒款通常在極簡陋的車庫或是地下室釀成，故被稱為車庫酒，而釀造者則被稱為車庫釀酒人（Garagistes）。車庫酒一詞最早由法國葡萄酒作家Nicholas Baby與Michel Bettane所共同提出。車庫酒有幾項特色：首先以盡量壓低每公頃產量的極熟（有時甚至過熟）的葡萄釀造、產量通常極低（通常年產不到1,000箱）、酒質極為濃郁深沉而強勁、在釀造中盡量加強萃取、新橡木桶使用的影響較為明顯。

另有一項車庫酒的本質不可不提：即是在極普通的地塊上提煉出卓越的酒款。一般被認為是車庫酒濫觴的瓦隆朵堡（Château Valandrau）便是最佳例證；據此原則，常被稱為車庫酒的La Gomerie, La Mondotte以及Le

聖愛美濃酒村被列為世界文化遺產，為波爾多地區訪客量最高的中世紀美麗小山城。圖中傲然聳立者即是以單一石灰岩體鑿出的地標獨石教堂（L'Église Monolithe）。

Pin等等其實並非真正的車庫酒，因這些酒原本即來自公認的優良風土，僅因其量少質精且索求者眾，而被誤認為車庫酒成員。不過，近年來車庫酒熱潮漸退，所謂的車庫酒莊也開始擴大園區並提高產量；如現今的瓦隆朵堡年產量已達75,000瓶（1991的首釀年份僅產出1,280瓶），其實已經脫離車庫酒莊的範疇。

瑕不掩瑜的分級制

聖愛美濃有兩個法定產區AOC，分別是St-Emilion以及St-Emilion Grand Cru。St-Emilion Grand Cru又可分級為一級特等酒莊（Premiers Grands Crus Classés，又分為A等以及B等）、特等酒莊（Grands Crus Classés）以及最初階、事實上並非列級酒莊的St-Emilion Grand Cru（未標有列級的Classé字樣）；St-Emilion Grand Cru的酒款雖寫有Grand Cru，但與布根地或是阿爾薩斯（Alsace）的特級葡萄園（Grand Cru）的涵義不同，除少數特例外（如La Mondotte, Tertre-Roteboeuf, Valandrau, Moulin Saint-Georges等堡）通常僅是酒質尚可而已。

與左岸的1855年分級制度不可搖撼的僵化情形不同，聖愛美濃的分級制度以每10年重新評鑑一次為原則。聖愛美濃自1959年的首次分級評鑑以來，還進行過四次重評，分別是1969、1986（未依每10年重評原則）、1996以及最近一次的2006年評鑑。

2006年版評鑑上，被列為等級最高的一級特等酒莊A等的歐頌堡以及白馬堡保持原級不變；而由特等酒莊上升至一級特等酒莊B等的

聖愛美濃酒村旁的教堂廢墟以及位於石灰岩床上的葡萄園。目前整個聖愛美濃產區共有15家一級特等酒莊；其中的一級特等酒莊A等僅有歐頌堡以及白馬堡兩家。

則有2家：Château Pavie Macquin以及Château Troplong Mondot。另有6家酒莊被升級至特等酒莊，分別是：Château Bellefont-Belcier, Château Destieux, Château Fleur Cardinale, Château Grand Corbin, Château Grand Corbin-Despagne以及Château Monbousquet。

　　然而，當年也有11家酒莊被自特等酒莊降級為初階的St-Emilion Grand Cru。被降級的酒莊中有8家以評鑑未依程序進行、有部分評審未完全重訪全數酒莊等缺失，共同提出「2006年版聖愛美濃評鑑無效訴訟」，此司法大戲纏訟經年，2006年版評鑑曾經一度在2007年3月被廢止。目前確定的情況是，在新的評鑑出來之前，2006年版評鑑依舊生效，以上提及的8家被晉級的酒莊可依法標上一級特等酒莊（B

等）以及特等酒莊字樣；而同時，當初被降級的11家酒莊也依舊可維持其1996年版評鑑所給予的特等酒莊地位。總而言之，此判決是皆大歡喜，無任何酒莊被降級。

　　本來依照每10年重評的原則，下一次的聖愛美濃評鑑應於2016年舉行，然而因目前實處於尷尬未明的狀態（消費者不知原被降級卻仍保有特等酒莊資格的11家酒莊是否真名副其實），故新的分級評鑑預計於2012年9月提前舉行；我輩只好拭目以待。無論如何，聖愛美濃的分級制度在原則上依舊遠優於磐石般如如不動的1855年分級制度。

詩人醇酒
Château Ausone

對法國文學稍有涉獵者會知道波爾多有三大名家，一般簡稱 3 M，即：蒙田（Montaigne）、孟德斯鳩（Montesquieu）以及莫里亞克（Mauriac），然而成名更早、出生與逝世皆於波爾多的拉丁詩人奧索尼烏斯（Decimus Magnus Ausonius, 310-395）——即歐頌（Ausone）——不管以字母排名或是年代順序，都應居波都偉大作家的第一人。歐頌在 30 年教學生涯後，被徵調擔任格雷先羅馬皇帝（Gratian, 359-383）當太子時的教授——即太子太傅，因而仕途亨通官拜樞密院長老，且富甲一方，在歐洲擁有多處莊園（Villa）產業。當時的 Villa 並非現代人所認知的濱海度假別墅，而是以園主的華屋為中心所建立的一小型自給自足村落，故莊園內設有農舍、馬廄、奴隸住房等，通常也自擁葡萄園釀酒；當時典型的莊園村落總有 300-500 人的規模。

被列為唯二的聖愛美濃產區的一級特等酒莊 A 等兩家酒堡之一的歐頌堡，自十五世紀起便以詩人歐頌名諱命名；雖尚無直接書面證據指出現今的歐頌堡即為詩人歐頌當時的莊園所在，但今日由考古學家在歐頌堡周遭所挖掘出的許多高盧羅馬時代的遺跡（包括珍貴的馬賽克鑲嵌地板），輔以詩人歐頌所撰寫的文字比較推敲，歐頌堡現址極有可能就是詩人在羅馬時代莊園的遺址。

歐頌堡紅酒的名聲自十九世紀中起漸次攀升，在 1850 年的查理・庫克分級（Classement de Charles Cocks）裡它排行十一。在 1868 年的《波爾多與其葡萄酒》（*Bordeaux et Ses*

歐頌堡的堡體最早建於十五世紀，為一防禦性城堡，後被毀；目前如圖的酒堡為十九世紀末進行第二次整修時的狀態。目前正進行第三次翻修。

1

2

3

4

5

6

1. 2007年1月底的葡萄園冬景。

2. 本堡其中四分之一園區位在海星石灰岩床上，上頭只覆有30-40公分薄土。圖中可見地下熟成酒窖入口處上頭便植有葡萄藤。土壤貧瘠，酒質馨郁。

3. 乳酸發酵以及桶陳過程都在鑿於十六世紀末的石灰岩地窖中進行，其實此窖為舊時的採石場。

4. 酒精發酵於有溫控的中型發酵木槽（4,500公升）中進行。1998年份之前，本堡採用傳統的垂直式壓榨機，之後採氣墊式壓榨機；然榨汁酒通常僅加入二軍酒，甚至整桶賣掉；正牌酒若添加榨汁酒，也不超過2%。

5. 本堡窖中珍藏的1849年份老酒。

6. 莊主阿朗‧沃替表示，自1992年份起，本堡的乳酸發酵便於熟成用的225公升小型橡木桶中進行。

Vins, 由Cocks與Féret共同撰寫）巨著首版發行時，歐頌堡排名第四，落後於貝雷堡（Château Bélair）、Troplong-Mondot以及Canon三家酒堡；1886年版的同一排名裡已升至第二，1898年則升至首位；而1959年的首次聖愛美濃正式分級評鑑裡，歐頌堡則與白馬堡並列等級最高的一級特等酒莊A等。

本堡乃所謂「波爾多八大酒莊」裡產量最小者，甚至比玻美侯產區名莊貝翠斯堡還少，正牌酒的近年平均年產量僅約16,000-18,000瓶。至目前為止，歐頌堡僅曾由三個家族接手經營。十三到十六世紀為Lescours家族，十七世紀為Jacques de Lescure以及其繼承人，十七至十九世紀末則為Chatonnet-Cantenat家族，其後至1997年乃為與後者系出同源的杜寶—夏隆（Dubois-Challon）與沃替（Vauthier）家族共同經營。自1997年起，沃替家族成為本堡唯一

的擁有者與經營者。

紛爭迭起的近代史

杜寶—夏隆家族在1916年購下歐頌堡旁鄰不遠的貝雷堡，且同時經營兩酒堡直到愛德華·杜寶（Edouard Dubois）於1921年去逝為止，其寡婦夏隆夫人（Madame Challon）經營一段時間後便傳予兩名子女，分別是長兄讓·杜寶—夏隆（Jean Dubois-Challon）以及妹妹賽西兒·杜寶—夏隆（Cécile Dubois-Challon）。賽西兒後來嫁入沃替家族；其兄長讓則在晚年時才娶了年輕妻子海雅（Heylette），兩人並無子嗣。後來，讓在1974年與世長辭，原本賽西兒的後代可直接繼承兩堡產權，但海雅卻積極爭取亡夫的產權，並雇請一年輕酒莊總管戴貝克（Pascal Delbeck）協助經營。

一般酒莊的手工採收工時約為每公頃100多小時，歐頌堡則需300-350小時。

1

2

理論上，海雅‧杜寶—夏隆與沃替家族共同擁有兩堡產權，然而貝雷堡基本上由海雅指派的戴貝克掌經營大權，沃替家族其實無權置喙；至於歐頌堡則由賽西兒之長孫阿朗‧沃替（Alain Vauthier）與海雅共享產權與經營權。然而，阿朗與其海雅姨婆（即戴貝克一方）對歐頌堡的永續投資、葡萄園管理，甚至是採收日期常意見相左，故而齟齬不快所在多有，而歐頌堡酒質也因之顯得黯然。英國葡萄酒大師沛伯康（David Peppercorn M.W.）曾指出1945-1974年份的歐頌堡酒質令人失望；雖說1980年代起的本堡酒質已恢復一級特等酒莊應有的實力，但仍與同級對手白馬堡存在明顯差距。

1993年海雅曾向法院提出訴願，希望庭上替歐頌堡指定單一經理人以避免管理紛爭；然而法院卻在1995年裁定阿朗‧沃替擔任本堡唯一經理人，本堡酒質也自此年起有長足進步。海雅心有不甘，遂有意出售其握有的一半股權。由於兩家族彼此間的嫌隙與摩擦在酒界廣為人知，故而曾在1993年購入拉圖堡的巴黎富豪方斯瓦‧皮諾（François Pinault）便趁機向雙方各提出以1030萬美元的價格購下雙方各50%的持股。皮諾欲以總價2060萬美元的天價購下園區總面積為7.3公頃的歐頌堡，著實讓海雅心動而亟欲出脫其股權，因若以每公頃價格計算，這實為當年皮諾購下拉圖堡兩倍以上的代價。

然阿朗‧沃替與胞妹凱薩琳（Catherine）認為他倆生於此，長於此，絕無變賣祖產之可能，故四處奔波籌款，終在1997年以皮諾所開價格買下姨婆股權，終結兩家族無效率共治的黯淡時期。自此，阿朗得以大刀闊斧地投資、按其理念進行革新，歐頌堡酒質更是突飛猛進，近年來在酒質以及酒價上都不讓白馬堡專美於前。事實上，兩堡的新年份釋出酒價雖接

1. 歐頌堡的2003年份有不錯的酸度，為該年份波都頂級酒莊裡表現最出色者；不過2000以及2005年份有更多清新果香。

2. 酒窖幾乎終年維持天然恆溫（冬天攝氏12.5-13度，夏天14-14.5度），相對濕度100%，為極理想的醇熟地窖。

近，但當酒款在市場上流通一段時日後，歐頌堡酒價硬是比白馬堡高出許多；這也反映出歐頌堡紅酒物以稀為貴的市場反應。另，海雅於2003年辭世後，便由戴貝克繼承貝雷堡，然他因財務狀況不佳，又在2008年將貝雷堡轉讓給慕艾克斯家族（Moueix），貝雷堡也在是年被改稱為貝雷・茉蘭琪堡（Château Bélair-Monange）。

歐頌堡現任莊主阿朗・沃替被英文酒書稱為Winemaker，其實阿朗從未擔任本堡釀酒師，他的職務是酒堡經理人或是酒莊總管。阿朗在受訪時指出英文的Winemaker比較像是法文的Oenoloque，較像釀酒顧問職。目前本莊的釀酒工序都由酒窖大師（Maître de Chai）菲力普・白雅傑（Philippe Baillarguet）執行。此外，許多酒書指歐頌堡因在1995年雇用米歇爾・賀隆（Michel Rolland）擔任釀酒顧問才讓酒質大躍進，這也不盡正確。首先，賀隆在1982年就與歐頌堡有過短暫合作經驗，後自1992年起開始正式擔任顧問；1995年起的酒質提升之要因為阿朗・沃替開始全權掌控酒莊經營之故。不過，本莊後來開始在熟成用的225公升橡木桶裡進行乳酸發酵，的確是在賀隆的建議下採用。

大寒不侵的絕佳風土

本堡具有全波爾多最佳的釀酒風土之一，其中四分之一園區位在海星石灰岩床上，上頭只覆有30-40公分薄土；另四分之三則位在磨礫岩層上，土壤為土層略深一些的石灰質黏土。酒堡上方還有環帶狀的石灰岩台地庇護，左擋陰雨，北阻寒涼北風，向東以及東南向的園區向陽良好。故發生在1956年冬季的大寒災裡（零下18度，積雪達50公分），歐頌堡幾未蒙受損失，隔年還有每公頃2,000公升的產量；但地勢較低的白馬堡就相對災情慘重。也是在此大寒害後，聖愛美濃的葡萄農才改植更多的梅洛

1. 歐頌堡的法國市場僅占不到3%；本堡酒瓶為特殊開模，外表似乎與其他同區沒有兩樣，其實暗藏玄機，僅酒莊知曉判別法；酒標也採特殊紙張與特殊印墨以防偽。

2. Chapelle d'Ausone的首年份為1995，年產僅約5,000瓶。

3. Château Moulin Saint-Georges紅酒雖然僅被列為St-Emilion Grand Cru（未標有列級的Classé字樣），但其實酒價與酒質早與其他同區特等酒莊無異。

1

2

3

此圖由歐頌堡葡萄園往下俯攝，中間下坡處即為同屬沃替家族的Château Moulin Saint-Georges，其葡萄園位在其後方中坡以及圖左中坡與延伸處。

品種；十九世紀時的本區主要品種其實是卡本內—弗朗。歐頌堡紅酒的最終混調比例，通常是55%的卡本內—弗朗以及45%的梅洛。

本堡主要採取有機種植，也部分運用自然動力法；然而本莊人力精簡，故而像是自然動力法的配方500以及配方501等都採外購，而非自製。另，在樹齡較老的地塊，還可見到梅洛與卡本內—弗朗混種的情形，採收時本堡也會標示品種，以免採收時搞混。夏季時，本堡共會施行三次綠色採收（疏果）以減產進而增進酒質；施行的時機分別為7月底在果實即將轉色（Véraison）前的粗剪、轉色完成後再剪一次，最後在採收前三星期剪去先前忽略掉的部分。本堡還採用一種更為精緻的綠色採收技巧：旁翼修剪（Désailage），即減去旁翼增生的小果串（梅洛尤其常見）以及果串底部的果

粒，僅留取中間最精華的部分。原則為：留兩小串，比留一大串來得好。

園區葡萄樹的種植密度平均為每公頃6,500-7,500株，但自2002年起在法國農業學家布津農（Claude Bourguignon）建議下，新植園區已提高到每公頃12,600株，阿朗・沃替認為此為提高酒質的必要手段。此外，一般酒莊的手工採收工時約為每公頃100多小時，歐頌堡則需花費300-350小時，可見篩選之嚴格，之後以15公斤的塑膠小籃盛裝以避免壓損果實，接著才送廠釀酒。本堡以4,500公升的溫控中型發酵木槽進行酒精發酵，釀酒木槽則平均每7-9年汰舊換新一次。

英國葡萄酒作家布魯克（Stephane Brook）曾指出戴貝克在釀造歐頌堡時總會保留三分之一的不去梗葡萄以共同發酵（Co-fermentation），

關於此點，阿朗・沃替在接受筆者採訪時則全然否認，他表示他在本堡親身經營的35年經驗裡，總是百分之百去梗。歐頌堡也採發酵前低溫泡皮（1990年左右開始採用），以利萃取純淨而無氧化的果香；若當年採收進來的葡萄溫度不夠低，會以乾冰降溫至約攝氏6-7度以利低溫泡皮的進行。現在的低溫浸皮、酒精發酵以及酵後浸皮的總釀造時間較過去略長一點，平均在一個月左右。

之後的乳酸發酵程序在米歇爾・賀隆的建議下，自1992年開始於熟成用的225公升小型橡木桶中進行，賀隆認為讓酒液在早期就導入小型橡木桶中的微氧環境下乳酸發酵，反而有助酒款長期熟成的潛力；阿朗・沃替未說出口的另一個好處是，每年4月份當國際酒評家進行新年份試酒時，經小型橡木桶乳酸發酵者通常口感更顯圓潤，且酒液與新木桶的融合程度更加和諧。阿朗還解釋，以小型橡木桶進行乳酸發酵其實是返回古早傳統的做法，此因舊時多數酒廠未有能力設置許多大型發酵槽，故通常酒精發酵完畢後，便將新酒直接導入小型橡木桶，以挪出空間發酵其他批次的葡萄。

乳酸發酵以及之後的桶陳過程都在鑿於十六世紀末的石灰岩地下酒窖中進行。其實此窖為舊時的採石場，由於石灰岩窖內溫度較低，為促使乳酸發酵發生，本堡會在窖內圈出一區，並加熱室溫至攝氏20度以使乳酸發酵得以促發。接著，便是在全新橡木桶內進行約21-23個月的熟成。酒窖幾乎終年維持天然恆溫（冬天攝氏12.5-13度，夏天14-14.5度），相對濕度100%，為極理想的醇熟地窖。

1906年，阿朗・沃替的曾祖父買下歐頌堡後頭的十三世紀小教堂（La Chapelle）成為家族產業，而本堡的二軍酒Chapelle d'Ausone也以之命名；此二軍酒年首年份為1995年，年產約5,000瓶。其實本堡植有極少量的卡本內─蘇維濃品種，遇上佳年時，本堡便會在Chapelle d'Ausone裡調入少量的卡本內─蘇維濃（如2009以及2010年份）。另，二軍酒並非由於米歇爾・賀隆建議才釀產，其實阿朗早在1980年代初即有意推出二軍酒，只因海雅姨婆反對才被擱置。

另一沃替家族所釀的優質酒款為Château Moulin Saint-Georges，該酒酒質優秀，原可在「2006年版聖愛美濃評鑑」裡被自St-Emilion Grand Cru升級至特等酒莊，卻因與家族另一家酒堡Château de Fonbel共用釀酒設備而被評委否決；但其實Château Moulin Saint-Georges的酒價與酒質早與其他特等酒莊無異（甚且超過）。Château de Fonbel則酒價可親，酒質亦不俗，是優質的日常飲用酒款，特點是除經典的聖愛美濃品種外，也混調有小比例的卡門內爾（Carmenère）品種；此品種在波爾多已幾近絕跡，卻是今日智利釀酒業的招牌品種。

阿朗・沃替表示2010年年份的產量少於平均產量之15%，卻因多陽乾燥的夏季以及不過熱的氣溫，使葡萄得以好整以暇地緩慢熟成，故而造就出莊主口中僅見的偉大年份歐頌堡，他預告2010年份酒質甚至超越2005以及2009這兩個明星年份。看來，詩人醇酒正處巔峰，若詩人奧索尼烏斯在世定也要吟頌「唯有飲者留其名」，其名，歐頌也。🍷

Château Ausone

33330 Saint-Emilion
France
Tel: 05 57 24 24 57
Website: www.chateau-ausone-saint-emilion.com

白馬名貴更勝五大
Château Cheval Blanc

在《波爾多》（Bordeaux）一書第三版中，美國酒評家帕克指出，白馬堡與歐布里雍堡同列為「波爾多八大酒莊」裡酒價較屬後段班者。然而，該書只評到1997年份，尚未及見證白馬堡「麻雀變鳳凰」的蛻變。「如今，白馬堡的出廠價格常常勝過波爾多左岸的五大酒莊。」白馬堡現任總經理皮耶・柳東（Pierre Lurton）如此說明時，頗有豪氣干雲之勢。現實是，「白馬神駒」已飛躍過1855年的波爾多左岸分級制度，在酒價上讓「五大」追得辛苦。

皮耶・柳東以2009年份為例指出，白馬堡的首批釋出價格為600歐元，而五大酒莊則位在480-500歐元。以上所言屬實，然而，由中國市場帶頭炒熱的拉菲堡（Château Lafite Rothschild）則在酒款上市後，迅速以暴衝的轉售市價讓白馬堡顯得相對廉宜。柳東進一步解釋，若光以某年份的首批出廠價而言，目前（2009年份）居首位者為與白馬堡同列為聖愛美濃產區的一級特等酒莊A等的歐頌堡，居次的即是白馬堡，第三名則是位於玻美侯產區的貝翠斯堡（但市場轉手價卻高過前兩者）；而五大酒莊的出廠價都殿於前三者之後。

聖愛美濃最廣袤名莊

波爾多右岸的聖愛美濃產區小型酒堡林立，各堡平均葡萄園面積只達6-7公頃，而光是白馬

白馬堡不似左岸名莊的深宅大院，僅設低矮水泥白柱標示入口；白馬堡葡萄園隔一條產業道路與玻美侯產區名莊福音堡相鄰（圖左後方）。

白馬堡全以手工採收，每公頃產量僅約3,500公升。

堡即有廣達37公頃的葡萄種植面積，為本區擁園最大者之一。白馬堡位於玻美侯產區臨界，與玻美侯的福音堡（Château L'Evangile）以及恭樹雍特堡（Château La Conseillante）僅隔一條產業道路為鄰。聖愛美濃各酒堡主要採用梅洛以及卡本內─弗朗（Cabernet Franc, 在聖愛美濃又稱為Bouchet）兩品種釀酒，且多數均使用60%以上的梅洛。然而白馬堡卻以平均58%的卡本內─弗朗以及42%的梅洛形構出獨特風格，不僅是波爾多名莊裡採用卡本內─弗朗比例最高者，本堡對此品種的精確詮釋也無人出其右。

白馬堡以卡本內─弗朗型塑架構、增添芬芳，以梅洛填補前者質地空隙以滋補絲綢豐郁的口感。其柔滑的單寧紋理（法國人愛以珍貴的喀什米爾羊毛喻之）與豐盛高雅的酒香可與瑪歌堡媲美，且為波爾多左右岸八大酒莊裡酒質最早成熟者，但其均衡架構與渾厚的內涵也使其特耐長期熟成以待來日酒質之複雜多變。以其1947的「世紀年份」而言，柳東表示它目前依舊處於適飲高原期，其一甲子的長壽耐力著實讓人激賞。

美國葡萄酒作家沙克林曾對1947 Cheval Blanc提出幾個饒富意義的數據：其酒精度為14.7%，未發酵餘糖竟有6公克，且揮發酸也高達1.2公克；在這些過於突出的數據下，此酒卻有神妙的均衡讓其得以健美不衰。故而，過於魯莽地判斷酒精過高的葡萄酒無法長期熟成、易於早衰的說法可能需要再次斟酌。1947的確是個大熱年，採收時間較往常提早了兩個星期，酒質濃郁豐沛，風格甚至神似波特酒，為世紀奇葩酒款也。

白馬堡於十九世紀即已成名。1867年的第二屆「巴黎萬國博覽會」裡，計有37家聖愛美濃產區的酒堡共同組團參展，其中的歐頌堡、加儂堡、貝雷堡以及帕彌堡等酒堡在博覽會裡大放異彩，然而總是特立獨行的白馬堡卻缺席盛會，更引爆熱門話題。實則，早在1862年的「倫敦萬國博覽會」裡，白馬堡已揚威英倫，在展場中摘下銅牌獎；後由「外銷轉內銷」，白馬堡又在1878年的第三屆「巴黎萬國博覽會」中自信現身，一舉掄元奪下金牌獎，再度向世人證明其血統之不凡與酒質素行之特出。如今的白馬堡酒標上還印有兩面獎牌以資見證。

柳東御白馬乘風而行

白馬堡所處的地塊原屬費賈克堡所有，於1832年起則由傅柯羅薩家族（Fourcaud-Laussac）購園入主。據柳東表示，1832年之前此園尚未種植葡萄，而在酒標上首次標上白馬堡的年份為1853年份。到了1860年左右白馬堡的堡體建築已大致完成，園區也已擴充至與今日相仿的大小；唯一的園區變動是1970年之際，隔鄰的多明尼克堡（Château La Dominique）與白馬堡互換了一塊約1.5公頃的葡萄園，以使彼此的葡萄園劃界更加完整，且方便農事作業的順暢進行。

自1832年起，白馬堡一直屬於傅柯羅薩家族所有，酒堡的經營也從未假手家族以外人員。1990年，因姻親而成為白馬堡總經理多年的艾巴（Jacques Hébrard, 1970-1990在位）宣告退休，當時的皮耶·柳東以34歲之齡毛遂自薦欲承接一百多年以來的家族傳承，然而，吾人卻不可以「初生之犢不畏虎」的俗諺簡化其志向，輕視其資歷。畢竟柳東家族乃波爾多知名釀酒世家，與該家族有關的法國以及國際

1

2

3

4

5

1. 左為酒堡裝瓶的1955 Château Cheval Blanc；右為酒標已經模糊不清的酒商（Négociant）裝瓶1929 Château Cheval Blanc。柳東表示自1961年份後，已無酒商裝瓶的版本。

2. 白馬堡於十九世紀即已成名，於1878年的第三屆「巴黎萬國博覽會」中一舉奪下金牌獎，向世人證明其酒質精湛脫俗。

3. 白馬堡的老酒窖藏，最珍貴者非1947 Château Cheval Blanc莫屬。

4. 自2000年份起，白馬堡的酒標以及酒瓶都設有僅酒堡人員可以辨識的暗碼以防偽；總經理柳東表示將來或許會運用QR Code來讓消費者得以用手機就能辨識該瓶白馬堡的真偽。

5. 皮耶·柳東同時掌理白馬堡與伊肯堡之外，還擁有位於兩海之間（Entre-Deux-Mers）產區的 Château Marjosse酒堡。柳東總是來去匆匆，還曾跟許多記者說：「要跟上皮耶·柳東，請先準備一雙好球鞋！」

酒莊產業也多達約30個。雖然皮耶本身未具釀酒師文憑，卻在波都釀酒大師裴諾（Emile Peynaud）的指導下於聖愛美濃名莊傅太園（Clos Fourtet）釀酒11年，故鍛練一身釀酒的好功夫；而關於葡萄園種植的實務經驗，他則從父親多明尼克·柳東（Dominique Lurton）處學到扎實根基。

然而即便以如此的釀酒履歷考量之，皮耶·柳東並不特出，其過人之處還在於他處世圓滑機敏、手段柔軟，活脫的絕佳外交官人才。在艾巴退休而新任管理者也未上任之際，白馬堡由傅柯羅薩家族的三股勢力把持，這三方角力背後代表的其實是40位機巧算盡的股東；而皮耶自小便在大家族裡練就了一雙靈巧、觀世入微的眸子，足將人心事理看盡，他以其「外圓內方」的好性格，溝通疏理並安撫各方人馬，在其巧言多方折衝之後，各方勢力終達成默契於1991年秋天將白馬堡交予專善經理的釀酒

1. 二軍Le Petit Cheval的首年份為1988年；近年酒質突飛猛進。
2. 白馬堡部分園區中含有許多礫石，土質類似鄰近的費賣克堡。
3. 春季剪枝後，將葡萄枝燒成灰，可作園中天然肥料。

人——皮耶·柳東。

精品集團入主

LVMH精品集團的總裁阿諾（Bernard Arnault）與比利時商人費爾（Albert Frère）為多年至交，兩人聯手在1998年以1億5600萬美元自40位家族股東手中購下白馬堡；該集團隨後又在1999年買入波爾多甜酒之王伊肯堡（Château d'Yquem）。阿諾有鑑於皮耶·柳東絕佳的經營手腕，將原本只是集團購入以妝點文化氣息門面的白馬堡經營得有聲有色，甚而成為一隻可賺進億萬金銀的金雞母，故而決定將伊肯堡也交託給柳東經營，使後者成為世所僅見的酒莊經理人，掌握有白馬堡與伊肯堡兩張酒壇重量級王牌；柳東的意氣風發，因而不難理解。然而阿諾此重大決策，實是在見證了柳東對1998年份的白馬堡商業操作手法之大膽與篤定之後，才決心讓其擔綱雙酒堡的經營大任。

1998年為波爾多右岸絕佳年份，卻僅是左岸的中等年份，白馬堡身為右岸明星酒堡，表現

1

2

3

自2011年份起白馬堡紅酒全以水泥發酵槽進行酒精發酵。

搶眼不在話下。柳東藉白馬堡於此年份酒質的大燦光芒，順勢將出廠酒價拉高，甚而高於五大酒莊，讓酒質僅達中上程度的五大酒莊於氣勢上黯淡許多。對白馬堡突而拉抬的酒價，沒意料市場反應熱烈，買氣絲毫不受影響，甚而出現大肆進貨的熱潮。自此，白馬堡每年的出廠酒價一點不讓五大酒莊專美於前。

然而，對1999年份伊肯堡的反向操作其實才能見證柳東操作的獨到處；他剛上任不久，便決定掀去伊肯堡在世人眼中的神祕面紗，方法即是將高不可攀、幾被奉為神明的伊肯堡降價。但並非降價求售，而是讓更多人有機會一嘗此天賜美釀。1999 Château d'Yquem當初

的首批預售價格甚至只要100出頭美金即可入手；柳東的計謀是愈多人嘗過，愈多人要中了此珍釀的甜蜜蠱毒而無法忘懷，將終身企求能夠時而一親芳澤。果不其然，世界各地指名要買伊肯堡的飲酒人突而增多；然而1999年份的廉宜價格終是一去不復返。柳東計謀的另一成功要素是1999為一可早飲的年份，早些以可親的價格推出上市，益能讓伊肯堡的世界名牌形象深植廣大酒友心中。

本堡葡萄樹種植密度約為每公頃6,000-8,000株，平均樹齡約為45歲，平均每公頃產量為3,500公升。柳東認為較短的剪枝與除去多餘芽苞以降低產量，比夏季綠色採收（疏果）來

得更加重要，故並非每年實行綠色採收。除了主角的卡本內─弗朗以及梅洛品種之外，本堡也曾經一度植有卡本內─蘇維濃以及馬爾貝克（Malbec）；不過幾年前本堡已將卡本內─蘇維濃全部嫁接成為卡本內─弗朗；而馬爾貝克也全數拔除，同樣改種卡本內─弗朗。直到2000年份之前，尚有極小比例（不到1％）的馬爾貝克會被混入白馬堡紅酒中。

白馬堡的葡萄園區分為三種主要的土質：黏土層上佈有部分礫石（土質近似貝翠斯堡）、較深礫石區（土質近似費賈克堡）以及含砂岩較多的地塊（土質近似多明尼克堡）。

採收時，本堡會依品種、樹齡以及土質差異，分別採收，分開釀造。直到2010年份，有半數在不鏽鋼槽發酵，半數在水泥槽發酵；不過自2011年起，將全部以新建酒窖的水泥槽發酵葡萄酒。酒精發酵後的乳酸發酵主要在水泥槽中進行，少數在小型橡木桶內進行。本堡會在橡木桶裡的熟成過程中逐步混調出白馬堡紅酒。白馬堡正牌酒於橡木桶中熟成約18個月，二軍小白馬（Le Petit Cheval）則熟成約12個月；小白馬的首年份為1988，前幾年份酒質較弱，2000年份則精湛深邃極為引人。

安地斯山白馬

柳東還揶揄權威酒評家帕克實在不懂白馬堡佳釀，常常在酒款年輕時給分過於保守，卻老在數年後頻頻調分，節節高升，或因帕克先生的味蕾喝不出卡本內─弗朗的門道。然而，帕克卻給了Cheval des Andes（安地斯山白馬）連續幾年的高評價，這又何以解釋？想必是白馬堡在阿根廷投資合作的安地斯山白馬酒款裡含有帕克較為擅長的卡本內─蘇維濃品種？

首年份為2001年的安地斯山白馬在頭幾個年份的品種比例為60％卡本內─蘇維濃、40％馬爾貝克；近年來兩品種的混調比例則消長互見，成為60％馬爾貝克、40％卡本內─蘇維濃。幾年前，當LVMH旗下的新世界七大酒莊展開世界巡迴發表會時，筆者有幸嘗到安地斯白馬，認其品質約略等同於小白馬，香氣表現卻比「小白馬」來得更加繁複與層疊，在撩人鼻息上更勝一籌。

白馬堡不似左岸名莊的深宅大院，不相干閒人難以一窺堂奧；白馬堡門戶洞開，沒有高聳宏偉鐵門拒客，僅設低矮水泥白柱標示入口，再無遮攔，任誰都可開車到此一遊。本酒堡的悠閒樣貌一如白馬堡紅酒風格易於親近與品賞，卻又具可陳上一甲子的實力，可謂路遙知馬力。🍷

Château Cheval Blanc

33330 Saint-Emilion
France
Tel: 05 57 55 55 55
Website: www.chateau-cheval-blanc.com

註1. 波爾多八大酒莊指的是左岸五大名莊：拉菲堡、瑪歌堡、拉圖堡、木桐堡以及歐布里雍堡，再加上右岸三大名莊：貝翠斯堡、白馬堡以及歐頌堡。

註2. 白馬堡經典年份參考：1900, 1921, 1947, 1948, 1949, 1959, 1961, 1970, 1971, 1978, 1982, 1983, 1989, 1990, 1998, 1999, 2000, 2005, 2009, 2010。

礫石中的浴火鳳凰
Château Figeac

備受波爾多酒界敬重的費賈克堡老莊主馬隆庫（Thierry Manoncourt）於2010年8月底辭世，享壽92歲；其生前最大遺憾與遺願應是費賈克堡未能如其願在他生前被列入聖愛美濃產區的一級特等酒莊A等，而僅能與其他12家酒堡屈居於一級特等酒莊B等。馬隆庫在1988年將酒堡的日常營運交予女婿達哈蒙（Eric d'Aramon）掌理；當筆者問及是否承繼老莊主遺願繼續追求列級上的提升？達哈蒙表示若真被列為一級特等酒莊A等，其實對完全由家族經營的費賈克堡未必是好事一件，此因葡萄園的土地價格將會因升級而上漲一倍，而該家族恐無能力負擔隨之而來的龐大遺產稅，故達哈蒙說，最好寧為雞首（一級特等酒莊B等之首），不為牛後（一級特等酒莊A等排名殿後）。

費賈克堡的歷史可上溯至西元二世紀，應為全波爾多歷史最悠久者。據考古學家推測，高盧羅馬時代的一位莊園主人費賈克（Figeacus）便在今日的費賈克堡現址建立頗具規模的莊園；現今，本堡裡殘存的高盧羅馬時期引水渠道便是最佳佐證；然而此渠道遺跡目前藏身於本堡後的水塘之下，僅夏日水位降低時可見。雖然高盧羅馬時代的莊園附近通常

遊客可在聖愛美濃酒村的販酒鋪購得費賈克堡美酒，小團體也可與本堡預約參觀行程（每人10歐元，可品嘗到最新上市酒款）。

圖為紀念老莊主馬隆庫在1995年份達到其生平第50個釀酒年份所推出的特殊紀念款（此為12公升裝的Balthazar瓶裝）；馬隆庫所釀造的首年份為1943，後因二戰停頓，第二個年份為他接手酒莊的1947年份；不過之後有5個年份（1951, 1956, 1963, 1965, 1991）因酒質未達標準而被降級以二軍酒Château de Grangeneuve為名出售。

會開墾葡萄園以釀酒自用，然而，目前並無直接跡證可證實費賈克堡的釀酒史同樣可追溯至西元二世紀。

有史可徵的為十五世紀時本堡產業自勒斯庫家族（Lescours）轉手到卡茲家族（Cazes），後於十八世紀時由姻親關係再轉入卡爾家族（Carle），也是自十八世紀起本堡才見較大規模的葡萄園種植。卡爾家族富甲一方，不僅是成功的企業家、銀行家、仲介酒商，也是數家酒堡的擁有人（除費賈克堡外，當時還擁有後來被稱為Clos Fourtet, Montbousquet等的數家酒堡），還在聖愛美濃酒村擁有一氣派豪宅（即現在的聖愛美濃村辦公廳）。

然好景不常，十九世紀初拿破崙帶領歐洲大陸對英國實行經貿封鎖（Blocus Continental）導致本地經濟大蕭條、葡萄酒滯銷，而當時的費賈克堡擁有人——新寡未久的卡爾塔傑女爵（Comtesse de Carle-Trajet）——卻仍延續過去的奢華生活，終導致變賣祖產一途；當時同屬費賈克堡名下的地產約有175公頃，包含廣大林地、肥沃的農墾地、適合種植葡萄的礫石地、一塊大水塘以及幾間房舍。女爵後來陸續讓賣的產業中還包含了白馬堡以及恭樹雍特堡如今持有的葡萄園地塊。之後的50年中，費賈克堡經歷五次轉手，直到1892年才由目前的家族掌理。

鳳凰浴火重生

費賈克堡於1892年轉入謝弗孟（Henri de Chevremont）之手，再入女婿韋爾皮格（André Villepigue）家族；此時的費賈克堡因

Château Figeac正牌酒都以全新橡木桶熟成約18個月；本堡雇用Gilles Pauguet為釀酒顧問，他也是白馬堡的釀酒顧問群之一。

1. 本堡目前採用Bucher品牌的新式垂直式柵欄壓榨機，可精準控制榨汁時間與力道；也在2010年買入自動踩皮機。

2. 本堡的礫石圓丘極適合卡本內－蘇維濃以及卡本內－弗朗的種植。

此前短期內的多次轉手而與波爾多的仲介酒商疏於往來，致使本堡的名氣黯然，酒質也欠穩（謝弗孟當初買入本堡時，並未連同買入先前年份的葡萄酒，故目前存於本堡酒窖中的最老年份為1893）。費賈克堡酒質的復興以及名望之浴火重生，還要等到韋爾皮格之外孫——即去世不久的馬隆庫——接手後才進入黃金時期。目前的酒莊總管達哈蒙原攻讀企管，曾任國際行銷公司負責人，因娶馬隆庫長女為妻才正式踏入酒壇，他雖曾於波爾多研讀品酒以及基礎釀酒學，然而其釀技的磨練與純熟還得自於丈人多年親身指導而得以成就。

礫石性格

今日的費賈克堡占地54公頃，葡萄園種植面積達40公頃，園內的品種種植比例與酒中最後混調比例相當，約是35%卡本內－蘇維濃、35%卡本內－弗朗以及30%梅洛。聖愛美濃鄰近玻美侯產區邊界地帶的礫石區共有五處明顯的礫石圓丘，其中三處即位於費賈克堡的葡萄園內，另兩處則由白馬堡包辦（但礫石層深度仍不若本堡）。由於礫石土壤排水佳、易保陽光溫熱，故使費賈克堡適合種植較為晚熟的卡本內－蘇維濃以及次晚熟的卡本內－弗朗，也因酒中的梅洛葡萄占比僅有30%，使本堡的紅酒風格在以梅洛為主的聖愛美濃產區裡獨樹一幟，因酒中常嗅聞有雪松、雪茄盒、薄荷腦以及煙燻氣息，在波爾多右岸紅酒裡的風格辨識度極高。

本堡的三處礫石圓丘各有其名，位於南邊的圓丘因過去曾存在的風車而被暱稱為風車丘（Les Moulins），海拔36公尺，礫石層厚度約7公尺；位於中央的圓丘因呈高原平台狀而被暱稱為階地丘（La Terrasse），海拔36公尺，礫石層厚度約6公尺；而靠北、鄰近酒堡的圓丘因在夏季時的微氣候氣溫極高，對葡萄樹以及酒農都形成相當大的考驗，而被稱為地獄丘（L'Enfer），海拔38公尺，礫石層厚度則達10幾公尺；費賈克堡的礫石地質可與歐布里雍堡

或是瑪歌堡相比擬。此外，本堡也在靠進東西兩側地勢較低窪的地塊設置地下排水系統，以防範可能面對的惡劣氣候。

自達哈蒙接手莊務的1988-1997年間，身為女婿與學徒的他，謹遵岳父的指示釀酒，但當他嗅到1990年代後期新一代飲酒人所散發出的「即時享樂」氣氛，便對本堡的酒款風格進行微調。基本上，風格並無太大轉變，但較之十多年前，現今的酒色更深豔，果香也愈加濃郁奔放；即便本堡的風格較之馬隆庫掌權時期要為可親、容易欣賞一些，但費賈克堡紅酒迷人魅力的真正發揮依舊要至少耐心等上10年後才逐漸顯露，算是聖愛美濃最硬頸的名酒。

本堡平均每公頃種植6,000株葡萄樹，平均樹齡約40歲，每公頃平均產量為3,500-4,000公升。手工採收的葡萄經過去梗後，依品種與不同地塊分開釀造，正牌酒都在14,500公升可控溫的巨大木槽中進行酒精發酵與隨後的乳酸發酵（僅採用野生酵母），本堡會在此開放式的大木槽中以特製的櫳格狀頂蓋將葡萄皮向下壓入酒汁中好加強萃取，偶爾會輔以淋汁以及踩皮。以上酒汁流出後的榨汁作業，以往都採

1

1. 達哈蒙為目前的酒莊總管；本堡紅酒產量的80%出口至世界90國。

2. Château Figeac年產量約1萬箱；酒中常嗅聞有雪松以及雪茄盒的韻味。

3. 二軍酒La Grange Neuve de Figeac。

4. Petit-Figeac為本堡的單一葡萄園酒款，年產量僅約千箱。

2

3

4

用建造於1921年的木造垂直式柵欄壓榨機進行，約在2007年左右本堡添購了四部新式的垂直式柵欄壓榨機，可更精準地控制榨汁時間與力道，以輕柔壓出最佳的榨汁酒（Vin de Press），本堡通常會在正牌酒裡混調約2-3%的榨汁酒。隔年春天經過混調後，於全新橡木桶熟成18個月後裝瓶上市。

本堡自1945年份便開始裝瓶上市二軍酒，應是聖愛美濃產區最早推出者，二軍酒原來稱為Château de Grangeneuve，但自1983年起更名為La Grange Neuve de Figeac，二軍酒均以不鏽鋼槽發酵；其實費賈克堡是繼歐布里雍堡以及拉圖堡之後，於1971年便開始使用不鏽鋼槽者。另，本堡還在2002年向AXA保險集團購回原屬費賈克堡的Petit-Figeac葡萄園（僅1.5公頃），並以Château Petit-Figeac為名釀酒上市，惟自2006年份起簡化酒名為Petit-Figeac，也自此年份起在混調中減少梅洛品種比例，並增加卡本內－蘇維濃比例，好讓其酒質風格更趨近費賈克堡，其年產量僅1,000箱。

此外，當初自費賈克堡產業分離出去，而後獨立建莊的酒堡還包括現今的Château La Tour Figeac, Château La Grave Figeac 以及Château La Tour du Pin Figeac等等。老莊主馬隆庫生前有四名成年且各自婚嫁的女兒，並都完成傳宗接代任務生下十四名孫兒女，其中幾位自9歲起已開始學習品嘗葡萄酒；本堡後有傳人，美釀傳承不息。🍷

1. 聖愛美濃酒村裡的教堂廢墟一景。
2. 聖愛美濃酒村裡Chai Pascal餐廳美味不昂貴，法式油封鴨腿與本堡葡萄酒極為合搭。

Château Figeac

33330 Saint-Emilion

France

Tel: 05 57 24 72 26

Website: www.chateau-figeac.com

雜貨舖老闆的美酒
Château Pavie

據2007年出版的《波爾多與其葡萄酒》（*Bordeaux et Ses Vins*）第18版資料指出，西元四世紀時，目前歐頌堡以及帕彌堡（Château Pavie）所在園區位置已有聖愛美濃產區首見的釀酒葡萄種植，可見兩者葡萄園歷史之悠久。然而，帕彌堡酒質真正達到頂峰，還在傑哈·佩斯（Gérard Perse）於1998年購下本堡、投下重資，以不惜成本與不計代價之決心才得以達成。此外，2010年版的《法國最佳葡萄酒指南》（*Les Meilleurs Vins de France*）首次將帕彌堡列入等級最高的三星名莊，雖然此次的指南升等必在酒壇引發爭議，但以筆者品酒經驗而言，帕彌堡酒質高超，此評鑑可說名副其實。

超市鉅亨大變身

今年62歲的傑哈·佩斯生於巴黎，雖出身平凡且不愛讀書，但聰慧機敏兼志向不凡；年輕時即興致勃勃地闖盪人生的江湖，20歲時曾創立小規模建築公司，接著於1977年涉足超市經營，短短15年間成為數家CHAMPION連鎖超市以及CONTINENT連鎖量販超市的老闆。佩斯在三十而立之年迷上頂級葡萄酒，不但成立

Château Pavie面南的葡萄園可區分為三大區塊。第一區位於石灰岩台地上，第二區位於酒堡後的斜坡上（黏土質多），第三區則位於坡底（為砂質黏土與少量礫石）。Pavie一字其實意指常見於葡萄園中的小型野生桃子，甜美可人。

Château Pavie透過中空的雙層空調夾牆精準控溫以提供完美的培養環境。

品酒社團，也常與志同道合的社團夥伴拜訪法國各酒區名莊；後為幫量販超市的葡萄酒部門選酒，時常造訪聖愛美濃產區，也愛上被列為世界文化遺產的聖愛美濃酒村；當時他便常幻想成為一小酒堡的莊主，能夠釀酒自用或是分享親朋。故當同產區的孟布斯克堡（Château Monbousquet）於1993年求售時，佩斯便立刻購下成為酒堡主人。

佩斯年輕時曾為自由車競賽好手，故不進則退、競速與競爭等原則早內化其血液中，他無法停下腳步，時時為自己尋找下一個奮鬥目標。1998年獵物入眼：瓦列家族（Valette）因經營不善有意出售被列為一級特等酒莊B等的帕彌堡，佩斯見機不可失，便迅速出脫所有連鎖超市產權，挾雄健資金將帕彌堡囊括為名下產業。佩斯同樣沿用自家孟布斯克堡早先聘請的波爾多釀酒顧問米歇爾・賀隆擔任帕彌堡的釀酒指導。

在賀隆的專業顧問下，佩斯馬上在帕彌堡大興土木，一年不到便將地下排水系統以及摩登氣派的豪華酒窖設置完成。佩斯在帕彌堡的

1998首釀年份一出手便技驚四座，在新酒品嘗時馬上獲得媒體大加讚揚，並飆出本堡未曾享有過的歷史天價。

帕彌堡與其葡萄園位於聖愛美濃酒村東南邊不遠（開車5分鐘）的帕彌丘（Côte Pavie）上，園區面積占地35公頃，為聖愛美濃規模最大的酒堡之一。朝南的葡萄園可依土質區分為三大區塊：第一區位於石灰岩台地上（土層稀薄），第二區位於酒堡以及釀酒窖後的斜坡上（黏土質緊密深厚），第三區則位於坡底（為砂質黏土，並帶少量礫石）。此三種各異的土質讓帕彌堡得以運用風格不同的葡萄釀造出兼容並蓄、既強勁又優雅的世界級名釀。園中種植品種以及酒中最終混調比例均約為60%梅洛、30%卡本內—弗朗以及10%卡本內—蘇維濃。

目前的種植密度為每公頃5,500株，平均樹齡約45歲（有部分80歲齡的老藤）；自佩斯接手後，除逐步替換老病樹株、種上缺失未補的樹藤，也提高整體園區的整枝系統，藉增加葉片受光面積以提高光合作用的效率。本堡極為注重綠色採收（疏果）以降低每公頃產量，目前的產量為每公頃2,500-3,000公升，為瓦列家族掌權時期的一半。自2009年份起本堡又添購了最先進的雷射葡萄篩選機（Machine à Tri Optique），讓葡萄在去梗後以雷射掃描篩選（可精準篩去顆粒過小或是綠色未熟的葡萄），之後輕微破皮便以輸送帶（不以幫浦抽送）將葡萄運至發酵槽內。

在瓦列家族時期本堡以超大型水泥槽釀酒，現則以20座復古的大型橡木槽釀造（可控溫，容量為8,000公升），20座大木槽剛好對應劃分詳細、土質各異的20塊葡萄園，以掌握最終混調材料的特質。酒精發酵前會先經4-5天的低溫浸皮，發酵期間會進行踩皮與淋汁，加上酵

中景即為Château Pavie，後方背景便是被列為世界文化遺產的聖愛美濃酒村。

後延長浸皮的總釀造時間（Cuvaison）約為30天。其後的乳酸發酵則於小型培養橡木桶中進行；本堡還採用布根地式的培養方式於桶中熟成過程裡進行攪桶程序（Bâtonnage, 攪動微細死酵母渣以增加風味複雜度與酒體，但在布根地通常僅用於白酒的培養），在100%全新橡木桶（瓦列家族時期僅50%新桶）的熟成期間約是18-24個月。另，本堡也在2005年份首次推出二軍酒Arômes de Pavie，以年輕樹藤的果實釀成，以30%新桶陳釀18個月，酒質極佳。

過去帕彌堡的熟成酒窖設在舊時的採石場裡，然而此位於中坡處的石灰岩熟成酒窖因當初挖掘深度不夠而造成雨水時常滲透滴水，佩斯認為過於潮濕不適長期熟成，便在釀酒窖旁新建一相當先進的熟成酒窖；新窖位於地下3公尺，有相當理想的70%天然濕度，但本堡還是透過中空的雙層空調夾牆精準控溫以提供完美的培養環境，所謂重金打造不過如此。

兩大酒評論戰

帕彌堡在佩斯接手後，酒色轉深，風味更加濃郁且更顯深度，但也許並非所有人都樂見或欣賞此風格的轉變，部分酒評家的看法甚有天壤之別。其中尤以「2003 Château Pavie新酒品評事件」鬧得沸沸揚揚。英國酒評家珍西斯・羅賓森（Jancis Robinson）在2004春季試畢2003年份波爾多新酒後，指出2003 Château Pavie「完全是過熟而不可口的香氣。為何？因它如波特酒一樣甜，然而最佳的波特酒出自斗羅河區，而非聖愛美濃。此荒謬酒款比較像是晚摘的金芬黛品種紅酒，而不像波爾多紅酒……」（Completely unappetising overripe aromas. Why? Porty sweet. Port is best from the Douro not St.Emilion. Ridiculous wine more reminiscent of a late-harvest Zinfandel than a red Bordeaux…），知名女酒評家羅賓森對此酒的

1. 2003 Château Pavie（左）引發英美兩大酒評家論戰。

2. Château Pavie Decesse列級特等酒莊全園位於石灰岩台地上，風格典雅細膩，果味柔美耐人尋味。

3. Château Monbousquet曾在1682-1826年之間屬於聖愛美濃望族卡爾家族產業，卡爾家族當時也是Château Figeac的業主。Château Monbousquet在2006年被升為Grands Cru Classé等級。Monbousquet白酒的首個上市年份為1998。

| 1 | 2 | 3 |

評分為12/20（總分20）。

　　一向與羅賓森死對頭的美國酒評家帕克則對2003 Château Pavie推崇備至，對羅賓森所評出的超低分除不苟同外（帕克評為98+/100），還認為她「對人不對酒」，乃因與傑哈・佩斯有過節才評出此等難堪的分數，帕克也認為這分數同時反映出波爾多反動保守份子的看法。筆者在2010年11月採訪帕彌堡時特別要求品嘗此「一戰成名」的2003 Château Pavie，筆者認為此顏色近黑的帕彌堡其實氣韻深沉優雅而寬廣，背景甚至帶有薄荷以及涼草氣息，雖極為濃郁，但適切的酸度極佳地平衡了整體風格，尾韻甚至帶有礦物質風韻，筆者極為欣賞，我

1. 本堡離聖愛美濃酒村僅5分鐘車程，圖為獨石教堂下冬日的遊客悠閒喝咖啡的情景。

2. Château Pavie名列一級特等酒莊B等，目前酒質如日中天。

3. 莊主傑哈・佩斯年輕時為自由車競賽好手，個性好強喜競爭，Château Pavie在其手中展露潛質，綻放光芒。

4. 本堡以20座可控溫的大型橡木槽釀造，20座大木槽剛好對應土質各異的20塊葡萄園。

評分為9.6/10；也即是筆者對此酒的品評看法較接近帕克，當然我試的並非尚未正式裝瓶、還在橡木桶中熟成的新酒，而是已在本堡酒窖中成熟數載的醇釀。除非羅賓森試到那瓶樣本出錯，否則即便此酒風格非其所愛，也極不可能評出此等分數。

　　其實佩斯當初購入帕彌堡時，也同時向瓦

中坡處的葡萄園留有雜草，可助水土保持，並可吸收多餘水份。

列家族購入旁鄰的帕彌德賽堡（Château Pavie Decesse）以及葡萄園面積僅達1公頃的Château La Clusière。2001年佩斯向國家法定產區管理局（INAO）提出將後兩者葡萄園併入帕彌堡，其中Château La Clusière獲准全園併入（2001為此酒堡最後釀產年份），但只准許帕彌德賽堡中的5.5公頃併入帕彌堡，故目前的帕彌德賽堡葡萄園總面積只剩3.5公頃。事實上，直到1885年之前帕彌德賽堡的葡萄園都屬於帕彌堡的一部分，直到當時的堡主布法（Ferdinand Bouffard）決定畫出幾塊園區成立獨自運作釀酒的帕彌德賽堡，自此才有帕彌堡與帕彌德賽堡之區分，故此番園區合併只是回復傳統。帕彌德賽堡全園位於石灰岩台地上，風格典雅細膩，果味柔美且耐人尋味，惟在架構上略遜帕彌堡一籌（應是缺少帕彌堡中坡深厚黏土質之故）。

目前佩斯掌有的幾家酒堡都收歸於佩斯葡萄園集團（Vignobles Perse）之下，除上述的帕彌堡、帕彌德賽堡、孟布斯克堡之外，還包含聖愛美濃區的Château Bellevue Mondotte以及卡斯提雍丘（Côtes de Castillon）的三家酒莊：Château Clos L'Eglise、Clos Les Lunelles以及Château Saint Colombe，酒質都具相當的水準。另，不可漏提的是在2006年被升等為特等酒莊（Grand Cru Classé）等級的孟布斯克堡也釀產Château Monbousquet（Bordeaux A.O.C.）白酒，身為白酒愛好者的佩斯證明在聖愛美濃也能釀造出色的白葡萄酒，其釀酒品種除經典的白蘇維濃外，還包含少見的灰蘇維濃（Sauvignon Gris, 占30%），酒中蘊有楊桃汁、芒果與蜜香，為強勁而風味特殊的佳釀。

佩斯於2001年買下位於聖愛美濃酒村著名的獨石教堂（L'Eglise Monolithe）旁的Hostellerie de Plaisance旅館（前身為修道院）正式跨足旅館業，此高級旅店內還設有一家米其林二星餐廳La Table de Hostellerie de Plaisance，並由曾獲法國最佳工藝獎（Meilleur Ouvrier de France）的主廚Philippe Etchebest領軍，已成本區必訪的美食新亮點。此外，據《葡萄酒觀察家》雜誌報導，旅店內房間均以酒堡名稱命名，最貴的套房名為Pétrus，居次者為Pavie，而Pavie套房又比Cheval Blanc套房貴上兩倍……，佩斯的野心（或稱企圖心）在此昭然若揭。一介平民巴黎人佩斯以重金與決心改造了聖愛美濃的酒業風景而不免遭妒，波爾多上流社會甚以雜貨舖老闆（L'Épicier）稱之，然成敗論英雄，佩斯已站上頂峰（孤峰），而其佩斯葡萄園集團業已成為名副其實的葡萄酒王國。🍷

Château Pavie

33330 Saint-Emilion

France

Tel: 05 57 55 43 43

Website: www.chateaupavie.com

part **III** 酒譽日隆
FRANCE Vallée du Rhône

美國酒評家派克被業界認為是「酒界判官」，搏其欣愛，評為高分，頃刻可令一家財務岌岌可危但酒質備受其肯定的酒廠一夜之間起死回生。尤其，在他最權威的波爾多紅酒評比更是如此，影響所及，可謂「喊水會結凍」。不過，波都葡萄酒品評者眾，意見領袖各據山頭；而讓派克本人最感驕傲的，恐怕是其在1980年代末大聲疾呼法國隆河谷地（La Vallée du Rhône）美酒眾多且物超所值。

當時除少數英倫行家有針對此產區的相關專業書寫外，一片靜默，而派克則以其專業與熱情，在1987年寫出《隆河谷地葡萄酒》（Wines of the Rhône Valley），使聚光燈重新照亮隆河谷，光耀了本產區之國際知名度。當然，其簡單且廣受歡迎的「葡萄酒百分評比制」也起著推波助瀾之功。其中，當時最受派克關注的釀造者乃是北隆河酒區的知名酒廠積架（E. Guigal），尤對其高階的單一葡萄園酒款評分極高，帶動隆河由北而南各產區一片欣欣向榮。因而，北隆河實是帶動南隆河酒區大幅躍進的火車頭。

其實在派克鼓吹隆河葡萄酒優點之前的1970年代，已然有兩個要因鋪陳了隆河酒款日後的坦順大道。

首一，布根地產區在絕佳的1969以及1971年份之後酒價高漲，然而，此兩年份的酒質在各莊之間存有相當大的差異；而接下來1972年份的布根地葡萄酒酸度頗高，且直到好幾年後才逐漸綻放美味；而繼之的1973、1974以及1975年份皆極為平庸。

再者，眾所皆知的波爾多差勁年份1972卻在當時酒商的投機心理下，在酒尚未釀出前即已大量搶購，但事後一蹶不振的市場反應卻讓倫敦以及波爾多的酒商倒了好幾家，接著出現的無趣1973年份，對已經槁木死灰的波都酒市顯得無濟於事。

法國兩大知名產區的接連失利，使彼時位居「B咖」的隆河葡萄酒跳出搶市。1971-1973年之間，整個隆河葡萄酒的出口量躍昇了52%；其中，英國市場甚至暴增三倍以上，德國市場則有超過50%的亮眼表現，而身為隆河葡萄酒採購資深大國的瑞士也見識到進口暴量65%的榮景。筆者前冊的《頂級酒莊傳奇》已談到過南隆河明星酒區教皇新堡（Châteauneuf-du-Pape），故這裡將專注於介紹北隆河最頂尖的四家酒廠，他們除了釀製自家葡萄園酒款，也搜購南、北隆河谷地小規模葡萄農的葡萄原料或是初釀原酒，再加以釀造、培養熟成、裝瓶，進而外銷國際，此即酒商酒（Négociant Wine）；也因酒商酒的產量龐大且多樣，進而使這些高級酒廠的國際影響力與能見度無遠弗屆。

派克在評論隆河的1998年份時宣稱：「我以酒評家身分專業拜訪法國已有22年的歷史，但我從未在任何葡萄酒產區中，看過像隆河谷地最近四、五年所呈現出的驚人酒質蛻變。」此地酒譽日隆，如日出東方，光輝奪目，且已成定局。

1

3

2

1. 北隆河的葡萄酒重鎮旦—艾米達吉（Tain-l'Hermitage）的Le Mangevins葡萄酒吧餐廳遠近馳名，餐點美味價格公道，酒單齊全，深受老饕以及愛酒人士推崇。

2. 在Tupin-et-Semons酒村的清泉客棧（Auberge de la Source）不僅可享用傳統美食，還能遠眺羅第丘（Côte Rôtie）葡萄園美景以及眼下的隆河悠悠流過。

3. 隆河的恭得里奧白酒以維歐尼耶品種釀成，酒中常可聞到杏桃果香。

續蘊傳世美釀
Paul Jaboulet Aîné

　　佳布列（Jaboulet）乃隆河區最古老的釀酒世家之一，可惜許多珍貴家族史料於1789年法國大革命中毀失，但可確知的是安東・佳布列（Antoine Jaboulet, 1807-1864）於1834年建廠（同年買下第一塊葡萄園Thalabert），後由長子保羅（Paul）接手經營，並改名酒廠為保羅・佳布列（Paul Jaboulet Aîné，Aîné即法文長子之意，一般簡稱本莊為佳布列），此後將近200年期間一直由家族男性以父子相傳的模式延續釀酒傳統。直至2006年1月由於家族成員間彼此不合，繼承權難以談攏，家族遂決議將酒廠拍賣。得標的新經營者為瑞士金融家出身的尚─賈克・弗瑞（Jean-Jacques Frey），購莊當時他也將20萬瓶的歷年庫存老酒一起買下。弗瑞家族目前還擁有波爾多三級酒莊拉拉郡堡（Château La Lagune，1999年購入）以及Billecart-Salmon香檳廠47%股權；而曾經掌有的Ayala香檳廠則在2000年轉賣給香檳名廠Bollinger。

　　轉手由弗瑞家族經營後，原留在本莊擔任銷售主任一職的菲德烈克・佳布列（Frédéric Jaboulet）於2010年12月離職，故目前已無佳

1934年被列為歷史遺產的古蹟聖克里斯多福小教堂即位於艾米達吉葡萄園之頂端，可眺望蜿蜒秀麗的隆河景色。

1

2

3

4

5

1. 為嚴防Hermitage La Chapelle假酒流通於市，酒莊祭出認證卡措施，酒款擁有人只要上酒莊官網輸入專屬卡號，便可查出此酒的「出生履歷」。

2. Hermitage La Chapelle在2006年份之前較為繁複花俏的酒標。

3. 2006年份起，新團隊導入「泡泡防偽貼紙」系統以對抗Hermitage La Chapelle偽酒，由於每張貼紙都有其隨機產生的泡泡圖形與排列，因此成為該瓶酒獨一無二的身分證明。

4. Vineum陳年酒窖裡安放了1,200個橡木桶，讓美酒在恆溫攝氏12度、恆濕85度的完美環境下熟成酒質。二次大戰時德軍曾佔Vineum酒窖（當時為養菇場）為據地，據說德軍在牆上鑿刻「V字集水道」（如中景右邊牆柱）以集地下水供此固若金湯的石鑿營區使用。

5. 由小教堂往西眺望的艾米達吉葡萄園景觀，此處可見部分葡萄農在梯田上種植低矮灌木欲防大雨後的土壤流失，然而此舉並非良方，因樹根可能逐漸破壞形成梯田的矮牆。

布列家族人員留任。售莊之前擔任葡萄園管理主任的菲力普·佳布列（Philippe Jaboulet）與其子文生·佳布列（Vincent Jaboulet）則另行創立Domaine Philippe & Vincent Jaboulet酒莊。此外，尼可拉·佳布列（Nicolas Jaboulet）則與布卡斯泰爾堡（Château de Beaucastel）的馬克·佩漢（Marc Perrin）共創一微型精品酒商（Micro-négociant）Maison Nicolas Perrin以買進來的葡萄酒或葡萄，在釀造、培養陳年之後推出上市。

1970年代起，佳布列已成為隆河酒款的國際領導品牌，尤以其艾米達吉（Hermitage）法定產區所釀產的紅酒小教堂（La Chapelle）最為愛酒人稱道，知名酒評家派克也曾評予1961、1978、1990三個年份的La Chapelle滿分100分的完美評價（雖筆者不認為人世間有絕對完美的人事物）。另，1999年1月號的《葡萄酒觀察家》雜誌在名為〈世紀美酒〉（Wines of the Century）的專題中嚴選出二十世紀的12瓶傳奇名釀，讓頂尖收藏家想方設法也要湊足這一箱12瓶的「世紀典藏」，而傳奇的1961 Hermitage La Chapelle便名列其中。

其他11款酩選為：1900 Château Margaux, 1941 Inglenook Napa Valley, 1945 Château Mouton-Rothschild, 1974 Heitz Napa Valley Martha's Vineyard, 1961 Château Pétrus, 1947 Château Cheval Blanc, 1937 Domaine de la Romanée-Conti Romanée-Conti, 1955 Biondi-Santi Brunello di Montalcino Riserva, 1955 Penfolds Grange Hermitage, 1921 Château d'Yquem以及1931 Quinta do Noval Nacional Vintage Port。據法新社報導，2010年5月份在瑞士日內瓦舉行的佳士得（Christie's）春拍中，一箱6瓶的1961 Hermitage La Chapelle以77,469歐元天價拍出，每瓶折合約55萬元新台幣，據悉，得標者為一「亞洲無名氏」。

騎士與小教堂

艾米達吉產區的古字寫法為Ermitage，意為隱士居所；據傳命名之由來是在1224年時，神聖騎士史特林堡（Gaspard de Stérimberg）因奉命討伐「亞爾比教派」異教徒而在爭戰中負傷，回途路經此地，登上山頭瞭望隆河景色甚美，便激發其在此隱居的念頭，於是報請當時的法國皇后卡斯提雅·布蘭雪（Blanche de Castille, 1188-1252）在此築屋退隱。據傳，他在此隱居三十載直至老死，產區也因之得名。後傳，目前依舊獨佇在艾米達吉法定產區頂端的聖克里斯多福小教堂（La Chapelle de Saint-Christophe）便是傳說中的隱士之屋，由此不難想見Hermitage La Chapelle紅酒之命名緣由。另，本莊的Hermitage le Chevalier de Sterimberg高階白酒也以此傳說中的人物命名。

不過，佳布列的名聲與酒質自1990年代中期起便有不穩且略微下滑之趨勢，此與本莊的前總經理傑哈·佳布列（Gérard Jaboulet）於1997年1月英年早逝後顯得群龍無首，領導核心決策不定有關；傑哈在世時不僅決定本莊營運方針，也是凝聚長期不和的家族成員向心力的關鍵；斯人已矣後，之後的分家注成定局。英國葡萄酒作家李文斯東—李爾摩斯（John Livingstone-Learmonth）便認為本莊的2000 Hermitage La Chapelle之酒質有損傳奇酩釀的美名，實不應上市。幸好之後的2001以及2003年份，本莊整體酒質又見回升，算是暫時穩住了愛酒人的忠誠度。

筆者於2008年6月首次造訪酒莊時，品試了部

弗瑞家族接手後，將Hermitage La Chapelle的酒標改為極簡風格，引起許多酒迷不悅；然酒莊表示其實早期（1900-1925年間）的佳布列小教堂酒標風格就是相似的簡潔風格，他們只是復興過去風格罷了。如圖可證，Hermitage La Chapelle的早期酒標，左至右，分別為1937、1915以及1942年份。

2   3

1. 新酒標的La Chapelle（右）以及La Petite Chapelle（左）。隨著2000年份的Hermitage La Chapelle表現不佳，酒莊在2001年破例釀出了三款Hermitage紅酒：除La Chapelle以及舊有的二軍酒Le Taurobole之外，還首次釀出之後成為正式二軍酒的La Petite Chapelle，藉以恢復正牌的Hermitage La Chapelle之酒質與名聲。此外，Jaboulet的酒瓶與眾不同（設計於1982年），瓶身為布根地形式，瓶頸卻是波爾多的直長頸，也算可資辨識假酒的特點之一。

2. Hermitage le Chevalier de Sterimberg白酒圓潤深沉，帶有金合歡蜂蜜的氣息。

3. Crozes-Hermitage Domaine de Thalabert紅酒為本莊首款知名酒款。

分2005與2006年份的酒款，老實說，除了最頂級的2005 Hermitage La Chapelle紅酒依然優秀，整體而言，酒質雖不差，但也難以引燃挑剔飲者嚮往的熱情，整體風格未顯，欠缺深度與厚度。幸好，當酒廠代表於2010年4月訪台時帶來一系列2007年份的醇釀，明顯提升的酒質讓筆者頗感欣慰快意。其實2007是弗瑞家族接手後，首個從葡萄園管理、採收、釀造、培養、裝瓶都能「一條龍」完整掌控的年份。此初步展現的佳績在經過較普通的2008年份後，又在2009優秀年份展現誘人酒質。2011年7月筆者在酒莊品試到一系列2009年份白酒，為其豐厚、均衡且複雜的風格所迷醉；雖當時未嚐到同年份紅酒，但由於2009可說是繼1990以來北隆河最精彩的年份，故而酒質必定精彩可期。

目前的總釀酒師是尚賈克・弗瑞之女卡洛琳・弗瑞（Caroline Frey，33歲），她同時也是拉拉郡堡的釀酒師，她並請來其恩師丹尼・杜保德（Denis Dubourdieu，他同時也是Château Doisy Daëne等波爾多酒莊的莊主）擔任釀酒顧問。卡洛琳於佳布列擔任釀造大任的首年份為2006年，酒質中等，而似乎波爾多著名的釀酒顧問杜保德也未對紅酒酒質起著明顯提升之功效；有評者認為此屬必然，因為杜保德對隆河的風土以至於希哈品種並不熟稔。然而，隨著卡洛琳以及其領導的新團隊對本區氣候以及品種特性的逐年熟悉，再加上目前卡洛琳常討教於艾米達吉的明星級釀酒大師尚─路易・夏夫（Jean-Louis Chave），故而可說，酒質日趨精進實屬意料之中。

耐人尋味的礦物質風情

杜保德對本莊白酒風格所做的微調也不為作家李文斯東—李爾摩斯所認同，認為並非本區之經典風格。筆者在此則持相反意見：微調後的白酒風格，更加清新颯爽，果香純美淨透，並使礦物質的沁涼風格愈顯，頗好。本區過去的白酒風格，除少數例外，酒精氣味常過於明顯，風味豐腴濃重，尾韻帶苦，需要醒酒良久才得較為均衡之口感，故若能在保存酒質的完整架構與風格之餘，卻能使白酒專擅的精緻透美取悅口舌，並無可貶之處。

相對於紅酒酒質的逐漸回復水準，筆者認為本莊的白酒水準在2006年新團隊接手後即有明顯進步。本莊為加強白酒中的礦物質風味以及清鮮的口感，在製程上進行了幾項調整。首先是採收日期略微提早；其次，在佳布列家族掌權時代，採收後的白葡萄會先進行輕微的破皮手續後才繼續榨汁，現在則直接進行整串葡萄帶梗榨汁；第三，現在有部分比例的白酒不進行使酸度柔化的乳酸發酵；最後，對白酒進行換桶除渣時，會在橡木桶中注入氮氣，以其壓力慢慢將酒汁推出，好讓酒液與底層酒渣分離，並在將酒液移入另一乾淨的木桶前，也會在此桶中先行注入氮氣（由於氮氣為惰性氣體，可避免白酒過度氧化早熟）。以上種種細節的施行都在白酒酒質的提升上獲得回報。

聖克里斯多福小教堂實位於艾米達吉產區裡的L'Hermite葡萄園區塊裡，然而，Hermitage La Chapelle小教堂紅酒並非單一葡萄園酒款，而是由多塊同產區葡萄園的果實分別釀造後，經篩選取酒質最上乘者混調而成，這些葡萄園也並不包括L'Hermite。Hermitage La Chapelle的釀酒葡萄主要來自Le Méal以及Les Bessards區塊，少部分來自Les Greffieux以及Les Rocoules。以上是常態，但並非公式；以氣候極端炎熱的2003年份來說，由於地理位置極佳的Le Méal園區的葡萄被炎陽烤得幾乎成為葡萄乾，榨不出多少酒汁，因而本莊便以一般不被摻入Hermitage La Chapelle、且位於東邊低坡處

1.　葡萄園頂端形似雞冠般的樹林之下便是艾米達吉裡的Le Méal葡萄園，艾米達吉的整體種植密度約為每公頃9,650株，艾米達吉葡萄園的詳細劃分請參見《世界葡萄酒地圖》。下方為Tain-l'Hermitage市區。

2.　桶中為Le Méal園的艾米達吉紅酒，然而Hermitage La Chapelle其實主要是以Le Méal以及Les Bessards兩個葡萄園的葡萄混調而成；2008年份因酒質未達水準，本莊並未推出Hermitage La Chapelle（上個未產年份為1993）。

1

2

1. Condrieu Domaine des Grands Amandiers白酒酒質熟美複雜，以維歐尼耶品種釀成。本莊的白酒產量約占總產量的25%。

2. 自2009年份起，本莊部分白酒在如圖中的蛋形水泥槽中進行培養熟成；此蛋形槽（據說象徵生命之源）以開模製成，不含鋼筋結構，並以1：1.618的黃金比例製成，據酒莊表示，槽中的死酵母會因地球自轉而永久懸浮於槽中，而不致沉澱至蛋槽底部，因此可免去攪桶手續。

的Les Diognières園區的葡萄為當年的主要釀酒組成之一，也因而2003 Hermitage La Chapelle不僅酒質均衡，還帶有適切的酸度。

　　為求Hermitage La Chapelle酒質的優越與穩定，本莊嚴格控制產量，平均每公頃產量僅得約1,500公升。目前釀法與「前朝時期」相去不遠，不過桶陳期間則多拉長了幾個月（約15-18個月），使用新桶比例並未提高（約30%）。新團隊也捨棄228公升的布根地橡木桶，改以225公升的波爾多式橡木桶進行酒質培養。佳布列家族時期Hermitage La Chapelle的平均產量為7,000箱，現已減至約2,000箱。

泡泡防偽

　　自2006年份起，新團隊也導入可貼在瓶頸的「泡泡防偽貼紙」（Prooftag）系統以對抗

Hermitage La Chapelle偽酒。由於每張貼在瓶頸的泡泡防偽貼紙都有其隨機產生的泡泡圖形與排列，因此成為該瓶酒獨一無二的身分證明，以茲證明買家手上的Hermitage La Chapelle為真酒，並且直接釋出於本莊酒窖，而非環遊世界好幾圈後的轉售品。此外，本莊也於2010年祭出認證卡（Carte d'authenticité）措施，自即日起（之前已經上市者不算），只要是出自佳布列酒窖的Hermitage La Chapelle酒款（新舊年份都會有），即會隨瓶附上此卡，酒款擁有者只要上酒莊官網輸入會員專屬卡號，便可查出此酒的「出生履歷」等相關資料；來日若有意將酒拍賣，此認證卡也可提供一定程度的保值效果，未來持卡人還可享受更換酒塞的頂級服務。

　　自2001年起，本莊所有紅酒的桶陳培養空間都移至雄偉壯闊的Vineum石窖裡進行。Vineum位於艾米達吉葡萄園東南邊不遠的Châteauneuf-sur-Isère鎮，原為羅馬人所開發的採石廠，開採時間始自西元前121年，當地的許多教堂以及紀念碑都取材於此，甚至法國東北的史特拉斯堡大教堂的哥德式高聳鐘塔也可見其石材貢獻。1930-1992年之間，此採石廠被改建成蘑

菇養殖廠（二次大戰期間甚至被德軍佔領為營）；到1992年才被佳布列家族買下，隨後在1999年改建為熟成酒窖。自2006年起，Vineum酒窖裡也設立葡萄酒專賣店以供愛酒人品嚐購酒，並接受付費團體預約，將有專人帶領參觀此偉麗深邃且四通八達的陳年石窖。

然而自2010年起，弗瑞家族在酒莊總部（位於Les Jalets，在艾米達吉葡萄園南方約15分鐘車程）旁蓋了一極端現代的釀酒廠以及培養酒窖，而目前本莊南北隆河所有紅白酒款的釀造以及熟成也都在此嶄新酒窖進行，故而，Vineum原有的1,200個橡木桶也都被搬至Les Jalets新廠而空無一物。本莊預計在2012年初關閉Vineum石窖並對外求售；不過好消息是，本莊將在艾米達吉葡萄園山腳下的旦—艾米達吉市中心闢建「佳布列葡萄酒專賣店」以方便愛酒人試酒買酒。

小小教堂與白色小教堂

在弗瑞家族的主導下，本莊每年售出約50%的艾米達吉園區葡萄，以加強汰選出優質葡萄，剩下的50%大半被用以釀製小教堂的二軍酒La Petite Chapelle（通稱為「小小教堂」），品質最高階的10%葡萄才被取來精釀Hermitage La Chapelle。La Petite Chapelle的首年份為2001年，之前的二軍酒酒名為Le Taurobole，更早期則稱為Hermitage Pied de la Côte。

值得一提的是La Petite Chapelle的釀法與La Chapelle一模一樣，釀酒師在品試後，那些沒被選為La Chapelle的紅酒才會被混調為二軍酒La Petite Chapelle。事實上，自2006年份起的La Petite Chapelle之酒質甚至勝過1996-2001年之間某些年份的正牌La Chapelle。

也是從2006年份起，本莊再度推出消失了近50年之久的Hermitage La Chapelle Blanc白酒（前此的最後一個年份為1961），此「白色小教堂」以平均樹齡50歲的100%馬姍（Marsanne）白葡萄釀成，葡萄園為艾米達吉裡的Les Rocoules園區，平均年產量僅有2,000瓶；弗瑞家族決定只在極佳年份才推出此罕見頂級白酒（目前僅有2006以及2009年份產出）。在1961年份以及之前的「白色小教堂」並非單一葡萄園酒款，而是像小教堂紅酒一般採傳統的多園區混調方式釀造。

目前本莊在北隆河擁有103公頃葡萄園，另在南隆河的教皇新堡（Châteauneuf-du-Pape）產區則擁園12公頃，除以自有葡萄園果實釀酒，也外購葡萄以釀造酒商酒。目前佳布列總共產酒近40款（年總產量約300萬瓶），這包括最近推出的四款以2009為首年分的Côte Rôtie Domaine des Pierrelles紅酒、Châteauneuf-du-Pape Domaine de Terre Ferme紅、白酒以及Condrieu Domaine des Grands Amandiers白酒。

除以上所提酒款外，如Crozes-Hermitage Domaine de Thalabert紅酒、Crozes-Hermitage Domaine de Roure紅、白酒（首年份為1996）、Crozes-Hermitage Mule Blanche白酒以及Cornas Domaine de Saint Pierre紅酒也都極具水準，均值得酒友一試。

Paul Jaboulet Aîné

RN 7 - Les Jalets
B.P. 46 - La Roche de Glun
26600 Tain l'Hermitage
France
Tel: +33 4 75 84 68 93
Website: www.jaboulet.com

道法自然
M. Chapoutier

　　法國中央山脈實為一巨大的花崗岩，往東展延，直到末端的艾米達吉葡萄酒產區都是其花崗岩岩脈的延伸。然此乃幾百萬年前的光景，猛然，同時期某日，後來命名為隆河（Rhône）的這條寬闊大河改道，原繞流在艾米達吉山丘之東，卻改向，往西切流，光陰之河在隆河裡淌流，漸漸將艾米達吉山丘與中央山脈母地劃開，隔著隆河與聖喬瑟夫產區（Saint-Joseph）對望。艾米達吉法定產區多數位於崎嶇峻險的山丘之上，葡萄園大多南面向陽，除了至東以及至西的少數葡萄園外，不受北風，故極適合種植釀酒葡萄；此地幾乎已臨希哈品種可熟成之北界，然而出自頂尖酒莊的佳釀年分之艾米達吉紅酒實可與寰宇最拔尖之名釀相較而毫不遜色。

　　艾米達吉山丘所庇護的背風山腳下，即是靠葡萄酒產業安居樂業的迷人小城旦—艾米達吉，由於具影響力的著名酒商皆位於此城四周，故而也博得隆河葡萄酒重鎮之美名。目前不管是在葡萄酒的質與量以及國際能見度上都能發揮影響力，且氣勢蒸蒸日上者，非位於旦—艾米達吉城裡的夏卜提耶（M. Chapoutier）莫屬。夏卜提耶是知名大型酒商，每年總產量達600萬瓶，除購入葡萄農的葡萄以釀酒，自家也擁有範圍早已擴出南北隆河之外的廣大葡萄園（於法國國內擁有240公頃）。本莊酒款令人目不暇給（共有超過60款），初、中、高階酒款齊備，且即便是初階酒款都有亮眼表現。然而其最為資深愛酒人津津樂道者，當屬產自自有葡萄園的頂級艾米達吉紅、白酒（本莊較高級的艾米達吉酒款均以古字Ermitage標示）。

1. 位於旦—艾米達吉城裡的夏卜提耶葡萄酒專賣店。
2. 莊主米歇爾‧夏卜提耶名片上沒有顯赫頭銜，僅寫著葡萄農、釀酒師暨葡萄酒愛好者（Vine grower, Winemaker and Wine lover）；他強調本莊酒款首重反映風土特色，而非酒莊風格。

1

2

本莊三款頂尖艾米達吉單一葡萄園紅酒，左至右：樂美雅園（Le Méal）、價格最高的隱士園（L'Ermite）以及亭園（Le Pavillon）。

1789年的法國大革命發生之前，第一代的夏卜提耶先祖自本產區南邊的阿戴須地區（Ardèche）北上來到旦—艾米達吉，並在當時的Vogelgesang酒廠擔任酒窖工人，奮發向上之餘，夏卜提耶的職位節節高升，最後甚至在1808年與友人戴勒平（Delépine）合資購下老東家的酒廠；此與積架酒廠（Guigal）在1985年購下當初所賴以發跡的Maison Vidal-Fleury酒莊有異曲同工之妙。1879年，波利多·夏卜提耶（Polydor Chapoutier）開始購入葡萄園，使得夏卜提耶從單純釀酒的酒商轉變為擁有自家葡萄園的酒莊，接著成為大型酒商，甚至跨出國界拓展海外葡萄酒事業，晉身為名副其實的「夏卜提耶葡萄酒帝國」。波利多的第五代子孫——現年40多歲的米歇爾·夏卜提耶（Michel Chapoutier）——成為目前帝國的掌權人，他自1989年末接任莊主職位後施行多項創新做法，使本莊不論在酒質與國際聲譽上都達到史無前例的高峰。米歇爾所秉持的一貫原則即是其家徽上的座右銘「盡人事·聽天命」（Fac & Spera）。

自然動力法王國

1990年代早期到1995年間，夏卜提耶的紅酒雖然優質，有時卻顯得萃取過度，使得酒款之間的差異性略顯不足。對此，米歇爾表示在他剛接手初期，為彌補過去時而會出現的濃郁度欠缺之狀況，初期目標乃在釀出風味集中的酒款。接下來的年份，米歇爾·夏卜提耶便將精力投注在酒質細緻度的表現上。確實自1995年份開始，該莊紅酒的個別風格更加顯著，風味的細節也愈加通透，好似從血氣方剛成長為事理通達、個性更為深邃內斂的人格，其高階酒款也更能將勁道與細緻優雅並呈，以擄獲人心。

由於與自然動力法（Biodynamie，有關此農法請參見《頂級酒莊傳奇》第74頁）的導師級人物尼可拉·裘立（Nicolas Joly）以及樂華莊園（Domaine Leroy）的莊主拉魯女士相熟，使得米歇爾最終也將酒莊引導上自然動力法種植之路，是年為1991年（本莊隨後於1994年獲得自然動力法認證）。因而，或可推斷是自然動力法的一臂之力將夏卜提耶的酒質逐年推升。米歇爾認為採行此法可將葡萄園土壤裡的好菌一下子培養出百萬倍之多，而活化後的土壤可使葡萄藤更易吸收土中的微量元素。

哲學家魯道夫·史坦勒（Rudolf Steiner, 1861-1925）當時提出自然動力法，主要目的在提升植物及農作健康，並增進其風味及營養價值；但其論述並不及於釀酒用葡萄以及葡萄酒的釀造，以至於後人對此農法在葡萄酒的運用上各有詮釋，有時顯得神祕難解且眾說紛紜。然，老子有云：「人法地，地法天，天法道，道法自然。」此「道法自然」其實已一語道破自然動力法的終極哲學：以大地之母為師。施行自然動力法也讓整體的釀酒成本大幅提高，平均而言，本莊每年花在每公頃園區的照料時數為1,500小時，而一般酒莊則只需約600小時。米歇爾同時也論道，隆河區葡萄園應該保持多樣作物並存的狀態，例如保留葡萄園中的部分果樹，因為單一作物的狀態常是植株病菌傳佈擴大的溫床。依此聯想，筆者可想到的優質範例是義大利的托斯卡尼產區，常有果樹以及橄欖樹與葡萄樹並存，常見的不良範例是波爾多，一眼望去，無果樹無穀作，葡萄株幾成僅見的地景。

1. 2009年本莊在旦一艾米達吉市郊建立嶄新釀酒廠，圖為釀酒廠的接待室，牆上綠色植物全為澳洲品種。

2. 艾米達吉葡萄園（總面積137公頃）建在傳統的梯田之上，土質貧瘠多碎石且易鬆動，故在園內常見特別搭築的工作木梯以利工人上下坡，否則工作難度極高。

3. 夏卜提耶自1991年開始採自然動力法耕植，並在酒標左下角以瓢蟲標示，消費者只要認明此標誌，即是本莊釀造的自然動力法葡萄酒。自然動力法認證機構Ecocert以及Demeter在每年例行檢測後，若符合標準才續頒認證。

4. 本莊會以圖中手裡的乾燥木賊泡製木賊植物飲（Tisane de prêle），再混和黏土以及微量的二氧化硫以對抗粉孢菌（Oïdium）以及霜霉病（Mildiou）。

5. 自然動力法的配方500號（Preparation 500）是在冬季時將牛糞填入牛角內，埋入土中，經過整個冬天後再掘出土，取出牛糞腐植土（如上方小塑膠盒內所示，呈黑咖啡色，質地鬆綿且毫無臭味）再加以調製運用。另一常用的配方501號（Preparation 501）乃於夏季將研磨成極細粉狀的矽石粉填入牛角，埋入土中，經過整個夏天，才於秋季再掘出土（如下方小塑膠盒內所示，質地細滑），並加以調製運用。

飲酒的良辰吉日

　　喝酒也要選日嗎？英國的Floris Books出版社近年來推出《葡萄酒何時喝最好》（*When Wine Tastes Best*）小冊專門教人挑選黃道吉日喝酒，在酒友間引起一陣熱烈討論，當然，通常是沒有結論，大家莫衷一是。這本小書的主體是以德國自然動力法農者瑪麗亞·圖恩（Maria Thun）所提出的年度自然動力法農民曆為本，要大家挑選果日（Fruit day）以及花日（Flower day）飲酒，至於葉日（Leaf day）以及根日（Root day）則避飲。這擇時品飲的想法其實與圖恩無關，而是英國葡萄酒銷售業界的觀察所得；目前有兩家英國的連鎖超市在邀請酒評家評飲酒款時，都僅挑所謂的果日或是花日舉行。

　　提問於學富五車的米歇爾，喝酒要挑時辰嗎？他斥此為「自以為高尚時髦的毀滅性謬論」，並認為其實空氣中的大氣壓對品酒時的影響可能要更勝於以上說法。但補充他曾詢問自然動力法酒農同業關於採收以及發酵，如何

挑日？眾人皆曰果日。米歇爾則認為應挑根日，因發酵乃將糖分轉化為酒精，棄之不管甚至成為醋酸；此為「分解」「再造」，將葡萄從植物狀態回歸到礦物質的狀態（一如果葉落土分解日久而成腐植土），依此觀察，這是根的屬性原則，故發酵葡萄以釀酒應挑根日。

　　此外，筆者也翻閱了法國有機農者Michel Gros所寫的法國版的《農民陰曆》（*Calendrier Lunaire*），書中指出：要釀果香型酒款則選果日採收，要釀風土型酒款（Vins de terroir）則選根日採收，要釀花香較明顯的酒款則選花日採收；這倒是某種程度上呼應了米歇爾的觀點，畢竟單純的花香或是果香表現並不構成一瓶偉大佳釀應有的實力展顯。筆者基本上不認同飲酒要挑花果日的說法，但如真要挑日，或可建議讀者最好在果日將那些酒價低廉，僅以果香取勝的日常餐酒飲掉，因失去果香，這些酒款可能真一無是處。

　　短小精幹卻心思細膩的米歇爾在1996年份又推出另一項創舉：為方便眼盲飲者，酒莊自此年份起於酒標上印製盲人點字凸印，不僅方便盲友，也使其酒標獨樹一格而達到話題行銷的附加效益。訪談中，米歇爾憶起點字凸印酒標的一件糗事，即在點字凸印酒標出現約四年後的某日，一位盲友疑問說：「明明喝的是白

1.　天氣晴朗時，可在艾米達吉葡萄園遠眺阿爾卑斯山脈。

2.　本莊自2009年份起均以可溫控的水泥槽發酵紅酒；水泥槽的好處是可保發酵期間溫度穩定，不致驟升或突降，這尤其有助於發酵後浸皮（可讓酒體更加圓潤且穩定酒色）的進行。

1

2

酒，但酒標的盲人點字卻標明紅酒，而非白酒！」

夏卜提耶目前擁有26公頃的艾米達吉葡萄園，另加上跟親戚租用耕作的5.5公頃，共計31.5公頃（整個艾米達吉不過約130公頃）；其中的19.5公頃種植的是釀造紅酒的希哈品種，另外的12公頃種的則是馬姍（Marsanne，在瑞士又稱為Ermitage Blanc）白葡萄的老藤葡萄樹，本莊未種有胡姍（Roussanne，在Savoie區又名Bergeron）白葡萄品種。雖然依據法規，在釀造艾米達吉紅酒時，最多可在發酵槽裡加入15%的馬姍或是胡姍白葡萄一起發酵；不過，現在鮮有酒農採取此種釀法，夏卜提耶也不例外（Marc Sorrel酒莊的Hermitage Le Gréal紅酒則摻入5%的馬姍共同發酵釀成，替紅酒增加了一絲圓潤油滑的口感）。

2009年本莊在旦一艾米達吉市郊建立嶄新釀酒廠，自此，紅酒都在可溫控的水泥槽進行發酵。在艾米達吉紅酒的釀造方面，本莊僅使用野生酵母（葡萄的熟度通常相當高）、去除葡萄梗、發酵溫度較高（攝氏30-32度，若發酵溫度太低，則酒僅有芬芳，卻少了風味的持久度以及餘韻長度）、酒精發酵期間與發酵後的浸皮萃取時間較長（4-6星期；這甚至比目前多數義大利巴羅鏤傳統派釀法的萃取時間還長）、並採機械化踩皮（Pigeage）或淋汁以加強萃取；自1989年後，所有的紅酒均不經過過濾以及濾清。

本莊以五大類階來區分所釀造的眾多酒款，分別是「盡人事・聽天命」（Fac & Spera）系列、「尊榮」（Prestige）系列、「傳統」（Tradition）系列、「發現」（Découverte）系列，以及「特釀」（Spécialités）系列。其中以「盡人事・聽天命」以及「尊榮」系列裡的

1. 三款頂尖艾米達吉單一葡萄園白酒，左至右：L'Ermite, De l'Orée, Le Méal。本莊的高級白酒近年改採蠟封，以減少經由軟木塞進入的微空氣接觸，可更進一步延長原本就極佳的儲存潛力。

2. Hermitage Chante-Alouette Blanc（左）以及Saint-Joseph Les Granits Blanc（右）；兩款白酒皆非常精采：前者細膩稠美，後者濃郁軟熟。

3. 本莊的兩款教皇新堡紅酒，左為Châteauneuf-du-Pape Barbe Rac，右為Châteauneuf-du-Pape Croix de Bois，兩者皆以百分百的格那希（Grenache）品種釀成。

2

3

1

1. 前景圍牆內為夏卜提耶所有的Hermitage Les Greffieux葡萄園。圍牆上的M. Chapoutier招牌後為Hermitage Le Méal葡萄園。

2. 自然動力法的配方500號以及配方501號都需加入雨水稀釋，再以長棍順時鐘攪動已完成調配。雨水因帶能量故為製作配方的佳選，但以前本莊並未百分之百以雨水為之，2011年本莊買進六個8,000公升的超大容器，希望能儲存足夠雨水以製作以上配方。自2007年起，本莊的自然動力法相關配方都外購自專業供應商Biodynamie Services公司。

3. 本莊在羅第丘也擁有葡萄園，此為羅第丘裡的金黃丘（Côte Blonde）區段。

酪釀檔次較高，尤以前者為最；此兩系列的葡萄都來自自有園區。過去多年來，「尊榮」系列裡的Hermitage Monier de la Sizeranne紅酒一直是本莊的招牌艾米達吉紅酒，外銷全世界而為酒友所熟知。Monier de la Sizeranne平均年產量約為3萬瓶，葡萄原料來自艾米達吉產區裡的三塊知名葡萄園，主要來自Les Bessards，次要葡萄園為Les Greffieux和Le Méal；採三分之一的新橡木桶熟成約12個月，以悠長的紅色漿果與甘草風味引人。然而，自米歇爾推出四款單一葡萄園艾米達吉紅酒之後，酒價僅約單一園酒款三分之一到四分之一的不同園區混調酒款Monier de la Sizeranne便顯得相形失色。

單一葡萄園艾米達吉典範：LeLeLe

單一葡萄園裝瓶的艾米達吉風潮始自1980年代末期，最主要的領導品牌即是夏卜提耶，本莊目前共有四款高階的單一葡萄園艾米達吉紅酒，最新近一款是在2001年份才推出的Ermitage Les Greffieux：此酒浸皮萃取5-6星期，使用三分之一的新桶陳釀約16個月，以黑色漿果風味為主，整體優雅，單寧軟熟，有評論者甚至以「擅弄風情」喻之。接下來的三款單一園，位階在Les Greffieux之上，至今已赫赫有名，或許是受積架酒廠的三款LaLaLa羅第丘（Côte-Rôtie）紅酒之啟發而發展出來的艾米達吉版本，或可稱為LeLeLe。以下據酒價由低而高依序介紹。

樂美雅園（Ermitage Le Méal）：此單一園酒款的首年份為1996，平均年產量為5,000瓶，中坡的老藤樹齡最長者幾近百年，年輕樹藤也植於1950年代。水泥槽發酵，浸皮萃取到6星期，使用25%的新桶陳釀約16個月；Le Méal

是三者中酒質最早熟者，此酒單寧柔潤豐腴，風味以「醬香」為主（覆盆子、桑椹或黑莓果醬），熟成後以炭焙咖啡以及雪茄盒香氣縈繞勾人為能事。

亭園（Ermitage Le Pavillon）：為本莊最早的單一園酒款，首年份為1989，Le Pavillon為酒款名，葡萄均來自以花崗岩為主的Les Bessards葡萄園，中坡段底下有條石灰岩窄帶區，據說也是造成此區酒質細膩的原因；年產約7,000瓶（這幾款單一園酒款的每公頃產量常常僅有1,500公升，幾乎比教皇新堡產區名莊Château Rayas還低）。水泥槽發酵，浸皮萃取4-5星期，使用25%的新桶陳釀約20個月；葡萄藤種於二次大戰後不久，單寧較Le Méal為緊實，且具有較明顯的黑色漿果或黑李氣息，成熟酒款常帶有皮革、土壤以及礦物質風韻。

隱士園（Ermitage L'Ermite）：首年份為1996，平均年產量為5,000瓶，平均樹齡80歲，樹株就種在地標「小教堂」周圍，海拔也是這三款單一園最高者，由於本莊樹株位於L'Ermite之西邊靠近Les Bessards葡萄園，故而土壤中也有花崗岩混在其內（但岩塊較散碎），故而此酒單寧的豐盛與堅實不輸Le Pavillon。浸皮萃取5-6星期，使用100%的新桶陳釀約16個月。L'Ermite酒香最為清雅細緻，不似Le Méal的奔放外顯，是三者中最晚熟者，單寧甜潤精巧，常帶有香料以及墨水氣息。

知馬姍者，莫若夏卜提耶

夏卜提耶在艾米達吉白酒的釀造表現上同樣居領導地位，並皆以百分百的馬姍品種釀製，成為此品種的最佳擁護者與代言人。同產區也釀造優秀白酒的名莊尚一路易·夏夫對於米歇爾獨尊馬姍的做法，曾發表以下看法：「米歇爾幹得好，令人尊敬，因他大可將馬姍全數拔除，改種紅酒品種以賺進更多鈔票。」

本地多數酒廠以胡姍以及馬姍兩種白葡萄來釀造艾米達吉白酒，並以後者佔混調的絕大比例，但極少有馬姍單一品種酒出現，夏卜提耶算是箇中異數與翹楚，並以釀造高級馬姍白酒為職志；除了艾米達吉白酒，本莊同樣以馬姍釀造的Saint-Joseph Blanc Les Granits的美味也令人齒頰沁香而難忘。

1. 本莊的Hermitage Vin de Paille甜白酒以百分百馬姍葡萄釀成，葡萄來自L'Ermite地塊；葡萄被放在麥稈上風乾至少60天，才釀成酒精度約15%，餘糖約105公克的美味甜白酒。

2. 用以釀造白酒的不鏽鋼桶（本莊約有35%的白酒以不鏽鋼桶釀造，其餘以木桶釀造），容量大小不一，最小為1,500公升，適合針對小區塊葡萄釀造。

1

2

3

4

1. 橡木桶中的是樂美雅園白酒;橡木桶為Demi-muids型式的625公升中型桶,可減少橡木桶對白酒風味的過度影響。艾米達吉白酒在當地常搭配較為辛香濃郁的料理;如香蒜田雞腿以及小牛胸腺(Ris de veau)等。此外,搭配奶油煎干貝也相當好。

2. 圖中的蛋形水泥槽最早由米歇爾‧夏卜提耶提出設計圖,並委由Nomblot公司製造,故此種蛋型槽被稱為Cuve M.C.。目前像是Jaboulet以及西班牙的Dominio de Pingus都使用此以1:1.618黃金比例製成的特殊蛋形槽以培養葡萄酒。但夏卜提耶在實驗後覺得槽內的死酵母懸浮效果還不若預期,故尚未真正用以培養酒質。

3. 夏卜提耶在澳洲維多利亞州(Victoria)所釀造的兩款頂級希哈品種紅酒:(左)La Pleiade以及(右)Ergo Sum。

4. 本莊在法國阿爾薩斯產區推出首年份為2009的一系列七款優質白酒,圖為Schieferkopf Riesling Lieu-dit Buehl(左)以及Schieferkopf Sylvaner白酒(右)。

如同產量較大的Hermitage Monier de la Sizeranne紅酒，過去60年，讓本莊白酒聲名遠播的代表作即是Hermitage Blanc Chante-Alouette：此酒葡萄主要來自L'Ermite葡萄園東邊含有黃土、不含花崗岩的Chante-Alouette地塊（Chante-Alouette意為「雲雀之歌」，乃本莊替此區段葡萄園的命名），以及少部分Le Méal的中坡段葡萄；年產量約2萬瓶，本莊高階白酒皆進行乳酸發酵，以三分之一新桶發酵並熟成約12個月，以蜂蜜、焦糖、葡萄乾等甜潤氣息風靡眾家酒友。Chante-Alouette白酒之上，同樣有三款更高階的單一葡萄園艾米達吉白酒，酒價由低而高介紹如下。

林邊園（Ermitage De l'Orée）：首年份為1991年（在1980年代稱為Cuvée de l'Orée，當時為混和多個年份的酒款），年產量約7,000瓶；葡萄樹齡平均65年，葡萄園地塊為Les Murets，由古冰河時期所帶來的沖積土所組成；以50%新桶發酵，桶中培養約12個月，為三款單一園中最豐潤奔放華麗者，可帶來立即的感官享受。

樂美雅園（Ermitage Le Méal）白酒：首年份為1997，年產量約5,500瓶；樹株年齡平均為50歲，葡萄來自Le Méal的上坡處，土壤與上者類似，但混有許多石塊；約50%新桶發酵，桶中培養約12個月，除帶有蜂蜜、杏桃、洋梨氣韻，也是三者中最具香料調性的酒款，力道強勁自頭徹尾。

隱士園（Ermitage L'Ermite）白酒：首年份為1999年，年產量約2,000瓶；樹株年齡平均為80歲（此園還尚存少數幾株在根瘤蚜蟲病爆發後仍倖存的馬姍），葡萄來自L'Ermite左邊（地標小教堂四周，靠近Les Bessards），故摻有大量的花崗岩碎石，此園依舊以馬匹翻土。

以約50-60%新桶發酵，桶中培養約12個月，為三者當中架構最扎實強勁，也帶有礦物質風格的酒款，整體而言風味最繁複，是本莊至頂級的白酒典範。

在「盡人事・聽天命」的類階裡，值得注意的好酒還有Ermitage Vin de Paille稻稈甜白酒（首年份為1990年，以風乾至少60天，來自L'Ermite園區的馬姍葡萄釀成）以及Côte-Rôtie La Mordorée、Châteauneuf-du-Pape Barbe Rac等好酒；甚而其他較為初階的Crozes-Hermitage Blanc Petite Ruche、Côtes du Roussillon Village Latour de France Occultum Lapidem（Domaine de Bila-Haut）也都值得一嚐。

上個世紀底米歇爾開始在南半球的澳洲合作建廠，目前共推出九款澳洲紅酒，其中以Ergo Sum Shiraz、L-Block Shiraz以及La Pleiade Syrah酒質最高。這兩年，米歇爾也開始將觸角伸展到葡萄牙（Quinta do Monte d'Oiro酒莊）以及法國阿爾薩斯產區，後者的Schieferkopf Riesling Lieu-dit Fels以及Schieferkopf Riesling Lieu-dit Buehl酒質精湛，錯過可惜。當葡萄酒帝國版圖愈增，米歇爾雄心萬丈之餘，也不忘沉澱思緒以擘劃長遠經營之計，沉澱之法：自養雞鴨牛羊，種菜植果，以田園牧歌自給自足之況味養心。更甚者，米歇爾在其沙丁魚罐、蜂蜜以及芥茉醬罐上皆標示年份，品味講究之至，常人自嘆弗如。🍷

M.Chapoutier

18, Av. Dr Paul Durand - B.P.38
26601 Tain Cedex
France
Tel: +33 4 75 08 92 61
Website: www.chapoutier.com

十八代傳承之逸品
Domaine Jean-Louis Chave

　　上世紀的全球葡萄酒地圖之中心總是聚焦在法國的波爾多、布根地以及香檳區，但由於亞洲新富國崛起，對以上的傳統高級酒款需求若渴，致使酒價堅挺陡升，只漲無跌。故而，酒齡較資深的酒迷便移轉注目焦點，重新審視法國隆河谷地（La Vallée du Rhône）裡的眾多傑出葡萄園，而其中歷史最悠久、風土潛質最高、整體酒質也最整齊的產區，非北隆河的艾米達吉產區莫屬。

　　艾米達吉在羅馬人時代便是優質產酒區，當地的歷史學家甚至認為此區是法國最老的釀酒葡萄種植地；學者指出，極有可能在西元前600年，當時入侵現今法國南部馬賽港的希臘人便順著隆河（發源自瑞士，在法南注入地中海）北上，將黑葡萄品種希哈導入艾米達吉。古羅馬作家老普林尼（Pliny the Elder, 23-79）在其同等於百科全書著作的《博物誌》（*Historia Naturalis*）裡頭便提及艾米達吉酒質高超。

「經艾米達吉加持」

　　十八世紀中期之前，英國人通稱波爾多紅酒為克雷瑞特（Claret），指稱其味清淡而酸瘦。當時唯一品質特出的波都紅酒，僅有目前被列為五大酒莊之一的歐布里雍堡，其他無甚可觀。其時的波爾多酒莊為了改善酒質，甚至購來艾米達吉產區色澤深沉、架構

1. 現任莊主尚一路易‧夏夫表示早在1800年左右，本莊已開始自行裝瓶，但當時僅限家族飲用；一般而言，北隆河真正裝瓶外售的做法是自二次大戰後才開始普遍。

2. 艾米達吉的Maison Blanche以及L'Hermite東邊地塊都含有許多黃土（Loess），黃土也常被拿來當做建材。圖為位於艾米達吉產區對岸圖儂市（Tournon）裡的城堡博物館（Château-Musée）的入口處，牆角的黃色石塊即是黃土。

1

2

本莊在絕佳年分推出至頂級的Hermitage Cuvée Cathelin；其酒標便出自藝術家卡特朗（Cathelin）之手。

宏大的希哈紅酒以摻入自莊酒中藉以增香添味，此手法在當時被稱為「經艾米達吉加持」（Hermitagé）。十九世紀時，甚至有些酒莊還將此Hermitagé（或是Émitagé）字樣特別印在酒標上以表示酒質優越，保證色深味濃。今日，若問波爾多酒界人士此流行於十八世紀中期到十九世紀中期的「艾米達吉加持法」是否為真，多數時候肯定要遭對方白眼。

然而許多史料都指證歷歷，顯見這做法在當時頗為流行。例如，1759年時，尼可拉斯·比戴（Nicolas Bidet）曾記載「此法可提高波爾多紅酒的酒精濃度，且同時可保持酒款的細緻度」；又再如，波爾多酒商納森尼爾·強斯頓（Nathaniel Johnston）在1799-1809年間的一封致酒商合夥人的書信上寫道：「我堅決反對在我們最好的酒款裡，加入胡西雍地區（Roussillon）的紅酒，除非僅使用一兩加侖，若我們掌有足夠數量的艾米達吉紅酒，以之取代前者，這做法當更為上乘。況且，1759年份的拉菲堡便是以部分艾米達吉紅酒混調而成，並成為當年度最受讚譽的酒款。」

以上史實一度被避提，然而也有聰明的酒莊逆勢操作創造話題：波爾多瑪歌（Margaux）產區的帕梅爾堡（Château Palmer）自2004年分起，推出混調了北隆河希哈紅酒的復刻版「經艾米達吉加持的波爾多紅酒」，並命酒名為Historical XIXth Century Wine，雖因不符現有法規而只能被列級為地區餐酒，卻成為美酒鑑賞家競藏的特殊品項。

六世紀的酒史傳承

今日中國富豪搶購用以彰顯財富地位的波爾多五大酒莊之一的拉菲堡，當年都要靠「經艾米達吉加持」，可見本區紅酒之絕佳潛力與獨到。目前酒莊聲譽與酒質位於第一線的艾

近景的梯田葡萄園為艾米達吉的Le Méal園區，左上方即是地標「小教堂」所在處。

米達吉釀造者有三，即夏卜提耶、佳布列以及尚一路易‧夏夫酒莊（Domaine Jean-Louis Chave）；前兩者皆為大型酒莊兼酒商，艾米達吉僅是其最高階酒款，他們旗下尚有許多其他初階的隆河谷地酒款；後者的尚一路易‧夏夫酒莊在產量規模上僅有兩大名廠的幾十分之一。

專注在釀造優質艾米達吉的小酒莊不僅尚一路易‧夏夫一家，但酒質可與前兩者並駕齊驅，時而勝出，則僅有本文主角的尚一路易‧夏夫。另，前兩大酒莊的釀酒史約有兩百年，但比起本莊的夏夫家族自1481年起即展開釀酒傳承，前兩者還只能算是後生小輩。目前本莊的莊主暨釀酒師是現年43歲的家族第十八代子孫尚一路易‧夏夫（與其祖父同名，也同酒莊名），他曾在美國攻讀企管碩士學位，在返法之前續在加州大學戴維斯分校（UC Davis）研讀釀酒學，後自1993年起接手父親傑哈‧夏夫（Gérard Chave）的釀酒重任；不過，已經退休的傑哈每年依舊會參與新酒品試並給予酒款混調的寶貴建議。

尚一路易‧夏夫在受訪時指出，兩百多年前的艾米達吉產區其實是以艾米達吉白酒著稱，且在1789的法國大革命爆發前兩年，當時職任美國駐法大使的湯瑪斯‧傑弗遜（Thomas Jefferson, 1743-1826，後為美國第三任總統）曾遊訪艾米達吉產區，傑弗遜在讚嘆艾米達吉白酒之餘，在其長達四頁關於本產區的相關敘述中提到「那裡也釀造艾米達吉紅酒」，可見當時艾米達吉白酒的身價、名聲與產量是高過

1

2

1. 尚一路易‧夏夫酒莊的經典艾米達吉紅（左）、白酒（右後）是所有喜愛艾米達吉酒款的酒友不可錯過的逸品。

2. 旦一艾米達吉市左邊臨河住宅後頭便是以花崗岩為基石的優質 Les Bessards園區，此園產酒單寧緊實。

1. 本莊的酒商酒，Saint-Joseph Céleste
   白酒（左）以及Crozes-Hermitage
   Silène紅酒（右）。

2. 在本莊幽暗濕涼地下酒窖中緩慢熟成
   的艾米達吉頂級佳釀。

3. 本莊的酒商酒，Saint-Joseph Offerus
   紅酒（左）以及Côtes-du-Rhône Mon
   Coeur紅酒（右）。

4. 清爽可口又帶點火腿油脂香氣的夏
   日沙拉，相當適合搭配Saint-Joseph
   Céleste白酒。

2

1

3

4

紅酒的；而舊時沙皇皇室餐桌上的艾米達吉葡萄酒也是白酒。尚一路易‧夏夫繼續說明艾米達吉紅酒的後來居上，部分也與當時波爾多酒莊喜以艾米達吉紅酒來加強波爾多紅酒酒質，進而所產生的大量需求有關；另，二次大戰後，佳布列則以其Hermitage La Chapelle紅酒風靡全球愛酒人，也致使艾米達吉的白酒傳統日趨式微。簡而言之，市場左右了艾米達吉紅白酒的主從地位。

混調才是王道

尚一路易‧夏夫酒莊每年平均以自家葡萄園果實釀出約4萬瓶葡萄酒，除經典的艾米達吉紅白酒，聖喬瑟夫產區的紅酒是另一項主力。本莊在艾米達吉共擁有約14.5公頃，其中的9.3公頃種植希哈，剩下的則種植馬珊以及少量的胡珊白葡萄；基本上以有機農法種植。尚一路易‧夏夫強調艾米達吉產區裡還劃分出許多小葡萄園，而大部分的酒莊所擁有的地塊都分散在不同葡萄園裡，故而，他認為將不同地塊所產出之風味略異的希哈分開釀製，在裝瓶前才依當年年份特色，混調比例各異的各園區酒液以成為該年份最終的艾米達吉紅酒，這才不悖離該產區傳統，並認為艾米達吉風味的複雜與和諧即是如此建構而出。

雖在艾米達吉法定產區裡的各園區之間存在風土潛質之差異，但因傳統上都以混調為王道，故法定產區管理局也未在艾米達吉裡再細分出葡萄園分級。尚一路易‧夏夫在艾米達吉裡的八塊葡萄園種有希哈葡萄，分別是：Les Bessards, L'Hermite, Le Méal, Beaune, Le Péléat, Rocoule, Les Diognières，Les Vercandières。最後一塊的Les Vercandières因位於靠近鐵路的下坡處，葡萄品質不如本莊之意，故從未混調入本莊的艾米達吉紅酒裡，但有時會混入本莊的酒商酒Hermitage Farconnet Rouge裡頭。基本上，本莊經典的Domaine Jean-Louis Chave Hermitage紅酒是以上述的最前面七塊葡萄園酒液混調而成。

每回造訪本莊，尚一路易‧夏夫都會引導來訪者品飲橡木桶中尚未混調前的各葡萄園原酒。

以下是最主要的五個葡萄園紅酒之特色：Les Bessards的單寧緊實，帶紅漿果果醬、礦物質、煙燻風味，為整體混調的脊椎龍骨部分；尚一路易‧夏夫認為一款耐久存、以待來日複雜風味展現的艾米達吉紅酒必定要包含此園的葡萄酒。L'Hermite之香氣優雅細膩，具豐盛的紅漿果氣韻，鼻息純淨清香。Le Méal的紅酒結構佳、酒體寬廣、單寧溫潤，呈現較為強健的肌肉感。Beaume則有松柏、動物性氣息，以及林下陰濕的腐植土氣味。Le Péléat時常展現甜美黑櫻桃氣味，酒體圓潤，較早熟而易飲。總之，希哈葡萄在各園中滋味殊異，但最重要的三塊組成還在Les Bessards、L'Hermite以及Le Méal。至於每一年份應混調哪幾個葡萄園、多少比例的葡萄酒以詮釋該年份艾米達吉紅酒之風貌，就需仰賴尚一路易‧夏夫承自家族傳統的混調工藝之展現了。

除上述經典款艾米達吉紅酒之外，本莊也會在絕佳年份推出至頂級的Hermitage Cuvée Cathelin，目前已推出的有首年份的1990，以及1991, 1995, 1998, 2000, 2003，不久之後應會推出2009 Hermitage Cuvée Cathelin。釀造此微量（年產量約2,400瓶）超級艾米達吉紅酒的先決要件，除年份超優外，若是該年份在混調完經典款艾米達吉紅酒後，還剩有Les Bessards酒

液可以使用，且當年的Le Méal表現絕佳，就會以前者建構骨架，後者填充血肉，再輔以少量他園葡萄酒混調而成。Cuvée Cathelin的酒名是為了紀念傑哈・夏夫與其畫家友人貝納・卡特朗（Bernard Cathelin）之友誼而取，此酒酒標便來自卡特朗的藝術創作。

原則上，Cuvée Cathelin較之經典款艾米達吉紅酒在細膩度、與風味細節上都更勝一籌；此外，兩者其實都含有比例不到3%的馬姍或胡姍白葡萄（與希哈一同發酵）。本莊的艾米達吉紅酒都在開放式大木槽中釀造，發酵期間會進

1

行人工踩皮萃取，踩皮的頻率強度則視葡萄園不同而有所差別：酒質較細膩的Le Péléat以及Beaume踩皮少，而Les Bessards, L'Hermite和Le Méal則因酒質強健而採取較密集的踩皮工序。之後進行約18個月的桶中培養後裝瓶，培養時的新桶比例僅約10-15%，2008年份甚至完全屏除新桶以展顯其純淨細膩的底蘊。

本莊的經典款艾米達吉白酒以約85%馬姍以及15%胡姍釀成，因兩品種在園中混種在一起，故而一同採收，一同釀造。艾米達吉白酒在不鏽鋼槽中開始發酵程序，但酒精發酵未及完畢時就將酒液移至228公升的橡木桶中（基本上無新桶），故而隨後的乳酸發酵與桶陳（期間不進行攪桶）也在同樣的橡木桶

1. 在本莊所設立的高標之下，每年約有20-30%的葡萄酒因酒質未達莊主預期，或因混調後有剩酒，而售給當地其他酒商。

2. 尚一路易・夏夫指出北隆河傳統上使用228公升以及600公升的橡木桶進行酒質培養。十八與十九世紀時當波爾多酒商購買艾米達吉紅酒以進行「經艾米達吉加持」（Hermitagé）手續時，都以600公升桶為船運容器。

2

近年的艾米達吉麥稈甜酒之酒標也採用貝納・卡特朗所專為本莊設計的藝術酒標。

1

2

3

1. 本莊的酒商酒，Hermitage Blanche白酒（左）以及Hermitage Farconnet紅酒（右）。

2. 本莊採有機農法種植（未經認證），艾米達吉園區中隨處可見野花野草，有助園區生態與土壤的健康。

3. 酒齡十年以上的艾米達吉白酒風味繁複，常帶有糖炒栗子、肉豆蔻以及甘草等氣息，與台北榮園餐廳名菜乾炒冬筍之鮮甜與焦香非常契合。

中進行。釀造艾米達吉白酒的原料來自四塊葡萄園：Maison Blanche, Le Péléat, L'Hermite, Rocoule，其中的Rocoule提供深沉的風味與寬廣的架構，是構成此款艾米達吉白酒的脊椎龍骨之鑰。此白酒可趁年輕時飲用，否則通常自第6-7年會開始逐漸封閉，之後，最佳飲用時機就要等到第10-15年之間了。

此外，本莊還以同樣的白葡萄品種釀造艾米達吉麥稈甜酒（Hermitage Vin de Paille），做法是讓熟美的葡萄在掛枝時即進行初步風乾程序（過早採收會因內含水分過多造成發霉），之後在採收後置於麥稈墊上再經過約60天的自然風乾才發酵釀成（時值12月），並於舊橡木桶中培養至少10年才裝瓶上市。雖已式微，但麥稈甜酒的釀造一直是艾米達吉的悠久傳統，本莊僅在極佳年份推出，最近幾個上市年份為1990, 1996, 1997, 2000（2011年7月筆者再訪時還未裝瓶）以及2004；有鑑於年均約600瓶的產量極為珍稀故而極少出口，除夏夫家族自用外，多是賣給法國當地的米其林星級餐廳。

自1990年代中起，尚—路易·夏夫也開始以買入的優質葡萄釀造酒商酒，並以J.L. Chave Selection為品牌推出上市。目前的酒商酒共有六款，年產量約20萬瓶，分別是：Hermitage Farconnet紅酒、Hermitage Blanche白酒、Saint-Joseph Céleste白酒、Crozes-Hermitage Silène紅酒、Saint-Joseph Offerus紅酒以及Côtes-du-Rhône Mon Coeur紅酒；最後兩款頗為物超所值，為財力不豐者提供了親近尚—路易·夏夫酒款的初階佳選。

氾濫的聖喬瑟夫

本莊位於艾米達吉產區西南邊、隆河對岸的莫芙酒村（Mauves），本村也是聖喬瑟夫法定產區的重鎮，其釀酒品種與艾米達吉相同。聖喬瑟夫的產區範圍自聖佩雷產區（Saint-Péray）的Guilherand村往北延伸約60公里，一直到恭得里奧產區（Condrieu）的Chavanay村都可釀造聖喬瑟夫葡萄酒；此外，自1969年被允許擴張至涵蓋26個酒村後，使聖喬瑟夫的產區面積漸次飆增到目前的1,700公頃（原始面積僅200公頃），故而常遭酒質參差不齊之譏。最早的聖喬瑟夫其實僅包括六個風土酒質優秀的酒村，分別為：Mauves, Tournon, St-Jean-de-Muzols, Lemps, Glun以及Vion；而尚—路易·夏夫所擁有的14公頃聖喬瑟夫葡萄園就位在最前面的四塊裡，均是富含花崗岩的絕佳園區，也讓本莊成為最優秀的聖喬瑟夫釀造者之一。

位於莫芙酒村南邊不遠的聖喬瑟夫產區葡萄園Clos Florentin，因有圍牆環繞而自成一單一葡萄園，自古被視為優秀園區，且自1960年代起便以接近自然動力法的農法耕植、從未在園中使用除草劑、殺蟲劑而引起尚—路易·夏夫的濃厚興趣，後因機會之便，他便於2009年向弗洛宏坦家族（Florentin）購下Clos Florentin。Clos Florentin目前雖正處試釀階段，所釀成的酒則混入本莊原有的聖喬瑟夫紅酒裡，但尚—路易預計過兩年，當時機成熟時推出酒質最頂尖的Saint-Joseph Clos Florentin單一葡萄園酒款。屆時，酒迷便可體會聖喬瑟夫紅酒最為經典與深邃之樣貌。

Domaine Jean-Louis Chave

37, Avenue de Saint-Joseph
07300 Mauves
France
Tel: +33 4 75 08 24 63

羅第丘霸主
E. Guigal

　　北隆河的羅第丘目前已是聲名響亮的產區，然而這美釀之名直至約四十年前才慢慢於國際間傳播開來。羅第丘的葡萄園以翁裴鎮（Ampuis）為中心，朝北、向南在蜿蜒的隆河右岸延伸展佈，有鑒於園區坡勢陡峭，為免土落石崩，葡萄農競築梯田式台階，儼然有羅馬圓形劇場之勢。實而此情此景，在此雄偉佇立已然有2,400年之久；當時羅馬人在此釀酒，盛入雙耳陶甕內，之後南運以饗羅馬帝王，故醺釀美名盛傳已久。然而之後的羅第丘聲勢漸頹，尤不如位於北隆河南部的艾米達吉產區受到北歐、英倫以及俄國王公之歡迎；隨著十九世紀末的根瘤芽蟲病爆發，繼有二戰蹂躪，羅第丘當地壯丁死傷慘重，園區荒廢者眾。

　　1949年之際，1公升羅第丘紅酒僅賣得約1法郎，價格之低落之可笑，任誰也無心堅持葡萄

農植樹釀酒之天命。況且，這坡度可達70度的葡萄園唯有體魄強健者得以勝任，當地老農都說，男女不論，都要「眼力好、腳力好、背力好」才能維持基本營生。1960、1970年代，多數葡萄農同時在隆河畔旁的沃地墾植果菜園，尤其以翁裴鎮的杏桃和核桃最為出名，採收季時，單日就有200公噸杏桃輸往歐洲各地，而其中的翁裴種（Ampuisais）杏桃更是製作果醬的佳果。還好，天可憐見，死氣沉沉的羅第丘與翁裴鎮終於盼到一位不世出的人才，不讓羅第丘美酒埋名。

　　多數法國的酒業王朝均在十九世紀初便已告建立，積架酒廠（Etablissements Guigal）則是相對近代的一則傳奇。伊田・積架（Etienne Guigal）出身貧苦，8歲亡父起便成為童工自討生計，他從聖伊田地區（St-Etienne）來到翁裴鎮，於1927年起受雇於當時的知名酒廠維達弗勒希（Maison Vidal-Fleury）。伊田・積架因勤奮實幹，先是被升任為酒窖總管，後成為葡萄園總管；經19年苦學後，伊田於1946年離

1.　積架的酒商酒系列皆以黃底紅標為酒標設計，酒質優良穩定。

2.　積架的南隆河紅酒（格那希品種佔較高比例）以如圖的6,000公升大型橡木桶培養；較高級的羅第丘等北隆河紅酒（希哈品種為主）則以後頭的228公升橡木桶培養。

1

2

開東家自創積架酒廠。同一時期,少女瑪賽兒
(Marcelle)16歲起即在位於翁裴鎮內、隆河
畔旁的翁裴堡(Château d'Ampuis)幫傭,夏
日若得閒,她便會躍入隆河戲水以消暑氣。一
日夏陽明麗,不遠處與她共游的浪裡白條,上
岸竟成為一英姿俊朗的少年,少女心花綻放,
顧不得當年翁裴堡的天竹葵長得醜怪,怯生生
採集一把予少年,此後愛苗日漸滋長,兩年
後,瑪賽兒與伊田共結連理,時值1936年。

害羞寡言的年度風雲人物

伊田與瑪賽兒之子馬歇爾(Marcel Guigal)
於1943年出生,後因伊田暫時性失明,馬歇
爾被迫在18歲便自高中輟學參與酒廠營運。
馬歇爾雞鳴即起,嚴謹勤奮,眼光遠大,輔以

1. 維達弗勒希酒廠在羅第丘的葡萄園。維達弗勒希依舊屬積架家
   族產業,有專屬的釀酒師,積架只在Côte-Rôtie以及Condrieu
   的釀造上提供協助,其他南北隆河酒款都由維達弗勒希自行釀
   造。維達弗勒希的酒款可在法國大賣場找到,但積架系列並不
   進入法國超市或大賣場系統,若找到,乃藉由平行市場輸入。
   以出口市場而言,以上狀況則另當別論。

2. 位在艾米達吉葡萄園對岸的圖儂市上方(圓塔左上方)即是聖
   喬瑟夫產區裡著名的濟貧醫院園(Vignes de l'Hospice)。

3. 積架第三代的菲利普•積架與妻兒現住在雄偉的翁裴堡裡頭。

4. 羅第丘的金坡則土色較淺,園中散落質地易碎的片麻岩和花崗
   岩,酒質香氣活潑奔放,口感溫潤軟熟。

決策果斷,即知即行,造就日後我們所熟知的
積架酒業王朝。錦上添花永不嫌多,英國《品
醇客》雜誌在幾年前推選馬歇爾•積架為該誌
「2006年年度風雲人物」。現任積架總裁的馬
歇爾害羞寡言,卻擁有眾多粉絲,其中國際級
巨星如歌手席琳•狄翁、法國影星傑哈•德巴
狄以及女星凱薩琳•丹尼芙均是其忠實酒迷,
丹尼芙尤愛其艾米達吉產區白酒;也因馬歇爾

羅第丘紅酒的極致經典，左至右：拉慕林（La Mouline）、拉隆東（La Landonne）以及拉圖克（La Turque）。

對隆河酒業貢獻卓著，法國政府還特頒「榮譽勛位勳章」（L'Egion d'Honneur），此為法國平民所能獲頒的最高榮譽。

積架酒廠的酒款分為兩大類，第一類屬於積架酒商（Maison Guigal），即是外購葡萄所釀成的酒商酒（某些酒款會摻入比例不高的自家葡萄），此系列酒標皆以黃底紅標為設計；另一類為積架酒莊（Domaine Guigal）酒款，僅以自有葡萄園原料釀酒，且各酒標有其獨特設計，酒款檔次要高過於酒商酒。然而不論酒商酒或是酒莊酒，積架都能在每個價格帶釀出極具競爭優勢的酒品而為人稱道。以最初階的隆河丘紅酒（Côtes du Rhône Rouge）來說，其酒質優良，廣受歡迎，年產量達300萬瓶，乃積架王朝在世界酒壇攻城掠地的前哨兵。產自像是1990優秀年份的Côtes du Rhône Rouge，甚至可擺上十年而依舊清新可口，祕訣之一是其希哈品種比例高達至少五成之故。此基礎酒款的最近幾個精彩年份為：2007,2009以及2010。

積架的人事相當精簡，設在翁裴鎮的總部僅設22名全職員工（包括辦公室以及酒窖）；目前共擁有60公頃葡萄園，雖擁園面積不若夏卜提耶以及佳布列，但積架掌有的都是隆河區最精華的葡萄園，目前全廠年產量達600萬瓶。

人力雖精簡，但除高級的酒莊酒之外，積架仍每年穩定地釀造出品質優良的酒商酒，生產範圍包含以下南、北隆河各產區。北隆河：羅第丘紅酒、恭得里奧（Condrieu，白酒）、艾米達吉（紅白皆有）、聖喬瑟夫（紅白皆有）、克羅茲—艾米達吉（Crozes-Hermitage，紅白皆有）。南隆河：教皇新堡（Châteauneuf-du-Pape，僅產紅酒）、吉恭達斯（Gigondas，紅酒）、塔維勒（Tavel，粉紅酒）以及隆河丘的紅、白以及粉紅酒。

然而積架所賴以成名、最為世人景仰者還是羅第丘紅酒；事實上，40%的羅第丘紅酒都出自積架。設立於1940年的羅第丘法定產區在初期僅有約30公頃，1970年代增為60公頃，目前則已擴充至230公頃。當地一般以黑納溪（Ruisseau du Reynard）為分野，將羅第丘粗分為以北的棕坡（Brune）和以南的金坡（Blonde）。傳說中，建立翁裴堡的摩吉宏家族（Maugiron）的其中一代育有兩女，一金髮，一棕髮，容貌之美可閉月羞花。其父後贈兩女羅第丘葡萄園最佳坡段為嫁妝，並依兩人髮色命名，此為棕坡與金坡取名之由來。

棕坡因富含氧化鐵以致土色較深，園中散佈許多頁岩，酒質型態堅實，架構較強，單寧較豐，屬晚熟且較長壽的羅第丘。金坡則土色較淺，土層也淺薄，園中散落質地易碎的片麻岩和花崗岩，並且矽石與石灰岩成分也較棕坡為高，酒質香氣活潑奔放，口感溫潤軟熟，然儲存潛力略遜於棕坡。此外，整個羅第丘共畫分有73塊葡萄園（Lieux-dits），各有其名；棕坡裡的棕丘（Côte Brune）與金坡裡的金黃丘（Côte Blonde）實為羅第丘葡萄園最早發源處。

當地的傳統是在以希哈品種為主的羅第丘園中混植少數的維歐尼耶白葡萄，以增香並提高口感圓潤度。金坡因土質含有較多石灰岩，故適合維歐尼耶生長，因而種植比例較高（也難怪恭得里奧白酒產區就位在金坡南臨）；相對地，棕坡的維歐尼耶種植比例明顯降低。法規明訂，羅第丘紅酒裡的維歐尼耶葡萄比例最高不得超過20%，並且需與希哈葡萄一同發酵，而非事後添加。

積架也是釀造恭得里奧白酒的高手（45%的恭得里奧都出自本廠），其頂級的Condrieu La Doriane白酒的葡萄原料來自恭得里奧裡的四個

園區，各自對酒質做出貢獻：Colombier提供架構，Volan的酒質強勁豐厚，Côte Chatillon帶來荔枝、杏桃與白桃風味，而Coteau de Chéry則為La Doriane添上細膩優雅的風韻。La Doriane的首年份為1994年，年均產量為12,000瓶，釀造前會先經發酵前低溫浸皮（此時葡萄已去梗，但未破皮），其後的酒精發酵、乳酸發酵以及酒質培養都在全新小型橡木桶內進行，培養的9個月期間會進行每週一次的攪桶手續。

另，積架也在1999與2003年份推出「早摘」恭得里奧微甜白酒Condrieu Luminescence，早摘是因當年極為乾熱，部分區塊的維歐尼耶提早成熟且熟度極高，積架不願將此批葡萄混入恭得里奧酒商酒或是La Doriane裡頭，故分開釀造裝瓶上市，此半瓶裝酒款年產僅1,800瓶，頗為稀罕，但酒質僅屬中上。

使用新桶的高手

多數酒友對積架羅第丘紅酒的印象多來自其酒商酒Côte-Rôtie Brune et Blonde，積架對於本產區紅酒的處理手法在此中階酒款已顯露無疑：相對於其他酒莊，積架使用較高比例的新桶，之後的桶中培養時間也較長。此酒的新桶比例約為35%，桶中熟成36個月，主要為小橡木桶，一到兩成為大橡木桶。其葡萄來源有二：小部分來自自有葡萄園，大多數來自為數約45家的小規模葡萄農（最大規模者也僅擁園2.5公頃）。積架只外買葡萄釀造並培養酒商酒，並不直接買進葡萄酒。若在不傷荷包的前提下，Côte-Rôtie Brune et Blonde不失為親近積架羅第丘紅酒的優選（年產量為25萬瓶，內含5%的維歐尼耶）。

1995年馬歇爾・積架買下年久失修且幾成廢墟的翁裴堡，後再經十幾年整修才有今日

右邊依舊使用的大型橡木桶刻有酒廠創始人伊田・積架雕像。

1

2

3

4

1. 積架首年份的羅第丘紅酒1942 Côte-Rôtie釀於正式建廠之前。

2. 積架因購入Jean Louis Grippat以及Domaine de Vallouit兩莊園區，使積架得以釀造並推出Ermitage Ex-Voto紅酒（左）以及Saint-Joseph Vignes de l'Hospice紅酒（右）；聖喬瑟夫產區裡的濟貧醫院園（Vignes de l'Hospice）目前成為積架的獨占園（Monopole）。

3. 前景為酒標華麗的頂級Condrieu La Doriane白酒，其葡萄原料來自恭得里奧裡的四個園區，首年份為1994。

4. 左為羅第丘酒商酒。右為檔次高一階的Côte-Rôtie Château d'Ampuis，風格近似La Mouline旗艦酒，首年份為1995，這也是菲利普·積架首次參與採收的年份。

的雄偉樣貌,也恢復了雙親當年定情地之風采。同年,積架推出同名的Côte-Rôtie Château d'Ampuis,以特選自金黃丘與棕丘葡萄園內的六小塊良地(包括前者的La Garde, Le Clos和La Grande Plantée,以及後者的La Pommière, Le Pavillon Rouge, Le Moulin)精釀出此中高階酒款;2005年本廠又再加入棕坡的荷西耶丘(Côte Rozier)葡萄園內的La Viria地塊,使Côte-Rôtie Château d'Ampuis酒款成為由七塊葡萄園的酒液混調而成的羅第丘紅酒,口感較先前更顯濃郁。此酒以100%全新小型橡木桶熟成38個月,含有7%的維歐尼耶,年產約為25,000瓶。

2003年積架在翁裴堡裡設立製桶廠,常駐一位全職製桶師,每年可手工打造約850個228公升小型橡木桶以供積架所需。為求品質,本廠自行買進橡木條進行為期3年的露天自然風乾;目前許多桶廠只採18個月的露天風乾程序或甚至採人工烤乾,但這兩種取巧方式無法完全去除粗澀的單寧和雜質。積架的輕度燻桶手續採

慢速的45分鐘完成,以免酒裡帶有過度煙燻氣味。廠方還表示,蘇格蘭威士忌名廠布魯萊迪(Bruichladdich)長期購買積架的3年舊桶好幫自家的多款威士忌進行過桶(Wood Finish)手續,使其成為「隆河風味桶威士忌」,且不僅白酒舊桶受布魯萊迪歡迎,紅酒舊桶更是其風味桶威士忌的招牌,例如Bruichladdich 14 Year Old / Links VI - K Club就是先在波本桶熟成14年,再以積架的羅第丘與艾米達吉紅酒舊桶過桶以增加辛香調性與誘人的天然紅銅色澤。

羅第丘之王La La La

真正令國際酒壇推崇,讓葡萄酒蒐藏家競逐的則是積架三款單一葡萄園羅第丘紅酒,此系列酒款也奠定了積架不可撼動的名莊

地位，此羅帝丘旗艦系列為：拉慕林（La Mouline）、拉圖克（La Turque）以及拉隆東（La Landonne）。一般暱稱為La La La的這三款名釀讓隆河首次躍上競爭炙烈的國際酒市，甫一上市的酒價都超過萬元新台幣，與波爾多頂級名莊酒價相抗衡而毫不遜色。

拉慕林：年產約6,000瓶，品種為89%希哈、11%維歐尼耶，佔地僅1公頃。拉慕林位於金黃丘葡萄園裡，首年份為1966年，平均樹齡為75歲，平均每公頃產量為3,200公升。釀造期間只採淋汁（Remontage）萃取，並不踩皮，以保留其細膩優雅的風味。100%小型新桶熟成42個月，為系列三款酒當中最為軟香玉滑的勾魂酒款。香氣以紅色漿果為主，兼有潛沉於果香底下的礦物質氣韻，然而儲存潛力也是三者中相對較弱者，一般年分可儲約20年，但如1999的超級年份則有40年的潛力。

拉隆東：年產約12,000瓶；100%希哈釀成；

積架擁園2.3公頃（拉隆東園區總面積不到3.5公頃，故本廠為此園最大地主）。拉隆東位於棕坡；最初的1.8公頃，積架花費十年光陰才分別向17位小農購齊。首年份為1978年，平均樹齡約為26歲，平均每公頃產量為3,200公升。因地處棕丘，酒質扎實，故而淋汁與踩皮並用。100%小型新桶熟成42個月。園中多頁岩且富含鐵質，是三者中酒色最深、單寧最豐者。以黑色漿果、黑櫻桃與香料調性為特色，尾韻時而帶有土壤以及松露氣息，儲存潛力佳，一般年份即有35年的儲存潛力。

拉圖克：年產約5,000瓶；以93%希哈、7%維歐尼耶釀成；佔地約1公頃，地塊位於棕丘裡的核心區域。此酒首年份為1985年，平均樹齡約為16歲，產量為每公頃3,200公升。淋汁與踩皮並用，100%小型新桶熟成42個月，一般年份有35年的儲存潛力。拉圖克旁臨金黃丘，故土壤除帶有棕坡特色的氧化鐵外，也散佈著金

積架的名園拉慕林，其酒質芬芳優雅，神似布根地頂尖名釀。

坡特有的矽石以及石灰岩，因而園中的維歐尼耶比例較拉隆東為高。拉圖克紅酒風格介於拉慕林以及拉隆東之間，較趨近拉慕林，卻又比拉慕林來得雄渾肌壯一些。此外，由羅伯‧派汀森與皮爾斯‧布洛斯南領銜主演的電影《記得我》（Remember Me，2010年上映）中的一場晚餐對戲中，父子倆人所共飲的美酒便是所費不貲的拉圖克羅帝丘紅酒。

伊田‧積架16歲時曾將拉圖克當年的收成獨自揹下山，明瞭此地的風土潛力，也對拉圖克寄予特殊的情感。拉圖克在1970年因前任地主欠繳土地稅，被法國政府充公拍賣給維達弗勒希酒廠，而後者在1985年求售酒廠以及名下葡萄園，此時積架立即出手擊敗國際競標對手，使伊田在離開維達弗勒希四十年後成為老東家以及拉圖克的新主人。

1985年採收季時伊田心血來潮向採收工人提議，若有人願將拉圖克收成獨自揹下山底（此園坡度達60-70度），他願意免費奉送，可惜無人挺身「單挑」，只好作罷。伊田與妻子瑪賽兒在1988年先後離世，未及見證出自積架的拉圖克紅酒首年份裝瓶上市。

摯願終成

積架的各款羅第丘紅酒均為該區酒質之標竿，然而卻不一定是羅第丘的典型，主因是其葡萄熟度極高、使用較多新桶、萃取以及桶中培養時間均長（La La La系列均在全新橡木桶中熟成長達42個月），致使酒款濃厚且常常帶有果醬香氣。整體而言，積架的羅第丘紅酒架構完整深厚，肌理豐潤，均衡度佳，餘韻美長。相較於果香清新簡單、易飲可口、迷人但型態不顯張揚的Domaine Clusel Roch酒莊版本

的羅第丘紅酒，便形成有意思的風格對比。

2001年，覬覦艾米達吉產區已久的積架聽聞該產區的Domaine Jean Louis Grippat以及Domaine de Vallouit待價而沽，便鷹準地下手購入，進一步擴充了積架酒品的多元性，並在同年推出僅在優秀年份才釀產的Ermitage Ex-Voto紅酒與白酒（搭丁文酒名Ex-Voto意指「摯願終成」）。Ermitage Ex-Voto紅酒由Les Bessards, Les Greffieux, l'Hermite以及Les Murets四塊艾米達吉葡萄園的希哈葡萄釀成（以前兩塊為主，因四塊園區總面積僅有2公頃，故一同發酵釀造，而非分開釀造，事後混調）。而用以釀造Ermitage Ex-Voto白酒的馬姍（90%）以及胡姍（10%）葡萄則來自Les Murets與l'Hermite兩塊葡萄園。截至目前，這兩款高檔的艾米達吉紅、白酒的產出年份為：2001, 2003, 2005, 2006, 2007，之後預計應會推出2009年份；兩者的年均產量都只有5,500瓶之譜，其他未達高標的葡萄則用以調釀艾米達吉酒商酒。

伊田‧積架在世時，頭上必定頂著布料的貝雷帽，其子其孫也愛戴帽，只不過馬歇爾換成絨布料的貝雷帽，而目前擔任酒廠總經理暨總釀酒師的第三代子孫菲利普（Philippe Guigal, 1975-）則喜愛美式棒球帽。馬歇爾每日黎明即起，自清晨五點半便開始一天的工作，菲利普也總在六點前到廠，不敢分秒怠慢。看來，在積架家族世代兢兢業業的刻苦努力下，釀酒傳承的無縫接軌自可期待。🍷

Maison E. Guigal

69420 Château d'Ampuis

Ampuis

France

Tel: +33 4 74 56 10 22

Website: www.guigal.com

part **IV** 老藤・希哈・巴羅沙
AUSTRALIA Barossa Vally

由南澳省的首府阿德雷得（Adelaide）往東北方驅車75公里，便來到澳洲最重要的葡萄酒產區巴羅沙谷（Barossa Valley），全澳洲約有50%的葡萄酒都由本區產出；然而單由葡萄種植面積來看，巴羅沙谷並無能耐提供如此驚人產量，這是由於許多大酒廠或是小酒莊都會採購南澳其他產區葡萄，運到巴羅沙谷加以釀造之故。順著北帕拉河（North Para）而上的周邊30公里範圍種滿了葡萄樹，偶有牧草地、棕櫚樹以及橄欖樹點綴其間，巴羅沙谷已是享譽國際的明星產區，所扮演角色一如加州的那帕谷（Napa Valley）。除知名大廠將總部設在此地，隸屬阿德雷得大學的羅斯沃希農業大學（Roseworthy Agricultural College）也位於巴羅沙谷，以優良的釀酒學以及葡萄種植學課程吸引全澳洲、紐西蘭，甚至其他國際學生到此攻讀。

拓荒者關史

二十一世紀的澳洲已可誇耀自身為文化大融爐，而1850年之際的巴羅沙谷，若還稱不上多元文化，但至少也是二元文化的匯聚之處。巴羅沙谷最初由英人威廉‧萊特上校（Colonel William Light）於1837年建立（時任巴羅沙谷地方首長），之後，由安格斯（George Fife

巴羅沙谷在葡萄成長季節平均僅有160公厘雨量，所以人工灌溉是受法規允許的；不過，追求品質的酒莊通常都採旱作（Dry Framing）以求果實的風味集中。

Angas，其姓名也是Angaston酒村的由來）為首的英國仕紳逐步進駐，這些人包括喬瑟夫·吉伯（Joseph Gilbert，於1847年建立Pewsey Vale酒莊）、山謬爾·史密斯（Samuel Smith，1849年創建Yalumba酒莊）以及威廉·索特（William Salter，1859年建立Saltram酒莊）等人；這些富裕貴族通常也是拓荒初期的大地主。

於此同期，另批人數更為龐大、較為貧困的路德教派人士也因宗教迫害而逃離普魯士王國，移民到巴羅沙谷定居。這批人包括約翰·格蘭普（Johann Gramp，1847年在Jacob's Creek溪畔種下葡萄樹）、約瑟夫·賽裴特（Joseph Seppelt，1851年建立Seppeltsfield酒莊）以及威廉·雅各（William Jacob，1854年開始種植葡萄）。這批人的後代多數仍操德語，依舊愛吃酸菜豬腳與德式麵包，今日姓氏為Dutschke、Glaetzer、Kaesler、Kalleske、Lehmann以及Schubert等者，都是十九世紀中期路德教派拓荒者的後裔，他們多數是擁有園地的葡萄農，以種植葡萄並轉售給各大小酒廠維生。

然而，葡萄農與搜購葡萄的酒莊之間，葡萄價格與各酒莊所要求的品質之間，都存在著微妙的緊張關係。的確，因為酒莊搜購需求增加，現在要購買到優質葡萄的來源也愈來愈少，葡萄農基本上占了上風；但他們也並非無往不利，有些量少質精的精品酒莊（Boutique Winery）只以高價購入品質最上乘的葡萄，並須依從其指導耕作，不合作的葡萄農一律被排除在外。

巴羅沙谷目前所種植的黑葡萄占比約為68%，白葡萄占約32%，最重要的品種依所占面積由大而小列出如下：希哈（Shiraz，

阿德雷得市中心的中央市場（Central Market）乃南澳第一大傳統市場，各式果蔬食材令人眼花撩亂，值得一逛；圖為Central Organic蔬果攤，不僅提供有機蔬果，甚至有以自然動力法耕種的品項，極為罕見。

法國稱為Syrah）、卡本內―蘇維濃、榭密雍（Sémillon）、夏多內、格那希（Grenache）、麗絲玲（Riesling）、梅洛以及慕維得爾（Mourvèdre，南澳又稱為Mataro）。

其中當然以種植面積最大、平均水準最高的希哈為巴羅沙谷的代表品種，尤其以百年以上的老藤所釀出的絕世美釀最讓人醉心。本區的經典混調紅酒一般被稱為「GSM」，是以格那希（G）、希哈（S）、慕維得爾（M）三種混調而成，深受澳洲民眾以及國際市場歡迎。另外，榭密雍白酒也在本區後來居上，以豐潤、帶點蜜香、瓜香的熟美姿態向愛酒人招手，精采的榭密雍白酒通常還帶有內斂自持的礦物質風味，以均衡有時過度熟化的口感，也值一試。🍷

視野，成就分野
Torbreck Vintners

美國酒商兼葡萄酒收藏家大衛·索柯林所著的《葡萄酒投資》一書裡，全澳洲「投資級葡萄酒」（Investment Grade Wines, IGW）的38款紅酒裡頭，托貝克酒莊（Torbreck Vintners）的酒釀就占了四款：分別是The Factor、Descendant、Les Amis以及RunRig。其中，酒價最高、年產約18,000瓶的RunRig已列世界名酒之林，也成為現代澳洲經典名釀的代表作；它同時也名列2010年版「藍頓澳洲葡萄酒分級」（Langton's Classifications of Australian Wine）中位階最高的Exceptional等級中的一員。此外，漫畫《神之雫》第22集也畫及本莊的初階酒款Woodcutter's Shiraz，更讓托貝克大名耳熟能詳於酒迷之間。Woodcutter's Shiraz占

本莊總產量的50％（3萬箱），以大型橡木桶陳年12個月後推出，由於極為物超所值，成為名副其實的托貝克「親善大使」。

愛酒的伐木工

莊主大衛·包威爾（David Powell）自小在南澳首府阿德雷得出生與成長，父親為一名會計師，大衛在大學修習的則是經濟系，求學期間因叔叔的導引而愛上葡萄酒，自此踏上「不歸路」，大學的寒暑假他皆在巴羅沙谷的酒廠打工以學習釀酒。之後，為了擴展視野與精進釀技，他開始為期10年的學習之旅，除了遍遊歐洲、澳洲以及加州名莊之外，他也長時間在不同的知名酒莊工作，日積月累其釀酒哲學，並與法國隆河名莊積架以及尚一路易·夏夫等酒莊的少莊主結為熟識。

然而，除了在加州以及澳洲酒廠工作可獲取薪資，大衛在法國等歐洲酒莊工作並無薪

1. 莊主大衛·鮑威爾不愛名車名錶，但每年花在買酒喝酒存酒的預算高達100萬澳幣。酒莊設有Cellar Door專賣店銷售自家酒款，大衛抱怨在Cellar Door每賣出100元澳幣，就必須繳交53元給政府，大概是世界上最高的售酒稅。

2. 本莊一律手工採收，並且不灌溉葡萄園，也絕不外購經過灌溉葡萄園之葡萄；工人正採收維歐尼耶葡萄。

1

2

The Laird為本莊最新的至頂級酒款；右後為Les Amis，是新世界格那希品種紅酒的典範。

資可領（尤其他淨選擇小型傳統名莊為學習目標），為了維持基本生計與籌措旅費，機緣巧合下，大衛成了蘇格蘭森林中的伐木工。當時的伐木工人薪資極高，大衛一年只要拚命工作3個月，便可湊足其他9個月的旅費；如此拚命賺錢僅為學習釀酒，筆者採訪經驗中未曾聽聞，敬佩之情不禁油然而生。為紀念其為期不短的伐木工人生涯，大衛遂以其工作過的蘇格蘭森林Torbreck替酒莊命名。

大衛也曾在以傳統釀法聞名的巴羅沙谷名莊Rockford擔任過6年的助理釀酒師，習得釀造好酒的祕訣在於：老藤、低產以及不灌溉葡萄園。直到1992年，大衛發現了幾塊缺乏照顧、凋零不振、奄奄一息且未經灌溉的老藤葡萄園，於是主動照顧、重整，兩年後終使其恢復生機，葡萄園擁有人為感謝大衛的自發努力，於是贈與幾公頃此園區的老藤葡萄收成，使大衛有機會首次釀出屬於自己的美釀。

之後，大衛也曾以Share-farming的傳統契約，與擁有老藤優秀地塊的園主商量，由大衛代為管理葡萄園。這些園區擁有人，常是繼承家產，但對釀酒沒熱情也無暇管理的非酒界專業人士（其正職可能是老師、木工或是電工）。Share-farming的運作是由大衛全權實際管理葡萄園，並在採收後，以當年葡萄市價的40%付予葡萄園擁有人當做回饋，算是另種形式的租金。大衛在建立托貝克酒莊的1994年以及之後前幾年，便以此種契約以獲取全澳洲幾塊最老葡萄樹所精產的果實以釀酒。現在的托貝克已擁有約80公頃的葡萄園，但仍繼續以高價搜購面積約120公頃的最高品質老藤葡萄。大衛表示，他曾以每公斤20澳幣的代價購入優質葡萄，還透露奔富酒廠（Penfolds）為了釀製最頂級酒款Grange所搜購的葡萄價格也不過在每公斤12-15澳幣之譜。

澳洲農業部曾經聯合財政部，在該國葡萄酒業不景氣的1980年代中期推出「拔除葡萄樹獎勵計畫」（Vine-pull Scheme）以降低產量，也即是每拔除一公頃葡萄樹，便可領取相對應的獎勵金。然而，當時多數被拔除的都是產量不高的老藤葡萄樹，留下的反是多產、品質相對平庸的年輕樹株，此一錯誤政策造成巴羅沙

1. The Steading酒款以60%格那希、20%希哈以及20%慕維得爾品種釀成，在300公升的Hogshead舊桶裡熟成，有相當好的層次感。

2. The Celts為單一葡萄園希哈紅酒，是由莊主與兒子聯手釀成，量極少而未出口（每年只有3個橡木桶的量），但是在酒莊的Cellar Door還是可購得。

3. The Factor以100%希哈品種釀成，葡萄來自五塊葡萄園，本莊高階酒款之一。

1

2

3

谷失去許多珍貴的老藤。而視野遠大者，如大衛·包威爾則是以實際行動拯救老藤，並以之釀出讓世人讚嘆的偉大酒釀，以反證當初決策之謬誤。

大衛外表粗獷，講話粗聲粗氣（但誠懇），毫不修飾且快人快語，提到「拔除葡萄樹獎勵計畫」他便義憤填膺，還指出同產區另一優質名莊火雞平原（Turkey Flat）的莊主彼得·休茲（Peter Schulz）是此邪惡計畫的幫兇，到處告訴酒農某塊葡萄園的老藤應該拔除。為了平衡報導，筆者也問了彼得·休茲這項指控，休茲則回應說當初他任職Orlando Wyndham酒業集團的葡萄園管理主管，僅是聽命公司政策執行所屬葡萄園的汰除老樹計畫，拔除老藤並非他個人的意思。

本莊的葡萄園管理接近有機，並以釀酒後的葡萄皮渣加上牛糞以及葡萄梗，以兩年時間製成堆肥使用。釀酒時，盡量採取無為而治，少加干預的原則，但本莊也並非死硬派的極端純粹主義者：基本上，大衛希望能盡快乾淨無誤地進行發酵，然而因採收的葡萄熟度極高（但未過熟），為恐發酵進行緩慢不若預期，故而會採取中性的商業酵母協助發酵進程；另外，若有幾個年份出現酒中酸度略欠，酒莊也會加酸略微調整。以上兩項，即便是在法國也被視為稀鬆平常的釀酒流程，無須大驚小怪。當然，因為法南以及巴羅沙谷皆處氣候溫熱地帶，所以法規不准加糖（基本上也沒有酒莊有此需要）。然而，具「大砲性格」的大衛則對奔富酒廠在其旗艦酒Grange中加入單寧表示不

1

2

1. 本莊在2008年新增建的嶄新釀酒廠，也終於擁有自己的裝瓶線。
2. 左為RunRig，右為Descendant，都是以希哈及維歐尼耶品種釀成的絕佳美釀。

1

2

1. 4月底，酒廠員工正將發酵完後所剩的葡萄皮渣剷出，以利後續榨汁。

2. Dominique Laurent製桶廠所出品的「魔術橡木桶」，特點在於桶板厚達45公厘，可使葡萄酒更加緩慢熟成。

齒，筆者回答未曾聽聞此事，大衛高聲說：「不然，你直接問總釀酒師彼得・蓋戈（Peter Gago）就明白！」

觀月釀酒

　　紅葡萄酒在槽中（水泥槽、木槽以及不鏽鋼槽都使用）發酵時，本莊只採取「淋汁」萃取，並不採用萃取效率較高的「踩皮」方式。也會觀月之盈虧，俟機使用抽空淋汁法（Délestage）。當月亮正趨近月圓（月盈）時，槽內的發酵溫度會提高，這時大衛會採抽空淋汁法，即將酒液自發酵槽中抽空至一桶中，再經過冷卻槽降溫後，才淋汁回原來發酵槽中的皮渣以加強萃取。

　　如此麻煩，是因大衛的發酵槽未裝置現已極為普遍的溫控裝置。若是趨近月缺（月虧）之際，槽內的發酵溫度較低，則無此顧慮。以上釀法原理，在於當酒汁溫度比槽內皮渣溫度低時，則可保有酒香之優雅清純；反之，皮渣溫度較酒汁為高，則有利於酒色以及單寧的萃出。可見托貝克的釀法還相當傳統，大衛並開玩笑說：「這裡不像歐布里雍堡，全部自動化，只要按按鈕即可！」

　　除了白酒以氣墊式壓榨機（Membrane Press）榨汁外，如同名莊Rockford，大衛也採傳統的垂直式柵欄壓榨機（Besket Press）來壓榨黑葡萄皮渣；主因是垂直式柵欄壓榨機的榨汁力道較為輕柔，可獲取更細膩的榨汁，缺點在於速率慢、較花時間，因而較具規模的大廠一般不會使用此種慢速壓榨機。其實，波爾多五大酒莊均使用1970年代才發明上市的氣墊式壓榨機；專釀貴腐甜白酒的伊肯堡以及波爾多右岸的費賣克堡是筆者另外見過還使用垂直式柵欄壓榨機的波都名莊。

　　托貝克酒款支支精采，但領銜主演的超級卡司還是RunRig紅酒，它是以約97%的希哈以及3%的維歐尼耶白葡萄釀成，不過，維歐尼耶是裝瓶前不久才混調添入，而不像法國羅第丘紅酒是採黑白兩品種同時發酵釀成。RunRig酒款並非年年都產，目前因酒質未臻高標而未產製的年份為2000以及2008；此酒以法國橡木桶熟陳28-30個月（50%新桶），平均樹齡為123歲（最年輕94歲，最老150歲）；每公頃產量也極低：平均每公頃僅產1,500公升（老藤更只產每公頃600公升）。

1. 酒廠也使用開頂式發酵木槽。

2. 以垂直式柵欄壓榨機進行榨汁，每平方面積所受壓力較小，可溫柔地榨出更高品質的榨汁。

1

2

Les Amis酒款的格那希葡萄藤植於1901年，超越百年。

領主現身

2010年中，托貝克推出全新旗鑑酒2005 The Laird，使RunRig不再是本莊最昂貴的酒款。Laird是蘇格蘭文的「莊園領主」之意，大有君臨天下、唯我獨尊之氣概。此為單一葡萄園的100%希哈品種紅酒，葡萄外購自Seppelt家族的Gnadenfrei葡萄園（位於巴羅沙谷Marananga次產區），上市價高達700澳幣，但這首年份的400箱酒在未正式上市前已因VIP客戶的預購而少掉50%，故而，將來酒價應會持續挺升。此園的平均樹齡為65-70歲，經過3年桶中陳年（100%新桶）以及2年瓶中熟成才推出上市。

The Laird的另一釀造特點在於，其桶陳所用的法國橡木桶被酒界稱為「魔術橡木桶」（Magic Cask）。「魔術橡木桶」為法南精品酒商Tardieu-Laurent的關係企業Dominique Laurent製桶廠出品，該桶廠每年僅製作500個「魔術橡木桶」，特點在於桶板厚度為45公厘，而一般橡木桶的桶板厚度約在22-27公厘，且木料來自以出產細紋橡樹的法國中部Tronçais森林，此桶有助葡萄酒長期而緩慢的熟成。筆者有幸一嘗，確感酒質深沉精湛，極為均衡，且無任何桶味過重突出的缺點；桶好，酒更好。使用「魔術橡木桶」的名莊還有西班牙的Dominio de Pingus以及波爾多玻美侯產區的Château Le Pin等。一只「魔術橡木桶」要價4,500澳幣，尋常橡木桶價格約在1,300-1,500澳幣。

本莊另一款以希哈和維歐尼耶釀成的優質紅酒為Descendant，採取同羅第丘一般以兩品種共同發酵而成：希哈約占92%，維歐尼耶占8%。Descendant為單一葡萄園酒款，其樹株乃藉由「馬撒拉選種」的方式取自RunRig各

RunRig並非單一葡萄園酒款，其原料來自巴羅沙谷西北邊的8塊葡萄園：分別是Powell、Renshaw、Hillside、Fowler、Schulz、Hoffman、Materne以及Philippou。巴羅沙谷西北邊以紅色黏土以及石灰岩為主，是大衛·包威爾認為最優秀的區塊，可以釀出極渾厚豐滿的酒款，但要調教出不過度肥美、酒精濃度過高的優美酒款則是釀技所在，而托貝克也確實地掌握了此要點。

個葡萄園,並植於1994年;桶陳所用的橡木桶也是RunRig使用過的舊桶。因此Descendant與RunRig可說系出同門,有前後傳承的關係,這也是Descendant得名之典故,酒質雅致,已獲國際酒評人激賞。此外,由100%希哈釀成的The Factor以及位於中間價位的The Struie都僅使用20-30%的新桶進行陳年,兩者皆具純淨無瑕的果香與細緻感,值得細品。

死對頭的「英雄所見略同」

英國葡萄酒作家珍西斯·羅賓森一向與美國酒評家帕克不對頭,按照大衛·包威爾的描述是:「若帕克說這東西是黑的,珍西斯·羅賓森一定說這是白的!」兩者看法之南轅北轍簡直是「白天不懂夜的黑」。然而,大衛說他極欣慰兩位作家對本莊所釀造的Les Amis單一葡萄園酒款則是「英雄所見略同」,都認為此酒是新世界格那希品種紅酒的標竿。

Cellar Door的入口處,遊客可付費品嘗、購買幾乎所有酒款,包括頂級的RugRig在內。

Les Amis的葡萄藤植於1901年,年平均產量僅250箱(約3,000瓶),酒質的確相當好,雖以100%新桶陳釀24個月,但未見木桶掠味的情況;若將酒體不佳的格那希葡萄酒置入新桶熟成,恐產生「虛不受補」的窘境,致使葡萄酒的整體均衡感遭到破壞。本莊也以100%慕維得爾老藤(植於1927年)釀成The Pict酒款,酒質雖佳,但近年的表現似乎略遜於Les Amis。

托貝克酒莊雖以紅酒聞名,但白酒表現也不凡,初階的Woodcutter's Semillon內含部分比例的75歲老藤,口感圓潤帶有蜜香,尾韻則顯現礦物質風韻,是搭餐廣度極佳的日常良伴。價格再高一些的Roussanne Marsanne Viognier三品種混調酒以及採100%維歐尼耶釀成的白酒都極具水準,其中以後者的品質最高,可惜因產量僅約720瓶,所以未出口。

大衛育有兩男,即目前17歲的長子Callum以及15歲的次子Owen,父子三人每年都會共同釀造The Celts酒款(單一葡萄園希哈紅酒,量少未出口)以漸進培養兩子對葡萄酒的愛好與熱誠。從未進入釀酒學校就讀的大衛·包威爾希望長子能到法國西南部的蒙裴里耶(Montpellier)正式研讀釀酒師課程,未來預計將送長子去法國名莊尚一路易·夏夫處學習,一如老爸當年。看來,酒莊的前途與展望已然鋪妥,伐木工的視野果然高瞻遠矚。🍷

Torbreck Vintners

PO Box 583, Tanunda SA 5352, Australia

Lot 51, Roennfeldt Road,

Marananga, SA, 5355, Australia

Tel: +61 (8) 8562 4155

Website: www.torbreck.com/

杯中日月長
Turkey Flat Vineyards

有言「酒裡乾坤大，杯中日月長」，若杯中美酒的日月光陰之流轉以其葡萄樹齡來計數，那麼，火雞平原酒莊（Turkey Flat Vineyards）以超過160年老藤所釀造的希哈釀釀可說是世間少有的瑰寶；此酒之乾坤深邃難測，正好將筆者的心神與味蕾收服入一耽溺的深淵。2006年的澳洲《美食旅行家葡萄酒雜誌》（*Gourmet Traveller Wine Magazine*）也將Turkey Flat Shiraz列入「最為澳洲收藏家典藏的前50大澳洲佳釀」的第49名；可見其酒質已備受肯定。另，由於連年表現優異，且同年酒款中至少有兩款酒的分數至少達到94分，火雞平原酒莊也被2009年版的《詹姆士・哈樂戴澳洲葡萄酒評鑑》（*James Halliday Australian Wine Companion*）評為等級最高的「紅色五星」等級。

美味之發端：1847

1840年代，費德勒（Johann Friedrich August

火雞平原酒莊的「一號園」歷史園區的希哈葡萄藤植於1847年，應是商業市場上可購得酒款裡樹齡最老的一款。

1. 休茲家族曾是當地成功的肉販商，當時不自釀葡萄酒，僅是葡萄農。

2. 自氣墊式榨汁機流出的鮮美榨汁酒（Press Wine）。

Fiedler, 1796-1880）為免遭宗教迫害而逃離普魯士王國移民到巴羅沙谷，並於1847年在泰南達溪（Tanunda Creek）畔種下澳洲首批的希哈種葡萄樹；當時這塊葡萄園周遭有許多澳洲火雞（Bush Turkey，又稱Australian Bustard）群聚，拓荒者便命此地為火雞平原（Turkey Flat）。隨後的1865年，哥烈伯・恩斯特・休茲（Gottlieb Ernst Schulz）購下這塊現今被稱為「一號園」（Section One）的歷史園區，並建立火雞平原農莊。休茲在農莊裡以當地常見的藍岩（Bluestone）建屋，並經營起極為成功的肉販零售生意。肉舖之外，占地約2公頃的「一號園」也在休茲家族代代相傳的照料下茁壯，希哈老藤跨越三個世紀依舊老當益壯。

期間，休茲家族的肉販生意轉為酪農業，唯一不變的是世代相傳的葡萄農身分。1987年，第三代的休茲退休，第四代的五名子女中唯有彼得・休茲（Peter Schulz）對葡萄酒業有興趣，便與妻子克麗斯緹・休茲（Christie Schulz）聯手買下父親的葡萄園，其中最精采的「一號園」便圍繞在當年的歷史藍岩肉舖之四周。1990年彼得正式建立火雞平原酒莊，離棄先前父祖輩單純的葡萄農身分，不再外售葡萄而自行釀酒；如今，肉舖已被改建成品酒室

以及葡萄酒販售舖，酒莊也歡迎各界愛酒人士參觀品酒。

建莊後，彼得・休茲陸續購入另四塊葡萄園，使目前自有葡萄園面積達約47公頃，平均年產量約2萬箱，這規模在幾乎全由酒業大集團掌控的澳洲而言並不算大。1990年之前，本莊的葡萄都出售給當地的知名酒莊，如Yalumba、Penfolds、Peter Lehmann、Rockford以及Charles Melton等等；當彼得決定停止出售葡萄，上述酒廠必定覺得相當扼腕，因少了優質葡萄的購買來源。彼得稱本莊為Estate Business，因為火雞平原酒莊擁有面積不小的葡萄園、釀酒廠以及專業裝瓶線，能夠全程控制酒質；事實上，澳洲的許多業界人士往往只擔任生產環節中的一角，他們可能是葡萄農、釀酒廠人員，或是專門的裝瓶業者。

粉紅新潮

除了Turkey Flat Shiraz之外，本莊的Barossa Valley Rosé粉紅酒在澳洲也極為知名，更受到

本莊的重要國際市場，如美國、英國、瑞士等國的歡迎，雖台灣目前未進口此款粉紅酒，但鄰近的香港倒是有進口。此款粉紅酒以格那希、希哈、卡本內一蘇維濃以及義大利品種多切托混調而成，此酒的頭號粉絲即是澳洲知名酒評家哈樂戴，他曾評予96分的極高分數（2007 Barossa Valley Rosé也獲其評為94分）。

筆者品嘗後，確認此酒為一佳作，但評為96分未免過於誇張，尤其本莊其他優秀紅酒有時評分還不及此。彼得‧休茲聽筆者這麼一評，也道：「我也不會這麼給分，」接著狡點一笑又說：「詹姆士‧哈樂戴是個極好的人……」。至於為何加入少見的北義品種多切托？克麗斯緹‧休茲極為誠實地表示，原先是希望以多切托釀出不甜的優質紅酒，然結果不若預期，便將其用以混調成粉紅酒，卻也意外地讓這款粉紅酒增添了較為緊密的單寧結構。

1. 本莊的希哈酒款主要釀自超過160年的老藤，乃物超所值的珍釀；自2002年起除了「一號園」之外，也混入部分西北邊靠近Torbreck酒莊的葡萄原料。

2. 左為格那希酒款，中為慕維得爾酒款，右為初階優質酒款Butchers Block紅酒。

3. 本莊的Sparkling Shiraz以優質的希哈紅酒為基酒，並以同香檳法的「二次瓶中發酵」方式釀成，是筆者嘗過少數如此優質的同類酒款。

這款粉紅酒的年均產量為1萬箱，占本莊產量的50%。

100分的意義

基本上，火雞平原的酒款風格相對於其他巴羅沙谷的多數酒莊而言，屬於較優雅、內斂，酸度較明顯卻相當耐喝的一類，並非美國酒評家派克喜歡的類型；彼得表示派克針對本莊酒款的評分也多落在90-94分，僅有2005 Turkey Flat Shiraz曾獲95分。在2001年之前，彼得‧休茲親任釀酒師（他本身的專業在葡萄園管理與規劃）；之後則聘了女釀酒師Julie Campbell擔任釀酒師。彼得常告誡她：「假使妳釀出被派克評為100分的酒款，我就馬上將妳革職！」因這表示他所追求的葡萄酒風格隨波逐流，因追求高分而被改變了。

本莊其他優良紅酒除了初階的Butchers Block（為GSM三品種混調）、帶紅色莓果以及香料調性的Turkey Flat Grenache（90年老藤）之外，其Turkey Flat Mourvèdre也不可錯過。慕維得爾品種原產自西班牙（當地稱為Monastrell），在法國的南隆河、普羅旺斯也

1

2

3

1

2

3

4

5

1. 因巴羅沙谷氣候極旱，酒莊會在葡萄根上鋪以乾草或是麥桿以防止土壤水份蒸發。

2. 火雞平原的格那希葡萄樹種植於1920年代，以之釀成單一葡萄園酒款。

3. 此原建於1860年的販肉舖，後來改成品酒室，歡迎愛酒人前去試酒。

4. 許多人說莊主彼得‧休茲相貌神似影星布魯斯‧威利。

5. 酒莊的紅色老卡車。

希哈在剪枝之後需進行縛枝（於鐵線上）的動作。若是格那希老樹，則因樹幹粗大且往上生長，則可施行杯型（Goblet）整枝法，而無需縛枝。

相當普遍，尤其是法南邦斗爾（Bandol）產區的最主要品種。慕維得爾在南澳多是混調GSM酒款的配角，然而火雞平原卻以此品種釀出極為特出的酒款，除莓果風味外，還帶有皮革、土壤、肉豆蔻等迷人氣息，更加難得的是其酒體均衡，帶有清雅酸度，表現出慕維得爾單一品種酒款的潛在能耐。

此外，Turkey Flat Cabernet Sauvignon紅酒也極為優雅，雖釀自巴羅沙谷的果實，卻具有近似南澳最南端的庫納瓦拉（Coonawarra）涼爽產區的古典雅致風格；次此採訪，有幸嘗到已經開瓶四天的2001 Turkey Flat Cabernet Sauvignon，依舊深邃美味，除黑莓外，尚可嗅聞到雪松、尤加利樹，甚至是類似「龍角散」般的馨涼氣韻，為無庸置疑的好酒。除Butchers Block紅酒，以上酒款以及Turkey Flat

Shiraz都值得陳上10年以臻滋味的頂峰，若保存狀況佳，其儲存潛力約在15-20年之間。

本莊的Butchers Block白酒則以約57%馬姍、32%維歐尼耶以及11%胡姍分別釀造後混調而成，其中胡姍不進行橡木桶陳年，馬姍部分經過橡木桶陳年，維歐尼耶則全部經過桶陳；其中僅有10%新桶。此酒雖算不上世界頂級名酒，然飲來熟美香口，不應忽略了。彼得說此種MRV三種白葡萄混調酒款日漸風行，國外市場則以仍有法國文化遺風的加拿大魁北克省最為愛用。

正宗氣泡希哈

自二次大戰後，澳洲開始出現希哈氣泡紅酒的類型，之前喝過幾家酒廠製品，都覺酒精味過重，氣泡質地較粗糙，氣味強勁，果香豔麗過了頭，不甚討我歡心。今次一嘗火雞平原的Sparkling Shiraz NV，才驚覺原來以希哈品種釀造氣酒也可達到相當細緻均衡的品質，原來此類酒款還有正宗以及便宜行事的不同做法。正宗，一如火雞平原：首先以優質的希哈紅酒為基酒，這基酒需在舊的法國橡木桶熟成達3年，之後才進行如同香檳法的「二次瓶中發酵」，接著與死酵母渣共同在瓶中熟成10個月後才進行「除渣」，之後再添入少量澳洲產的年份波特酒（酒齡在14-40年之間）以補「除渣」時所損失的少量酒液。較為便宜行事的商業做法，通常會省去希哈基酒在舊橡木桶中長期熟成的步驟，這也是酒質粗劣或是細膩的決勝關鍵。

本莊在葡萄園的管理上，不用化肥也不用殺蟲劑，接近有機，但還不是真正有機，因為本莊依舊使用除草劑；若使用人工除草，一怕

1. 隆河麥桿甜酒（Vin de Paille）型態的酒款，該酒名為「最後一根麥桿」（The Last Straw）。

2. 酒廠人員正對在橡木桶中熟成中的紅酒進行添桶（Ouillage, Topping-Up）以防止酒質氧化。

成本過高（需購買特殊器具以剪除根部周圍雜草），二怕重複踩踏而導致土壤被壓實。若將來出現成本較低的有機除草劑，本莊應該會立刻轉成100％有機耕作。基本上採旱作，不灌溉，也在園區土壤裡埋有溼度探針，若遇極度乾旱的情況，則會微量給水以維持植株健康。

本莊採收通常自早上6點鐘開始，10點鐘即停，以防日曬使果粒升溫。不管是白葡萄或是黑葡萄，在經過去梗、破皮後，都會經過發酵前低溫泡皮（Cold Soaking，攝氏5度）以增進酒色以及果香的清亮度，才進行酒精發酵工序。紅酒在發酵後，還會進行酵後浸皮以加強萃取，以希哈酒款的酵後浸皮時間最常（可達3星期），紅酒發酵期間會進行「淋汁」作業繼續萃取。白酒都省略乳酸發酵手續，紅酒的乳酸發酵則在用以陳年的橡木桶中進行。

目前本莊全採旋蓋裝瓶，也備有極為精密的裝瓶設備，可確保每瓶旋蓋酒中的溶氧量，好讓葡萄酒依舊能在較為缺氧的旋蓋瓶中緩慢地熟成。彼得‧休茲所調校的數字為：每1公升酒液的溶氧量為1公克；但對於較需早飲的粉紅酒則調為1.8公克。另，彼得還指出，葡萄酒開瓶30分鐘後，已經達到溶氧飽和度：1公升酒液最大溶氧量為8公克。此時若還希冀葡萄酒真空保存器（VACUVIN）之類的產品可讓葡萄酒免於氧化，實在是癡人說夢。真空保存器的效用只能發揮在每次倒出酒液，便馬上抽出空氣才能見效。

過去，火雞平原酒莊只要靠忠實客戶支持就可高枕無憂。然而這幾年市場嚴峻，澳幣升值，再加上南美洲葡萄酒搶食國際市場，使得本莊的出口市場（如美、英兩國）出現衰退跡象，因而本莊慢慢開始在市場行銷上投注較多的心力。與此同時，筆者認為火雞平原的酒價極為合理，且酒質優越，故而鼓勵讀者親自體會其酒中乾坤。

Turkey Flat Vineyards

Bethany Road, Tanunda

South Australia 5352

Tel: +61 (8) 8563 2851

Website:www.turkeyflat.com.au/home/

澳洲酒王締造者
Penfolds

　　酒色深黑不透，傾杯，才現酒緣一環紫光，略晃杯，杯中同心圓渦漩泛出香草、大黑李子、甜馨桑椹以及沁心醒神的紅色酸櫻桃氣息，繽紛氣息統合在一深沉莊重的底韻裡；入口捲舌吸氣攪酒，舌放鬆平躺，讓酒液泛流，浸潤舌乳頭與口腔內壁，整體極均衡，有幽酸，續接有酸櫻桃、橙皮、黑莓以及黑巧克力芳華，因有細密單寧承接而得以延展這已見繁複的香與味，餘韻長且緩，尾聲鋪陳以礦物

奔富醫師當年行醫的藥箱仍舊保留在Grange石屋內。此外，奔富所擁有的Magill Estate Restaurant餐廳，自1995年營運以來屢獲好評，並於2001, 2002兩年接連獲得*Australian Gourmet Traveller*雜誌評為年度最佳餐廳。

質、肉豆蔻以及菸草編織成的長裙襬，悠悠移步，不設防間，酒液已滑入喉，好矣。這天賜美釀，乃剛上市的2005 Grange紅酒。

　　攤開世界葡萄酒地圖，赤道一橫，劃出南北兩半球。居北者以歐洲、加州領銜，世界百大好酒九成羅列其中；雖近10年來的南半球酒壇也竄出許多名釀，然在公元2000年前，可謂之「見樹而不見林」，酒評家與收藏家唯一認可的超級名酒便是南澳奔富酒廠（Penfolds）所釀造的Grange紅酒。英國酒評家休‧強生（Hugh Johnson）便曾讚之為「南半球唯一的一級酒」（the only first growth of the southern hemisphere），而美國酒評家派克評予1976 Grange完美的100分評價，更讓其成為當中最尊貴者；專家眼裡，Grange與波爾多的五大酒莊具平起平坐之姿。美國酒商大衛‧索柯林在其所著的《葡萄酒投資》裡頭也提到1976 Grange的身價：「此酒當年以每瓶20美元發行，到了2007年中，仍以原始木箱妥善保存者，已經索價每箱24,000美元，平均每年的獲利為10%，報酬率約和道瓊工業指數相當，卻避掉其中的波動性……，我相信在2020年以前，這款酒就會飆升到一箱50,000美元。」

南澳國家遺產

　　奔富酒廠目前隸屬規模巨大的Foster's酒業集團，其麾下紅白酒款多樣，價格由低而高，選擇豐富。Grange不僅是該廠頂級旗艦款，更是全澳洲酒典範。南澳國家信託局（National

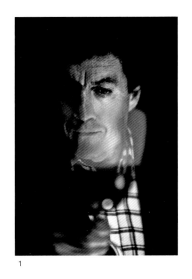

1

2

「遺產典範」（Heritage Icon）。然而，傳奇
常與艱辛滋養共生，此傳奇酒款當也有一段
慘澹過往。故事要精采，便要細說從頭。話
說1844年，年輕的奔富（Christopher Rawson
Penfold）醫師與妻子瑪莉（Mary）從英國渡
海來到南澳阿德雷得（Adelaide）市郊的瑪吉
爾（Magill）小村落戶，並於次年以1,200英鎊
買下一塊風生水起的美地，蓋一簡樸石屋，
並依照瑪莉家鄉房子的舊稱就替石屋取名為
Grange。石屋周圍，他們植滿了自法國攜來
的葡萄樹株，據信為法國波爾多及隆河谷地
的品種，並將此園命名為瑪吉爾莊園（Magill
Estate），且以園中葡萄釀製波特（Port）、雪
莉（Sherry）以及白蘭地形式的酒款。在彼時
當地的時空下，居民不易尋得乾淨飲水，同時
奔富醫師咸認這類酒款可補精益氣，因此其酒
釀也成為療癒處方之一。

1870年，奔富醫師與世長辭，新寡的瑪莉即
一肩挑起家族釀酒重責，與女婿湯瑪斯·海嵐
（Thomas Hyland）積極擴展營業規模。1896
年瑪莉逝世之際，奔富已成澳洲最重要的名

廠；接著的1920年代，以奔富為商標出售的酒
款已占全澳洲酒類銷量的50%。

韶光荏苒，1948年之際，當時奔富的年輕
釀酒師馬克思·舒伯特（Max Schubert, 1915-
1994）被派遣至葡萄牙及西班牙精進波特與雪
莉酒的釀造技巧，回途時順道參訪了波爾多酒
鄉，於觀摩之際遇見波爾多傳統派的釀酒大師
克魯茲（Christian Cruse），大師讓舒伯特品
嘗多款窖藏達四、五十年的陳釀，大開眼界之
餘，也讓其明瞭：原來，未經酒精強化的不甜
葡萄酒也這麼經放，能陳上半世紀卻依然醇厚
迷人，舒伯特的釀酒觀念和志向遂起轉變。

當時澳洲釀酒的重點仍集中在酒精強化甜
酒或白蘭地，不甜的佐餐酒還相當罕見且劣
質，澳洲人尚不識何謂可陳年的優質葡萄酒。
有鑑於此，回到故土的舒伯特便矢志要釀出

1

2

3

4

5

6

1. Grange Bin 95在釀造後還需瓶中陳年3年才上市,即是自採收起的第5年的5月1日才上市;自1994年起Grange瓶身有雷射打印的流水號碼以防假造。

2. 瑪吉爾莊園的葡萄除了用以釀造Magill Estate Shiraz之外,部分最好的葡萄也用來混調Grange酒款;此園平均樹齡為65歲。另,先喝St Henri再飲Magill Estate Shiraz是比較正確的品飲順序。

3. RWT Barossa Valley Shiraz的單寧較為緊實,屬風格較為男性化的酒款。

4. 圖為2006 St Henri Shiraz。澳洲拍賣公司Langton於2009年9月所舉行的奔富葡萄酒拍賣會中,1971 St Henri以令人難以置信的3,796元美金賣出,比同年份Grange多出近4倍的拍賣價格。

5. Bin707與Grange同為Langton's Classifications of Australian Wine中位階最高的Exceptional等級酒款(2010年版的分級共有17款酒榮登此榜)。

6. 以旋蓋裝瓶並非是近年來的發明,這瓶1972 Autumn Riesling Selected Bin 13證實奔富酒廠在將近40年前即已實行旋蓋裝瓶。

一款可存放至少20年的好酒。繼之,他劍及履及地在1951年實驗性地創出一款稱為Grange Hermitage的紅酒,彼時的希哈葡萄(Shiraz, Syrah)又被當地人稱為Hermitage。然而1990年份之後,肇因於法國的強烈抗議,Grange Hermitage只能簡單地改稱為Grange(因Hermitage實為法國北隆河法定產區名稱;以下也僅簡稱為Grange)。

首年份的Grange所使用的釀酒品種並非波爾多的主要品種卡本內一蘇維濃,因舒伯特研判當時南澳的卡本內一蘇維濃之品質與可供應量均不穩定,遂以希哈作實驗,以瑪吉爾莊園以及Morphette Vale兩葡萄園的原料釀製後再行混調。對於首批的處女作舒伯特相當滿意,並再接再厲地釀出1952 Grange,也以百分之百的希哈釀造。但純以希哈釀造Grange的情況在1953年份有了轉變;舒伯特發現奔富位於巴羅沙谷的卡琳納葡萄園(Kalimna)產出品質極為優異的卡本內一蘇維濃,他試添一小比例之後竟發現酒的滋味和結構更趨近他朝思暮想的典範。此後,大多數年份的Grange裡頭都摻有平均約6%的卡本內一蘇維濃。

年復一年的Grange實驗下去,舒伯特望著頗有些成績的實驗酒品,益發長出信心,展示成果的時機不遠了。另方面,本廠的雪梨上司

1. 正在發酵中的Magill Estate Shiraz,水泥發酵槽內壁塗有蠟層,工人以木板將葡萄皮渣下壓與酒汁浸泡好加強萃取。

2. St Henri Shiraz以圖中橫躺的大型舊木桶陳年,這些舊桶的桶齡已有50歲(大木桶的容量不一,最小者也有1,460公升)。

2

1. 也被稱為Bin 95（窖號95）的
    Grange為全澳洲酒的典範，然而
    首個被標上Bin 95的Grange年份
    為1961。前此幾個尚在實驗階段
    的Grange的窖號並未固定，如
    圖中的1958 Grange的窖號為Bin
    46，又如1951 Grange的窖號為
    Bin 1。

2. Koonunga Hill Seventy Six
    Shiraz Cabernet相當物超所值。

1

終於注意到瑪吉爾莊園的酒窖裡竟然有「只花錢，不長肉」的神祕地下實驗，於是要求舒伯特在雪梨舉行一場1951-1956共六個年份的Grange垂直品飲會；此次評審團主要由高階主管和幾位雪梨酒界聞人所組成。雖然舒伯特先前在南澳也曾私下辦過多次Grange品飲會，但反應都比這次的雪梨品酒會來得正面。

深淵黑暗期

雪梨評審的批評使舒伯特痛徹心扉，例如：「嘗起來像燉煮綜合野果再加上螞蟻被壓扁的味道」，甚至是「舒伯特，由衷恭喜了，非常好的……嗯，不甜的波特……但是，腦筋正常的人應該不會買吧，更遑論喝它了！」舒伯特在其回憶錄裡還提及某位仁兄要買Grange當催情藥，因為他從未看過這麼深的酒色，好似鬥牛血，希望喝了晚上能夠血氣方剛好辦事……。這無疑是Grange釀酒史上最黑暗的一刻。畢竟當時的澳洲景況，無論專家與否，眾人所識得的紅葡萄酒皆是清淡劣質、需立即飲盡者；他們對結構堅實的酩釀在初期因單寧未完熟所產生的生硬酒質仍無概念。雖然這期間舒伯特也曾遇見幾位知味者，甚至將1953 Grange大批購藏，但，決策者通常並非知味者。

總公司在1957年終於下達停產Grange的最後通牒，理由是舒伯特在瑪吉爾莊園的酒窖裡堆存過多無法銷售的實驗酒，且外界對此酒的負面評論已招致公司形象毀損，故決定停產。不過，仗著當時的副總裁Jeffrey Penfold Hyland的全力支持，舒伯特決藐視總部禁命繼續私底下操作小規模實驗，這些實驗私釀酒後來被稱為Hidden Granges。當時參與實驗的成員都是

利用夜間祕密進行，於酒窖搖曳的燭光中宣示絕不洩密。然而因缺少公司資金挹注，1957、1958以及1959這三個年份的Hidden Granges只能採用舊桶，而非以100%的全新美國橡木桶陳年。舒伯特當時感嘆說，因此緣故這三個年份的Grange僅算好酒而非頂級酩釀。

待首年份Grange誕生十年後，前期的實驗酒款經歲月醇化已逐漸轉趨成熟。某酒展中，舒伯特拿了幾瓶年份相異的Grange給評審們作賽外品嘗，孰料，風韻熟美的Grange立即征服評審的味蕾。消息傳回總部，上級長官再次品試後也隨及推翻先前無知偏見，且在1960年份採收前夕，同批人便收回之前停產決策，立刻恢復Grange的正式釀造。此刻，大量資金湧入挹助使舒伯特得全力達成釀製世界級美酒的宏願。

邁向榮耀，拍賣嬌客

Grange從此昂首闊步奮力向前邁去。1962年的雪梨酒展中，1955 Grange榮獲金牌（之後的13年裡，此酒共獲頒50面金牌獎）；1995年的美國《葡萄酒觀察家》雜誌將1990 Grange選為年度百大第一名（該年份的釀酒師為舒伯特的徒弟John Duval，後者在奔富釀酒16年後，於2003年自創John Duval酒莊，酒質芳馥細膩，值得品嘗）；1999年《葡萄酒觀察家》又在〈世紀美酒〉專題報導中將1995 Grange選為「20世紀的12瓶傳奇名釀」之一。接下來的2001年，首年份的1951 Grange在拍買會上以39,550美元成交；同年，「46瓶Grange垂直年份收藏組」（1951-1996年份）則以148,970美元高價拍出。

筆者多年前首次採訪時恰逢兩年一度的經

1

3

2

典葡萄酒節（Vintage Wine Festival），高潮之一即是在奔富位於巴羅沙谷的Premium Red Barrel Cellar釀酒窖裡舉行的葡萄酒拍賣盛會，是日共拍賣來自南澳各廠的167組佳釀。當天以最高價拍出的便是被稱為The Evolution of an Australian Icon的Grange十二瓶套組（即壓軸的第167組）：其中包括1971, 1976, 1978, 1980, 1983, 1986, 1990, 1991, 1994, 1996, 1998, 2000年份，以總價約9,370美元落槌。在此起彼落的競價聲中，現任的奔富首席釀酒師彼得·蓋戈（自2002年份到職）表示Grange的特色在於強調口感深郁、結構扎實、果味濃釅、單寧細緻與整體的和諧；至於顏色深濃，則是達成上列目標所造成的必然結果。

Grange的釀酒葡萄來自南澳多個產區，因此並非百分之百的巴羅沙谷紅酒。以曾獲《葡萄酒觀察家》百大第一名的1990 Grange為例，葡萄原料共來自巴羅沙谷、巴羅沙谷的卡琳納葡萄園、克雷兒谷（Clare Valley）以及庫納瓦拉產區；而2005 Grange裡還摻入了麥克雷倫谷（McLaren Vale）的葡萄。目前除了1951, 1952, 1963, 1999, 2000這五個年份採用100%希哈品種，其他年份都摻有比例不高的卡本內—蘇維濃（2001 Grange僅有1%的卡本內—蘇維濃，為歷年最低；1993 Grange則有最高比例的14%）。然而，蓋戈強調Grange的釀造重點在於風格的形塑，品種比例屬次要考量；即是於釀造以及熟成後，釀酒師在隨後的混調過程中

1. 本廠多數的高級酒款都以Hogshead形式的300公升美國橡木桶陳年，與波爾多的225公升橡木桶不同。

2. 桶陳期間，除了塞上木塞，酒廠人員會在木塞與桶孔周圍塗蠟以防葡萄酒蒸發。

3. 本廠的「紅酒換塞健診」服務提供客戶替愛酒健檢的機會。如您持有的Grange酒齡在15年以上，若有需求可請專家開瓶品試、添酒、現場換塞重新裝瓶。

會依據Grange過往的經典型態，並藉由其經驗與直覺逐步調校出當年份的旗艦酒款。

木桶發酵的哲學

Grange在橡木桶的使用上有幾個特點。首先是釀造Grange的葡萄以不鏽鋼或水泥槽開始發酵，並在發酵末百分之百完成時便將酒液移至小型橡木桶內完成酒精發酵和乳酸發酵，好讓葡萄酒與桶的木質味早些互融，如此就算在酒款年輕時即進行品試也不致有兩者各行其事的尷尬（本廠目前的高級酒款都如做法）。另外是Grange首創先例採小型橡木桶進行葡萄酒的熟化過程（約20個月）。這在1940年代的澳洲仍是前所未聞。當時舒伯特之所以選擇美國橡木桶而非法國桶，主要是後者在當時取得困難且價格較高之故。蓋戈並解釋奔富並不採買橡木桶，而是自行進口高級美國橡木片，並採長達4年的露天自然風乾後才委託專業製桶廠製桶，以完全控制成桶（300公升容量）的質素。

其實，Grange並非全澳洲最強勁濃郁、最富肌肉感的「怪物型競賽酒」，以此標準揀選，此酒並非極選。蓋戈補充道：「Grange講求整體的和諧與久存演化的潛力。」，那麼，其個人最鍾愛的Grange年份呢？「1971, 1983, 1986, 1990, 1996, 1998是我個人的極選」；另外蓋戈也指出2010將是一偉大的年份。其實1998 Grange也是酒評家派克的最愛之一，愛其果香深濃豐郁，積攢有澎湃的黑醋栗與藍莓風味，且間有花香引人，其口感宏大偉壯（此年份是酒精濃度較高者，接近15%），單寧光潔無瑕。

回應大衛的控訴

名莊托貝克莊主大衛‧包威爾對筆者表示他對奔富酒廠在其旗艦酒Grange裡頭添加單寧之事表示不敢苟同，要筆者直接詢問蓋戈，筆者照辦，沒想到蓋戈的回答爽快而俐落。蓋戈首先指出波爾多氣候不若南澳溫暖而穩定，為了萃取更多的酒色、單寧與香氣，會在發酵工序完成之後繼續進行「酵後延長浸皮」。釀造Grange時則不必如此，因此地葡萄通常熟美，發酵完成時，通常也已萃取了足夠的物質，且為了避免與葡萄籽浸泡過久而萃出苦味，奔富釀酒師在發酵一完畢後便將酒液與皮渣（籽）分離，並不進行延長浸皮。

之後，按照舒伯特在釀造第一款1951 Grange時的一貫做法，釀酒師會添加極微量（每公升僅有幾毫克）的單寧粉將酒中單寧修飾得更細膩，且讓酒的口感更緊緻（Tighten the palate），這是舒伯特當初於1948年在波爾多學到的技巧。其實，多數的高級紅葡萄酒都會在新橡木桶裡熟成，此時紅酒多少會吸取到少量的橡木桶單寧；相較而言，奔富所使用的單寧粉完全萃自葡萄，某種程度上其實更「自然」。蓋戈還表示此單寧粉購自法國，且包括法國在內，許多國家酒廠都使用此產品，僅有奔富願意公開承認罷了。

其他必嘗酩釀

除Grange外，奔富還有幾款品質精良的紅酒值得介紹。首先是以波音707飛機（Boeing 707）命名的Bin 707 Cabernet Sauvignon（Bin其實為儲酒熟成用的酒窖編號，本廠有多款酒以窖號命名）。Bin 707以100%卡本內一

蘇維濃釀成，葡萄來自寇那娃拉、派薩威（Padthaway）以及部分巴羅沙谷的Block 42園區老藤；其釀造法和Grange相同，可說是「卡本內—蘇維濃版的Grange」。Bin 707為本廠最強勁濃郁的酒款（首年份為1964），自1998年份後型態更加均衡，單寧也愈加圓融，它與Grange同為「藍頓澳洲葡萄酒分級」（Langton's Classifications of Australian Wine）中位階最高的Exceptional等級酒款。

另，Block 42 Cabernet Sauvignon也是不易尋得的卡本內—蘇維濃美酒，Block 42園區屬卡琳納葡萄園中的一塊（約4公頃），其卡本內—蘇維濃乃是種於1888年的百年以上老藤，且未經嫁接在美國種樹根上，十分難得；由於Block 42仍是Grange以及Bin 707的釀酒原料之一，所以僅在特出年份以及後兩支頂級酒款比較不需Block 42加持的年份才會釀造，截至目前僅出現六個年份：1953, 1961, 1963, 1964, 1996, 2004。

1970-1980年代之間，奔富酒廠逐漸將釀酒哲學轉向多產區混調以及突顯酒廠風格，故而在1973 Bin 170 Shiraz之後，單純的巴羅沙谷希哈酒款便消失了好一陣子，直到1990年代消費者對單一產區以及單一葡萄園酒款的興趣漸增，酒廠在歷經幾年實驗後於1997年首度推出RWT Barossa Valley Shiraz，此酒以法國桶熟成（50-70%新桶），屬於單寧較為緊實、風格強勁的男性化酒款，近來的優秀年份為2002, 2004, 2005, 2006。另一款較為柔美文雅、香氣更為開放（常具明顯誘人的紫羅蘭香氣）的100%希哈紅酒Magill Estate Shiraz其實是款在1983年就已經推出的單一葡萄園酒款，是以創莊之源的瑪吉爾莊園（面積約為5.2公頃）裡的Block 1、Block 2以及Block 3的嚴選葡萄所

釀成，以法國（65%）和美國（35%）新桶釀成，幾個優秀年份為：1996, 1998, 2001, 2002, 2004, 2006。

St Henri Shiraz（直至1989年份它被稱為St Henri Claret）是奔富另一款經典，在1960年代時St Henri與Grange被並稱為奔富的兩大名酒，當時兩者的酒價也相同；其實當時的澳洲消費者更愛芬芳典雅、柔美動人的St Henri風格（含有比例不高的卡本內—蘇維濃），對Grange的強勁風格尚不適應。奔富釀酒師達夫倫（John Davoren, 1915-1991）在1957年首次將St Henri推出上市，由於其釀酒手法與舒伯特迥異而形成酒款風格之差異和對比：葡萄原料來自較涼爽區塊、釀酒時會加入少量葡萄梗，且僅使用舊的大型橡木桶陳年（大木桶的容量不一，最小者也有1,460公升）。幾十年以來，St Henri一直是資深酒迷以及收藏家密切關注的品項，其近年最佳年份為：1998, 1999, 2002, 2004, 2005。

雖然奔富近年來相當著重白酒的產製，負責白酒釀造的年輕釀酒師也多次訪台，然而，即使是該廠最頂尖的Yattarna Chardonnay或是Reserve Bin Aged Release Riesling都僅算優良酒款，筆者認為尚稱不上世界頂級名釀，但以奔富過往的釀酒技術與經驗，酒友應可期待來日更上層樓的表現。

Penfolds

Tanunda Road
Nuriootpa, 5355
Australia
Tel:+61 (8) 8568 8408
Website: www.penfolds.com.au/

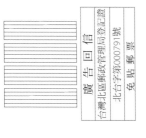

積木文化

104 台北市民生東路二段141號2樓

英屬蓋曼群島商家庭傳媒股份有限公司城邦分公司 收

地址

姓名

〔積木文化　讀者回函卡〕

積木以創建生活美學、為生活注入鮮活能量為主要出版精神。出版品包括藝術設計、珍藏鑑賞、繪畫技法、工藝製作、居家生活、飲食文化、食譜及家政類等，希望為讀者提供更精緻、寬廣的閱讀視野。為了提升服務品質及更了解您的需要，請您詳細填寫本卡各欄寄回（免付郵資），我們將不定期寄上城邦集團最新的出版資訊。

1.您購買的書籍名稱：＿＿＿＿＿＿＿＿＿＿＿＿＿＿＿＿＿＿＿＿＿＿＿

2.您從何處購買本書：＿＿＿＿＿＿＿縣市＿＿＿＿＿＿書店
　□書展　□郵購　□網路書店　□量販店　□便利超商　□其他

3.您的性別：□男　□女　您的生日：＿＿＿＿年＿＿＿＿月＿＿＿＿日

　您的電子信箱：＿＿＿＿＿＿＿＿＿＿＿＿＿＿＿＿＿＿＿＿＿＿＿＿

4.您的教育程度：□碩士及以上　□大專　□高中　□國中及以下

5.您的職業：□學生　□軍警　□公教　□資訊業　□金融業　□大眾傳播
　　　　　　□服務業　□自由業　□銷售業　□製造業　□其他

6.您從何處得知本書出版？□書店　□報紙　□雜誌　□書訊　□廣播　□電視　□其他

7.您習慣以何種方式購書？
　□書店　□劃撥　□書展　□網路書店　□量販店　□美術社／設計專業書店　□其他

8.您對本書的評價（請填代號1非常滿意2滿意3尚可4再改進）
　□書名　□內容　□封面設計　□版面編排　□實用性　□詳細度

9.您購買書籍的考量因素有哪些：（請依序1～7填寫）
　□作者　□主題　□攝影　□出版社　□價格　□實用　□其他

10.您喜歡閱讀哪些類書籍或雜誌？＿＿＿＿＿＿＿＿＿＿＿＿＿＿＿＿＿＿

11.您希望我們未來出版何種主題的生活文化及藝術設計類書籍：＿＿＿＿＿＿

12.您對我們的建議：＿＿＿＿＿＿＿＿＿＿＿＿＿＿＿＿＿＿＿＿＿＿＿

　＿＿＿＿＿＿＿＿＿＿＿＿＿＿＿＿＿＿＿＿＿＿＿＿＿＿＿＿＿＿＿＿

以酒寫史的老牌名莊
Yalumba

亞倫巴酒莊（Yalumba Wine Company）總部雖位於南澳的艾登谷產區內，卻離左臨的巴羅沙谷（Barossa Vellay）僅有投石之遙；事實上，就歷史脈絡而言，艾登谷實是巴羅沙谷東邊之延伸。本莊最重要的頂級紅酒也都來自巴羅沙谷，故要理解巴羅沙谷絕不能錯過此澳洲建莊歷史最優久，且經營權於160年之後仍握在家族成員手中的歷史名莊。山謬爾·史密斯（Samuel Smith, 1812-1889）原世居於英國南部海岸小鎮瓦倫漢（Wareham），時曾任啤酒釀造師，他於1847年攜妻小搭乘

「中國號」（China）渡海來到南澳的安格斯頓（Angaston）小鎮移民落戶，並於1849年以亞倫巴（Yaluma為原住民語「附近方圓之地」之意）為名建莊，莊史在新世界產區中屬「長壽級」，目前由第五代的羅伯·希爾·史密斯（Robert Hill Smith, 1951-）掌理規模龐大的家族酒莊。

由於連年表現優良，亞倫巴酒莊也被2010年版的《詹姆士·哈樂戴澳洲葡萄酒評鑑》（*James Halliday Australian Wine Companion*）評為等級最高的「紅色五星」等級。不僅於

亞倫巴酒莊的主建築以及釀酒窖是以當地特產的藍岩建成。

1

1. 本莊的製桶廠進口橡木片後，還需經5-8年的自然風乾程序，待木片中的粗澀單寧釋出後才用以製桶。

2. The Octavius酒款是在獨特的小型橡木桶Octave（如圖，容量在90-100公升左右）熟成約22個月後才裝瓶上市。

3. 亞倫巴酒莊的Wine Room開放給愛酒人士品酒與選購。

2

3

此，澳洲老牌葡萄酒雜誌《葡萄酒莊園》（*Winestate*）也遴選本莊為「2007年澳洲年度最佳酒莊」，該誌評其具有「傳統、忠實以及創新的精神」。其實，亞倫巴早在1970年即以金屬旋蓋裝瓶旗下麗絲玲白酒，首創風氣之先。

如同澳洲其他歷史悠久的老字號，早年的亞倫巴也以釀造波特類型的酒精強化甜酒（Fortified Wines）著名，但1990年代起此類酒款的釀造已在本莊式微，目前僅有少量生產以滿足忠實的老酒迷；以筆者採訪時所品嘗的Museum Reserve Antique Tawny NV而言，其廉宜的價格與其優秀的酒質簡直不成正比。然而，該莊史上最著名的一款波特酒應是釀於1929年的4 Crown Port，因澳洲偉大的極地探險家道格‧墨森（Douglas Mawson, 1882-1958）於1930年的南極探險時，便以此酒伴他度過聖誕夜晚餐。

製桶技藝獨冠南半球

二十世紀初的亞倫巴已建立自有製桶廠，此跨越百年的製桶經驗與傳承也成為本莊值得自傲之處，南半球尚無他廠有如此營運規模完整的自有桶廠。桶廠目前配有4名全職製桶師傅，每年產桶約600個，但僅達本莊每年所需桶量的三分之一，自製橡木桶主要供本莊高階酒款熟成使用。桶廠每年自法國、美國、匈牙利以及南斯拉夫的最佳森林進口「生橡木片」，並經過5-8年的自然風吹、日曬、雨淋的露天風乾程序後（一般酒莊僅使用18-24個月的自然風乾程序木片，甚至是更粗糙的人工高溫風乾程序木片），待木片中青生的粗澀單寧釋出才用以製桶。對製桶程序的全程掌控，使得本莊的中高階酒款得以在橡木桶中合宜地熟成，未見桶味奪去酒味的情況產生。

亞倫巴的酒質在1980年代初一度不穩，前總釀酒師布萊恩‧瓦許（Brain Walsh, 現改任策略與發展部主任）於1988年上任後酒質明顯回穩且提升，其最重要的貢獻之一應是推出澳

1

3

4

5

6

1. The Octavius以巴羅沙谷稀罕的希哈老藤果實釀成，通常在釀酒年份後的第7年開始邁入酒質巔峰。

2. The Reserve僅在最佳年份生產，為卡本內－蘇維濃（約占70％）與希哈的雙品種混調酒款的極致表現。

3. The Signature為本莊成名已久的卡本內－蘇維濃（約占60％）與希哈混調經典，具極佳儲存潛力；於瓶中熟成兩年才上市。

4. FDR1A自1974首年份之後，一直到1999才有第二個年份出現，酒質均衡雅致具深度。

5. 手摘系列中的三品種混調酒款Hand Picked Mourvèdre Grenache Shiraz酒體強勁豐郁，適搭燉牛肉等風味濃郁的菜餚。

6. 左為Eden Valley Viognier，右為本莊最佳的維歐尼耶白酒The Virgilius的三個年份垂直品試，其中的2003年份果香澎湃，柔潤可口，韻長迷人；若能以如圖的Viognier Glass品嘗自是更加完美。

洲最受矚目與收藏的希哈品種紅酒之一：The Octavius Barossa Old Vine Shiraz。The Octavius 的首年份為1988，初以南澳庫納瓦拉產區的100%卡本內─蘇維濃品種釀成，後經調整於1990年改以100%巴羅沙谷老藤希哈紅酒正式推出上市。

酒名Octavius來自於熟成用的特殊小型橡木桶Octave，此酒的身世乃誤打誤撞之結果：1980年代時的本莊製桶廠，依舊產製被稱為Puncheon的500公升橡木桶以熟成酒精強化甜酒，因原用以維修Puncheon桶頂蓋的木料短片過剩，製桶師傅便以之製作出90-100公升的Octave小型橡木桶休閒把玩。後來瓦許一時興起以其實驗陳釀葡萄酒，結果出乎意料地好，便衍生出現在酒質令人垂涎的The Octavius。雖然木桶體積小，相對地酒液與木桶的接觸面積增加（例如相對於一般使用的波爾多225公升桶），然而其桶味的掌控極為純熟，未掠酒之美質。

究其因，首先是製作Octave桶的美國密蘇里州橡木片歷經8年的露天風乾程序，雜質盡去（成本極高）。其二是自2000年份起本莊已不用100% Octave新桶熟成此酒，比例降為30%；其他酒液則使用225公升新桶以及300公升的Hogshead形式法國橡木舊桶（此酒整體新桶比例約60%）。據瓦許表示，嚴格說來用以熟成The Octavius的小桶並非真正的Octave桶，因其容量比Octave稍稍大些（一般的Octave桶約在63.6公升），且因完全手工製作，所以每個桶的容量都有些微差異。

雙品種混調經典

然而，亞倫巴的一系列知名紅酒還是建立在澳洲擅長的卡本內─蘇維濃與希哈的雙品種混調酒，成名已久的The Signature紅酒即是此類混調的經典。釀造此酒的初衷為向對本莊貢獻卓著的人士屬名致敬，當時首年份的1962年酒標上也尚未出現The Signature字樣，僅寫明Yalumba Samuel's Blend Vintage 1962（Samuel即是創始人），又如1967年的酒標為Yalumba Clair Chinner Blend Vintage 1967（Clair Chinner為在本莊服務長達50年的會計人員），直到1974年份The Signature的酒名才正式標明。

本莊最年長的格那希老藤植於1889年，產量低落，品質極高，葡萄用以釀造單一地塊系列（Single Site）的幾款酒。

製桶師傅正進行燻桶手續（在桶內以橡木屑點火燻桶）以賦予所需氣味。

筆者認為The Signature確是物超所值的好酒，而本莊也把關甚嚴：1965、1969、1972、1979、1980以及1982年份由於未達水準，並未生產。此外其自2006年開始生產的二軍酒The Scribbler（中文為塗鴉草寫之意）也具不錯的水準。

The Reserve則是雙品種混調中的旗艦酒，酒價與稀有性與The Octavius同列亞倫巴之最，在首釀的1990年份到2004年份之間僅釀出6個年份，所獲國內外大小獎項族繁不及備載，口感在單寧的質地上較之The Signature來得更加絲滑無瑕（酒價也是後者的兩倍），而兩者皆無一般巴羅沙谷同類紅酒的黏膩滯笨。另一款同類型的混調推薦酒是FDR1A，酒名來自1974首年份在混調後的桶儲編號，此酒在當年雖一戰成名，但後因未尋得同樣風格與品質的果實以延續此酒的獨特個性，故一度此酒成為「遺世之作」；直到1999年份，本莊才再度推出「復刻版」以再現其優雅風采，之後繼有2000、2004、2006以及2008年份面市。

維歐尼耶之先鋒

本莊在1970年代初便設立自有的葡萄株育苗場，以研究並培育各品種的無性繁殖系（Clone），不僅供自家使用，也販售給澳洲各產區的許多酒莊，顯然已成本莊一新興繁榮的事業部門，除了釀造南澳紅酒主要的品種之外，亞倫巴育苗場（Yalumba Nursery）也提供夏多內以及黑皮諾的無性繁殖系；然而，最為人稱道者還在於本莊對於維歐尼耶白葡萄品種的研究與種植。事實上，本莊在1980年種下的1.2公頃維歐尼耶葡萄乃澳洲首例，在本莊多年推廣下，維歐尼耶白酒已成今日澳洲的「潮

酒」，即使種植面積尚遠不若夏多內，然為因應消費者喜好，澳洲許多餐廳酒單上不僅出現多款維歐尼耶白酒可供選擇，甚至在酒單上另闢維歐尼耶白酒專區以彰顯該餐廳也走在引領潮流的前鋒。

本莊最頂級的維歐尼耶白酒為以古羅馬詩人維吉爾（Virgilius, 70-19BC）命名的The Virgilius，其首年份為1998年，此酒可說是目前澳洲最佳的維歐尼耶白酒典範。釀酒葡萄來自艾登谷的最佳地塊，手工採收並整串榨汁後，葡萄汁直接導入橡木桶內進行酒精發酵（不進行乳酸發酵），之後於桶中熟成的9-10個月期間進行經常性的攪桶（Stirring）以增進口感的豐厚與風味之繁複。最後於逐桶品試後，挑出品質最佳者經混調而成The Virgilius，若品質未達預期，則以次一級的Eden Valley Viognier裝瓶。

此系列白酒，還包含酒質精采的貴腐甜酒FSW8B Botrytis Viognier以及罕見的維歐尼耶蒸餾烈酒V de Vie，皆為本莊的女釀酒師羅絲（Louisa Rose）之傑作；本莊甚至與Zerrutti公司合作設計出一款維歐尼耶品酒杯（Viognier Glass）以提高維歐尼耶白酒的品嘗之樂。目前本莊使用的維歐尼耶無性繁殖系以早期進口的Montpellier 1968為主（1968年自法南引進澳洲），前幾年又再引進法國隆河區的羅第丘（Côte Rôtie）、恭得里奧（Condrieu）產區以及美國加州的無性繁殖系，可預見不久的將來待多元的新植株加入釀酒陣容之後，The Virgilius的水準將愈加不同凡響。

亞倫巴酒莊不僅在維歐尼耶白酒的釀造上居領導地位，也是澳洲首家仿效法國羅第丘紅酒傳統釀造法者：即讓希哈葡萄與小比例的維歐尼耶葡萄共同發酵。目前本莊的釀法有二，

1

2

1. 1962年的The Signature酒標上尚未出現The Signature字樣，僅寫明Yalumba Samuel's Blend Vintage 1962（Samuel即是本莊的創始人）。

2. 此為1929年份的4 Crown Port，探險家道格‧墨森於1930年的南極探險時便以它相伴度過極地聖誕夜。

第一種是將兩種葡萄整串一起破皮之後於發酵槽內一同發酵；另種較舊時的做法稱為軟皮法（Sloppy skins），就是將釀造白酒時榨完汁後的維歐尼耶濕軟的葡萄皮置於希哈葡萄的發酵槽內一同發酵。前者帶來優雅清新的花香，後者帶來更佳的結構，酒莊會將兩法酒液合一以混調成「希哈＋維歐尼耶」紅酒。此兩品種共同發酵（Co-fermented）的另一好處是紅酒的色澤會更早就趨於穩定，酒色也顯得更加晶亮。本莊的此類酒款中，以手摘系列（Hand Picked Series）中的Hand Picked Shiraz Viognier最值一試。

亞倫巴創了澳洲酒莊裡的多項第一：第一個建立自有製桶廠、第一個創立自有葡萄株育苗場、第一個種植維歐尼耶葡萄、第一個採希哈以及維歐尼耶共同發酵，也是唯一使用Octave類型的小型橡木桶者；但本莊依舊保持傳統，虔心續釀美酒，且羅伯‧希爾‧史密斯的子女（家族第六代）也將逐漸接班，展望未來，亞倫巴的葡萄酒史還有許多續篇可寫。🍷

Yalumba Wine Company

Eden Valley Road

Angaston SA 5353

Australia

Tel: +61 8 5561 3200

Fax: +61 8 5561 3393

Website:www.yalumba.com

part V 夾縫中的美味
Morey-Saint-Denis

莫瑞－聖丹尼產區（Morey-Saint-Denis）的葡萄酒應算是布根地夜丘區（Côte de Nuits）裡相對較少人談論的區塊，實因它位處北邊的哲維瑞－香貝丹（Gevrey-Chambertin）以及南邊的香波－蜜思妮（Chambolle-Musigny）兩大超級明星產區之間，似成為三明治夾層中一塊隱而未顯的內餡。尤其要定義莫瑞－聖丹尼的酒款風味時，許多專家免不了要以「莫瑞－聖丹尼綜合哲維瑞－香貝丹的強勁與結構和香波－蜜思妮的芬芳與柔美」作解；然而，此番詮釋的言下之意似乎也暗指「莫瑞－聖丹尼有兩者的影子，但影子究竟是影子，影子依附實體（哲維瑞－香貝丹與香波－蜜思妮）以及光線（他人的主觀評價）而生，而無自我」。

幸好，莫瑞－聖丹尼酒村內幾家較老牌的酒莊如Domaine Dujac、大德莊園（Domaine du Clos de Tart）、Domaine Robert Groffier、隆布萊莊園（Domaine des Lambrays）以及Domaine Ponsot等，已於近年來逐漸將本村整體酒質提升到令人不可忽視的境界，再加上前幾年才由年輕的蘇格蘭人設立的同名酒莊Domaine David Clark的優質酒款已受到英國的《品醇客》葡萄酒雜誌好評，使得莫瑞－聖丹尼的釀酒業顯得生氣蓬勃許多，讓愛酒人再度意識到「原來夾存於三明治中的內餡也極其美味」。

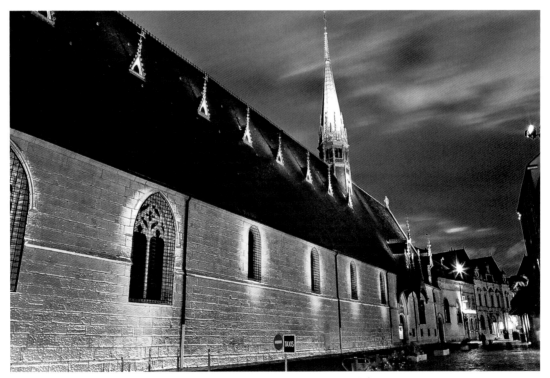

離莫瑞－聖丹尼酒村約30分鐘車程的伯恩（Beaune）城是許多觀光客喜愛造訪的葡萄酒重鎮，圖為伯恩城著名的伯恩濟貧醫院（Hospices de Beaune）夜景。伯恩濟貧醫院為建於十五世紀時的布根地風格華美建築，目前仍在執業的濟貧醫院已在1970年代遷往郊區，照片上的伯恩濟貧醫院原址則改建為博物館，每年吸引眾多遊客一遊。

村民不到800人的莫瑞—聖丹尼，除了夏日的旅遊旺季之外，顯得相當地寧靜沉寂，但村內教堂對面的「葡萄農酒窖」（Caveau des Vignerons）則是專程或是路經此地的酒友不可錯過的購酒好處：此葡萄酒專賣店由莫瑞—聖丹尼酒村內的12家酒莊共同組成，讓過路旅客可在此少量購買多家知名酒莊的酒品，且價格與酒莊的出廠價相同，即未經過任何經銷商加成的實惠價格，且酒款總數超過100款，其中也囊括名莊大德莊園（Clos de Tart）、隆布萊園（Clos des Lambrays）以及Domaine Ponsot的多款名釀在內，實在值得前訪。

莫瑞—聖丹尼葡萄種植總面積約在170公頃（哲維瑞—香貝丹為500公頃，香波—蜜思妮則為176公頃），本村擁有四個主要的特級葡萄園，順著「特級葡萄園之路」（Route des Grands Crus）由北而南分別為羅西園（Clos de la Roche，約16.19公頃）、聖丹尼園（Clos Saint-Denis，約6.22公頃）、隆布萊園（8.84公頃）以及大德園（約7.53公頃）；另有一小塊緊鄰大德園南邊的特級園波瑪園（Bonnes Mares, 約1.52公頃；然而波瑪園的絕大部分地塊實位於臨村的香波—蜜思妮村界裡頭）。

本村還有20塊一級葡萄園（Premier Cru），總面積約占31公頃。與特級葡萄園僅能釀造紅葡萄酒不同，一級葡萄園以及村莊級葡萄園也可釀造白葡萄酒；但是本村種植白葡萄的總面積只占4.2公頃，故屬行家小眾商品，尤以一級葡萄園呂宋山（Monts-Luisants）品質最高，其中以Domaine Ponsot的Morey-St-Denis Premier Cru Clos des Monts Luisants白酒最具風格，自2005年起這款白酒僅以100%的阿里哥蝶（Aligoté）釀造。

1927年之前本村名為Morey-en-Montagne，

布根地式奶油蒜頭洋香芹焗烤蝸牛與架構較佳、風味較重一些的布根地紅白酒都相當合搭。

同年1月之後則改名為莫瑞—聖丹尼，欲以聖丹尼特級葡萄園之名光耀本村名號。然而，聖丹尼並非特級葡萄園中潛質最高者，只因「莫瑞—羅西」的發音在法國人耳中聽來「逆耳」，而大德園以及隆布萊園幾乎為獨占園（Monopole），故遭排除。由於大德園和隆布萊園左右相鄰、面積相仿、皆以獨占園自居（隆布萊園並非百分百的獨占園），且皆為本村歷史悠久的頂級酒莊，兩者對照極有意思，將在隨後章節詳析。

堅固柔情
Domaine du Clos de Tart

若您有機會駕車從布根地國道N74（現改為
D974）轉入莫瑞－聖丹尼酒村的主要道路「大
街」（Grande Rue），定不會錯過名莊大德莊
園（Domaine da Clos de Tart）外牆上的十九世
紀大理石莊名牌招，不可能錯過，乃因本莊地
處路衝，不轉彎便要撞上這家莫瑞－聖丹尼水
準最高的酒莊。這座歷史名園自從1995年底由
酒莊總管席勒凡・皮提歐（Sylvain Pitiot）接
手管理後，酒質更大幅提升，讓先前眾人評為
「長年未發揮應有水準」的評論重新改調，佳
評如潮也將大德園的聲名以及酒價捧上雲端，
成為布根地最受重視的名莊之一。

大德園是莊名、酒名，更是莫瑞－聖丹尼
裡名望最高的獨占園。全布根地僅有五個特
級葡萄園為單一酒莊擁有的獨占園，除了大
德園，其餘四者都位在馮內－侯瑪內（Vosne-
Romanée）酒村裡，分別是拉・侯瑪內園（La
Romanée, 0.85公頃）、大街園（La Grand Rue,
1.65公頃）、侯瑪內－康地園（La Romanée-

Conti, 1.81公頃）以及塔須園（La Tâche, 6公
頃）。目前由15世紀所建築的矮牆（長1.2公
里）環繞的大德園則有7.53公頃，多份文件可
證此園歷史至少可溯源至1120年，它也是目前
布根地面積最大的獨占園，並於1939年被列為
特級葡萄園。

同名酒莊則由大德修院（Abbaye de Tart）
的熙篤會修女於1141年建立，並將此園命為大
德園，在此之前，這塊釀酒美地被稱為Climat
des Forges。事實上，修士或修女並不親自釀酒
或耕種葡萄園，而只負督導之責，真正的勞動
事務都由辦事修士（Frères convers）包辦，後
者位階較低且無發言權，也不一定住在修道院
裡。自建莊起始，大德園一直維持獨占園的狀
態，未遭瓜分，這在以小農制為主的布根地產
區相當罕見。況且，直到二十一世紀的今日，

1.　十四世紀的木刻大德聖母像見證了本莊數世紀以來的釀酒史，
　　這雕像原本應是彩色的，歲月使其脫落，還原其樸素的木質。

2.　酒莊外牆上的大理石莊名牌招建造於十九世紀中期。

1

2

1. 溫柔亦堅強的大德園紅酒，其酒標上繪有大德聖母像，為本莊的精神象徵；自1999年份起此酒以不鏽鋼槽釀造（先前為水泥槽）。

2. 此為圍繞大德園的十五世紀矮牆，地上堆了一些新木樁，用以替換葡萄園裡的部分腐朽舊樁。

3. 矮牆左邊為莫瑞—聖丹尼村的大德園，右為名園波瑪園，雖牆右側有約1.52公頃的波瑪園位於莫瑞—聖丹尼村界裡，然而其實絕大部分的波瑪園（約13.5公頃）則位在香波—蜜思妮村界裡。莫瑞—聖丹尼村界裡的波瑪園目前由Domaine Fougeray de Beauclair酒莊耕種釀酒。

1

2

3

4

5

1. 本園所植的都是產量低、果粒小,卻品質優越的細緻黑皮諾。

2. 地下培養酒窖一角的軟木塞。

3. 本莊的地下培養酒窖位於地下10公尺,恆溫攝氏12度,相對濕度75%。

4. 本園土壤具有多樣的石灰岩。

5. 本莊每年份會保存約2,000瓶大德園於地下酒窖中熟成,並於15年後釋出完美熟成的「窖藏酒」給VIP熟客和頂級餐飲業者。

本莊僅被轉賣過四次，這在布根地酒史上同樣罕見。

法國大革命時期的1791年，本莊暨葡萄園被拍賣給夜—聖—喬治（Nuits-Saint-Georges）酒村的杜馬諾（Charles Dumagneux），同時被拍賣的還有其他酒村名園，包括侯瑪內—聖—維望（Romanée-Saint-Vivant）以及香貝丹（Chambertin）。1879年，大德園再度被轉賣給瑪黑—蒙奇（Marey-Monge）家族，之後短暫時間屬於布里克家族（Blick），最後在1932年再度轉買給馬貢（Mâcon）區的莫門桑（Mommessin）家族後，一直屬於本家族之產業。莫門桑當初僅以42萬舊法郎就在拍賣會上購得大德園，因當時正處經濟大蕭條時期，無人有意願購買需長期經營才能獲利的酒莊，所以莫門桑是當初現場的唯一競標者。

堅固柔情之組成

多數人以女性的陰柔形容大德園紅酒，然而這僅點出了過去未完全發揮應有水準的狀態，自皮提歐接手以來，更加提升了大德園酒款潛在的堅實架構與單寧含量；事實上，大德園是莫瑞—聖丹尼的特級葡萄園酒款中最雄性化者，其豐厚感接近一牆之隔的波瑪園（Bonnes Mares），整體架構則更近似北邊的哲維瑞—香貝丹（Gevrey-Chambertin）型態。其風格轉變與皮提歐強調盡量延遲採收以獲取完美成熟度的葡萄有關（但會避免過熟者），約80%去梗，他並採取發酵前低溫浸皮（約一星期時間）以萃取酒色與香氣，酒精發酵期間會進行踩皮以加強萃出單寧（固定踩皮，但時間不特長），之後還繼續發酵後浸皮；也就是在發酵槽內的「浸皮與發酵期間」會長達3-4星期，

此「鸚鵡輪系統」古董壓榨機建造於1570年左右，本莊最後一次使用的年份為1924年。此外，酒莊總管席勒凡・皮提歐接手管理後便購入葡萄篩選輸送帶以加強汰選，還購買入新式去梗機，可隨心所欲地去除或是保留某個百分比的葡萄梗；本莊通常會去梗約80%。

無怪乎整體架構較為結實而縝密，然而在皮提歐的巧釀之下，其細膩婉約的特質也被一併保存，所謂的「堅固柔情」。另，本莊僅用野生酵母發酵，發酵溫度約在32度，並以100%全新橡木桶進行約18-20個月的熟成。橡木桶採買自五家製桶廠，木料都嚴選自法國中部Tronçais森林，且經36個月自然風乾程序，屬中度燻烤桶。

「堅固柔情」的構成不僅發生於酒窖裡，葡萄園才是酒款性格的來處。大德園雖是由矮牆圈圍起來的單一葡萄園，但是7.53公頃的面積下卻藏有相異的土質結構，皮提歐曾請來土壤微生物學家布更農進行精密的土壤分析，將園區依照土中所含的石灰岩特性（硬度與透水性）之不同分成六個區塊：如碳酸化石灰岩（Calcaires carbonatés）、無碳酸化石灰岩（Calcaires décarbonatés）、泥灰岩（Marnes,

以黏土以及石灰岩組合而成）、海百合石灰岩（Calcaires à entroques）以及裴摩石灰岩（Calcaires de Premeaux, 呈淡粉紅色澤）等，並將六區塊的黑皮諾葡萄分別釀製（有六個相對應的不鏽鋼發酵槽）以及熟成，之後經過品試才混調前六款酒為一款酒質最為繁複卓越的正牌大德園紅酒。若是品嘗過程中，有些木桶的酒質未達最高標，則會混合較年輕樹藤的葡萄酒（樹齡低於25歲）而裝瓶為二軍酒La Forge de Tart（屬莫瑞─聖丹尼一級葡萄園酒款，占總產量的15-20%左右）。

莫門桑家族曾在1990年代初找來知名卻頗受爭議的黎巴嫩籍釀酒師阿卡（Guy Accad）擔任本莊釀酒顧問，並在1992以及1993年份與當時本莊的酒莊總管亨利・裴侯（Henri Perraut）各釀一個版本的紅酒，然後將兩者混調為正式版的大德園。阿卡對布根地的貢獻在

本莊的裝瓶廠入口；直到今日，本莊僅被轉賣過四次，這在布根地酒史上相當罕見。

大德園紅酒以100%全新橡木桶進行約18-20個月的熟成。

於重新發揚發酵前低溫浸皮對萃取酒色以及酒香的好處，但由於強調加入大量的二氧化硫延緩發酵的產生，藉以拉長發酵前低溫浸皮的時間而招致批評。本莊目前還留存有少量實驗用、當時分開裝瓶的1992年份的阿卡版本以及裴侯版本的大德園，在裴侯退休後接手本莊管理的皮提歐認為十多年後嘗來，裴侯版（較傳統釀法）的大德園紅酒明顯勝出阿卡的版本。

本莊並無裝瓶機，全部採手工裝瓶（平均年產23,000瓶）；裝瓶前不經過濾、也不進行濾清以封存原始風味，但會視情況需要以蛋白進行黏合濾清。皮提歐認為裝瓶的最佳時機為月虧之際，主要是因本莊不過濾葡萄酒，而理論上月虧時，月球對地球上的液體引力較小，因此細微酒渣容易沉澱而不會懸浮酒桶中，有利裝瓶作業進行。裝瓶後酒莊每年會保留約500

瓶的大德園自用以及存入「圖書館酒窖」留待來日品嘗觀察其變化與儲存潛力，其中最老年份為1887年，乃鎮莊之寶。此外，本莊每年份還會保存約2,000瓶大德園於地下10公尺的酒窖中熟成，並於15年後釋出完美熟成的「窖藏酒」給VIP熟客和頂級餐廳業者。

大德園裡尚存有十六世紀的老建築，其內存有一部建於1570年代的超大型古董壓榨機，這壓榨機的運作機制被稱為「鸚鵡輪系統」（Pressoir à perroquet），因榨機上端藉由繩索與一垂直大木輪相繫，古時需由工人爬上大木輪腳踩（就像籠中鸚鵡）以牽動榨機螺旋往下壓榨葡萄（本莊最後一次使用它榨汁的年份為1924年）；舊時還會在被壓榨的葡萄串間放置稻稈，好讓榨汁不至於濺出，稻稈也有助葡萄汁導流到下方木槽中；此古董壓榨機每次可

葡萄園工人正進行春季剪枝；大德園朝東，葡萄樹則以南北向種植以避土壤流失，本莊採有機種植，目前平均種植密度為每公頃12,000株。

處理3公噸的葡萄，每平方公分可施200公斤的壓力。當然，現在酒莊已經改用較省時省力的現代化氣墊式壓榨機。由於「鸚鵡輪系統」古董壓榨機的特殊操作機制以及久遠的年代，有可能被列入「國家歷史遺產的附加清單」裡。另，本莊老建物的牆上凹處還供有一尊十四世紀的木刻「大德聖母像」（La Vierge de Tart）見證了本莊幾個世紀以來的釀酒史。

南北向種植

大德園面東，坡度在海拔206-302公尺間。不像布根地多數酒莊順著葡萄園坡度而上採取東西向種植，大德園相當獨特地以南北向行列種植葡萄樹，與坡度成直角。主要目的是防止大雨後的土壤流失，次要好處則是葡萄樹的兩側可以均勻受光，且免去葡萄受到正午日正當中的過分曝曬（例如：極度乾熱的2003年份便可防止葡萄曬傷），缺點則是農耕機不易工作其中，故而本莊需自行設計可適應坡度的農耕機，當然，上坡處僅能以人工照料葡萄園，農耕機無用武之地。

另外，黑皮諾的無性繁殖系可大略區分為細緻黑皮諾（Pinot Fin）以及直藤黑皮諾（Pinot Droit）兩大類，前者（通常又被稱為「迪戎無性繁殖系」）特性為葡萄藤生長型態彎曲不直、皮薄、產量低、果粒小，但基本上葡萄品質勝過直藤黑皮諾，或因其生長地彎彎曲曲地，故細緻黑皮諾又被稱為為扭曲黑皮諾（Pinot Tordu）。直藤黑皮諾的葡萄樹會自然向上直立生長，易於拉鐵線整枝且產量大，故在1960年代大量種植，其皮較厚，酒色和單寧均較高，然而整體風味較遜（通常糖度低、酸度高）。本園共有黑皮諾葡萄樹約80,000株，每年會汰換重植約1,000株，但平均樹齡依舊維持在60歲，且有部分百年樹藤；新株皆以「馬撒拉選種」的方式遴選自本園最優秀的母株，且均是低產而高品質的細緻黑皮諾。

以上種種，都確保了大德歷史名園在新世紀的亮眼表現，使「堅固柔情」之傳奇延續不墜。🍷

Domaine du Clos de Tart

21220 Morey-Saint-Denis

France

Tel: +33 (03) 80 34 30 91

Fax: +33 (03) 80 51 86 70

Website: www.clos-de-tart.com

可解靈魂之渴
Domaine des Lambrays

關於釀自隆布萊園的紅酒，法國歷史學家胡奈爾（Gaston Roupnel, 1871-1946）曾形容為：「可止靈魂之渴的咕嘟咕嘟美酒」（C'est un glou-glou de l'âme）。隆布萊園的最主要釀造者即是隆布萊莊園（Domaine des Lambrays），而所有史載對於此園酒款的美讚也都直指隆布萊莊園；與其旁臨的大德莊園所釀造的大德園酒款相較，或許濃郁度以及架構的宏偉通常不若後者，但隆布萊園的儲存潛力以及酒質複雜度一點都不讓大德園掠美。也因隆布萊園紅酒帶有的雅致酸度，令人飲來清心爽神，故而咕嘟咕嘟欲罷不能，馨香回韻良久，而堂堂名列世界名酒之林。

隆布萊莊園雖擁有約99%（8.66公頃）的隆布萊園，但此園卻不是本莊的獨占園，因為尚有其他三者擁有面積極小的隆布萊園。其中的Domaine Georges Lignier以及Domaine Jean Raphet兩莊僅將其當做花園以及車庫使用，未種植葡萄藤，第三者即是托本諾—曼門酒莊（Domaine Taupenot-Merme）。

然而，托本諾—曼門所擁有的種植面積不過430平方公尺（合0.043公頃），理論上，連一桶228公升的隆布萊園酒款都無法釀成，故無甚重要性。其實，托本諾—曼門於1974年才開始在這塊不滿0.05公頃的地塊上種植葡萄藤，之前則被當做菜園使用。故而1974年之前，隆布萊園可說是隆布萊莊園之獨占園，本莊尚留存有1929年份的酒瓶，酒標上寫明Monopole，而另一支1952年份的酒瓶則寫上Seul propriétaire（唯一地主），也即是獨占園之意。

1. 隆布萊莊園雖擁有約99%的隆布萊園，但此園目前卻非本莊的獨占園。

2. 雖有人建議鐵熙·布昂可在酒標上標明「幾為獨占園」（Quasi-Monopole），但他可不愛這折衷的稱號。其實，Domaine des Perdrix酒莊的Nuits-St-Georges 1er Cru Aux Perdrix這款紅酒就是標明Quasi-Monopole的代表。

1

2

本莊在1952年份的酒瓶上標明Seul propriétaire（唯一地主），也即是獨占園之意。此酒標由法國阿爾薩斯省的知名畫家Hansi所設計。

因混調而偉大

身為愛酒人，我私心地希望托本諾一曼門能將這塊僅種著幾行葡萄樹的地塊賣給隆布萊莊園。然而，已在隆布萊莊園擔任酒莊總管30年的鐵熙・布昂（Thierry Brouin）則直言：「對方獅子大開口，要價100萬歐元，我們不當傻子！」倒不是筆者偏心名氣較大的隆布萊莊園而幫其美言，基本上，托本諾一曼門的隆布萊園酒質並無法達到最高以及最穩定的水平，這與真正優秀的隆布萊園紅酒（指的當然是本文主角）的實際組成有關：它是以隆布萊園內的三個區塊的葡萄酒混調而成。

總面積8.84公頃的隆布萊園基本上可分為地形以及土質相異的三大區塊。首先是位於隆布萊園低處（海拔220公尺）、正位於「特級葡萄園之路」上方的Meix-Rentier區塊（1.6公頃），這塊園區因為靠近莫瑞一聖丹尼村落，受屏障而免於北風影響，葡萄樹以東西向種植，土壤以含鐵質的深紅色黏土為主，遇多雨年份便會積存過多水份而使釀出的葡萄酒缺乏應有的優雅，若遇此情形，此區塊的酒並不會混調入隆布萊園特級酒款裡。

再來是占地最大的Les Larrets（約4.5公頃）。此區塊的上段位於本園最陡以及最高處（海拔350公尺），葡萄以南北向種植（同大德園做法）可防止土壤流失，土壤以質地較輕的黏土為主，此區塊的平均溫度較低，受北風影響較大，好處是多雨後北風可快速吹乾葡萄藤上的多餘水份；缺點是，若春季冷涼，則葡萄樹的成長會因而延遲；且若該年炎熱而少雨，則Les Larrets上段區塊會因缺水而致使酒質缺乏酒體與圓潤度，若遇此狀況，此區塊的酒液也不加入隆布萊園特級酒裡。然而，Les Larrets的中坡段處則是全園的最精華地帶，不管年份如何變化，本莊總是能以Les Larrets中段區塊釀出最均衡、最複雜的葡萄酒，兼具圓潤的酒體以及優雅細膩的風格，基本上每年都會被選入最終混調裡。

最後是位處隆布萊園最北端的Les Bouchots區塊（2.5公頃），它位於莫瑞一聖丹尼斜背谷（La Combe de Morey-Saint-Denis）出口，擁有一獨特的微氣候。首先，其北方有聖丹尼特級園（Clos Saint-Denis）阻擋北風直吹，葡萄樹也以南北向種植以防土壤流失，土質則是愈下方的坡段處黏土質愈加厚重。Les Bouchots區塊在極端炎熱的2003年份表現相當優秀，因斜背谷常常帶來涼爽陣風吹拂，使其酒質擁有勝過他處的絕佳均衡感。

隆布萊莊園每年會以上述三個區塊的黑皮諾葡萄釀造6-9款的葡萄酒，陳年後經品嘗才決定最終、品質最高的混調以成就隆布萊園特級酒款（年產約4萬瓶）；品質略遜色者則降級處理，不混入其中。讀至此，酒友應該不難明瞭筆者所謂托本諾一曼門酒莊之所以難以釀出絕

本莊的培養酒窖。1970年代本莊酒質一度低落，自1990年代起逐漸恢復水準，目前正當巔峰狀態。

1

2

3

4

5

1. 隆布萊園紅酒的儲存潛力以及酒質複雜度不讓大德園紅酒掠美。

2. 2005 Morey-Saint-Denis Premier Cru Les Loups表現物超所值。

3. 曾奪得2004年「迪戎酒展烈酒競賽 Coupe Gaston Gerard首獎獎盃」的 Fine des Lambrays白蘭地，風味強勁辛香，口感綿密而複雜。

4. 1789年的法國大革命爆發後，隆布萊園原本8.84公頃的園區被高達74位所有人瓜分，本莊目前還珍藏著圖中的74名所有人歷史名冊。

5. 隆布萊莊園的辦公室一景。

6. 真正優秀的隆布萊園紅酒乃是以園內的三個區塊之葡萄酒混調而成。

6

隆布萊園夏景，目前以接近有機農法的方式種植。

色的隆布萊園酒款的原因：園區面積太小無以混調、且全位在地理位置最低的Meix-Rentier區塊。

　　與隆布萊園相關的最早歷史紀錄可追溯至1365年（比大德園晚了將近200年），當時屬於熙篤修院（L'Abbaye de Cîteaux）的教產，後歷經中世紀以及文藝復興時期的一長段安穩無擾的太平日子後，終在1789年爆發的法國大革命時期釀起劇變——原本8.84公頃的園區被高達74位所有人瓜分；直至1836年，來自夜一聖—喬治酒村、也是部分園區所有人之一的裘立（Joly）家族開始搜購其擁有區塊附近的葡萄園，使隆布萊園逐漸統合，後又在1868年將所握有的園區轉賣給夜—聖—喬治酒商亞伯·羅帝耶（Albert Rodier），接著在後者掌理期間才完成隆布萊園的「統一大業」，讓本園風貌如今日之所見。

莫瑞—聖丹尼最佳狩獵場

　　1935年分級制度建立時，隆布萊園僅被列為一級葡萄園，1938年羅帝耶家族再將本園轉售給寇松家族（Cosson）。寇松先生為巴黎銀行家，寇松夫人則為雕塑家，在寇松掌理本莊（本園）的40年期間，前半時期（1960年之前）仍由羅帝耶協助釀酒，酒質高超，令許多愛酒人讚嘆；然而，寇松家族並未嘗試向「國家法定產區管制局」（INAO）遞出申請以試圖讓隆布萊歷史名園被列入特級葡萄園，一般猜測是特級葡萄園所須繳納的較高賦稅讓寇松家族安於現狀。之後，寇松家族漸漸疏於照顧葡萄園，也未更新老病樹株，使隆布萊園逐漸處於幾近廢園的景況。1970年代時，當地村民甚至戲稱隆布萊園為「莫瑞—聖丹尼最佳狩獵場」，園中常可見到野兔、麞鹿與雉雞；不僅

此圖由隆布萊園上段往下坡處拍，中景的獨立小樹左邊那寥寥幾行葡萄樹即為托本諾－曼門酒莊所有。

葡萄園枯凋萎靡，釀酒上也顯得隨便而漫不經心，酒質劣化，讓人痛心。

1979年寇松家族求售本莊，由富有的沙耶（Saier）家族兩兄弟購下，幾個月後的1980年，沙耶兄弟便找來當時尚年輕、剛從第戎釀酒學校畢業、曾任職於「國家法定產區管制局」的鐵熙‧布昂擔任酒莊總管，並同時申請將隆布萊園改列為特級葡萄園。有鑒於本園的風土潛力以及十九世紀末與1940年代時期本莊酒質之精湛，申請案很快地無異議通過，並在1981年4月改列隆布萊園為特級園。英國酒評家克來夫‧柯耶特（Clive Coates）便指出隆布萊莊園的1945、1947以及1949年份是令其難以忘懷的絕世美釀。隨後，沙耶兄弟投下鉅資，

讓布昂得以開始重整本莊的十六世紀歷史建築（為布根地少見的城堡式雄偉宅院）以及葡萄園，幾年努力後終使隆布萊園重顯光彩。

1980年，當布昂剛接下重建酒莊以及葡萄園的重任時，不僅屋宇四處漏水，葡萄園裡更是凋零一片，故而1981年布昂開始在隆布萊園裡重種葡萄樹（尤其是Les Bouchots區塊），此批新藤占全園面積的三分之一。又，當布昂進入地下酒窖查看時，更是結實地吃了一驚：1978年份酒款未裝瓶不打緊，甚至連1975年份也未裝瓶，可見寇松家族後期管理之鬆散。布昂也把窖中的1976年份全數賣出，因為酒質已經初步醋化；1977年份同樣全部外賣，因酒質令人不敢恭維。

布昂在將1978年份裝瓶之前，對酒質做了一些簡單的檢驗，卻發現酒中存留有每公升50毫克鐵質的情形；由於紅酒中出現如此高含量的鐵質相當罕見而讓他錯愕不已。事後追蹤發現，原來是因寇松家族未將釀酒槽中尚含許多葡萄酒的酒渣及時壓榨，而讓酒渣留在老式壓榨機中數天，使得酸度頗高的酒渣（內含的新酒在乳酸發酵前，酸度頗高）與壓榨機上的大型螺栓浸泡過久而溶出鐵質，進而污染葡萄酒……此外，在年輕葡萄株數量眾多的情況下，1980年代的酒質進步較緩，直到1990年代開始，本莊的隆布萊園葡萄酒才又恢復特級葡萄酒應有的水準。

1994年本業為連鎖雜貨舖的沙耶兄弟宣告破產，本莊遭法拍，1996年才由德國商人君特‧芬德（Günter Freund）以及妻子若絲（Ruth）買下，不僅仍由布昂擔任酒莊總管，也全力挹注資金支持繼續拉高酒質；這與芬德夫婦長年即為布根地美酒愛好者有關：事實上，兩人都是布根地的品酒騎士協會（La Confrérie des

1. 位於培養酒窖深處的老酒窖藏。

2. 隆布萊莊園十六世紀城堡式建築的雄偉樣貌（隆布萊園位於其
   左後的山腰上），其酒款僅有50%出口，相對其他布根地頂級
   酒莊較為保守；本莊的花園中有株樹齡400歲的黎巴嫩雪松。

3. Fine des Lambrays白蘭地於新桶中熟成7年後，以49%的原酒
   裝瓶。

1

2

3

Chevaliers du Tastevin）成員。尤其自2002年份
起，隆布萊園酒質愈加亮眼，兼具結構與婉約
韻味，布根地愛好者不可錯失。

目前園區以近似有機農法的方式種植，過
去10年未使用殺蟲劑，且已有17年也未施灑任
何肥料，盡量以無為而治、不過度干擾的方式
照料。手工採收時以20公斤小籃盛裝以免壓損
葡萄，並在葡萄篩選輸送帶上嚴選果粒。連最
優秀的2005年份，都有20個橡木桶（合6,080
瓶）的隆布萊園被布昂降級，不混調入特級酒
款裡。2008年份不甚理想，開花不順（開花
期拉長到好幾星期），布昂必須嚴格地汰選掉
大量未達完美熟度的葡萄，這些葡萄數量可
觀，甚至夠布昂用以釀造出4,800瓶的村莊級粉
紅酒（其中200箱被日本人買去春遊賞櫻時飲
用）。

隆布萊園與大德園酒款風格上的差異除了
風土之外，還來自兩莊在釀酒方法論上的見
解歧異。大德園的釀酒總管席勒凡·皮提歐
（Sylvain Pitiot）採晚摘政策，而布昂的採收
時間常常比皮提歐早上一星期，因布昂僅採收
完美熟成的葡萄，但拒收過熟者，並認為過度
濃厚的酒款無法表達每個年份的個性。此外，
皮提歐通常將80%的葡萄去梗釀造，實施一星
期左右的發酵前低溫浸皮，加強萃取時僅使用
踩皮，且使用100%新橡木桶熟成。相對地，布
昂並不特意地實施發酵前低溫浸皮（只讓其自
然發生，通常僅維持3-4天），通常採整串葡萄

不去梗釀造（好處是發酵溫度的曲線比較不會陡升或突降），加強萃取時除踩皮外也使用較溫柔的淋汁方式，僅使用50%新桶熟成。以上種種因素都讓隆布萊園酒款顯得風味較為通透優雅、細節明晰，大德園則更為濃郁集中、架構宏大。

本莊也釀造一級園酒款Morey-Saint-Denis Premier Cru Les Loups，葡萄原料來自三方面：首先來自兩塊一級園La Riotte（0.12公頃）以及Le Village（0.22公頃），其次還加入隆布萊園年輕樹藤的果實，最後通常也會添入自特級園降級的葡萄酒，年產量約2,000瓶。第三款的

村莊級Morey-Saint-Denis紅酒的產量也僅有約6,000瓶，極少出口。此兩款非特級葡萄園酒款，布昂則採100%去梗釀造。

隆布萊莊園也產有兩款白酒，分別是Puligny Montrachet 1er Cru Clos du Cailleret（年產約2,000瓶）以及Puligny Montrachet 1er Cru Les Folatières（年產約1,700瓶），均有水準以上的表現。前者風味準確而精練，尾韻帶有較明顯的酸度；後者可較早享用，以熟美果香和蜜香誘人。

另，年份較差的隆布萊莊園也被本莊蒸餾成Fine des Lambrays白蘭地（以1986以及1987年份蒸餾而成），於新桶中熟成7年後以49%的原酒裝瓶（不對水），它曾獲2004年「迪戎酒展烈酒競賽Coupe Gaston Gerard」首獎獎盃，名次還勝過侯瑪內—康地莊園出品的1986 Fine de Bourgogne。

其實，布昂在1981年種下的葡萄株現在也有將近30歲樹齡，已不能以年輕葡萄樹稱之，加上布昂過去30年的釀酒經驗累積，隆布萊莊園的前景當是璀璨可期……然而，本莊德國業主君特·芬德已於2011年初去逝，消息一出，立刻引來法、美、中以及日本買家出價競購。目前，芬德之寡婦以及繼承子女均表示無意出售，但，不也有人說：「沒有買不到的東西，關鍵在於價格。」總之，只要隆布萊園依舊能解靈魂之渴，誰是業主，已是次要。

培養酒窖裡（遠景）設有簡單的品酒桌，酒窖裡最古老的部分建於十七世紀。

Domaine du Clos de Tart

21220 Morey-Saint-Denis
France
Tel: +33 (03) 80 34 30 91
Fax: +33 (03) 80 51 86 70
Website: www.clos-de-tart.com

part VI 絲絨手套裡的鐵拳：鹿躍區
USA Napa Stags Leap District

加州著名的鹿躍區（Stags Leap District）位於那帕谷東區，由那帕鎮往北駕車8公里可達。呈長形區塊，寬1.6公里，長3.2公里，約1,000公頃的總面積當中就有半數為葡萄園所覆蓋。鹿躍區西以那帕河，東以雄偉聳立的鹿躍峭壁（Stags Leap Palisades）為界；北以揚特維爾交道（Yountville Cross Road），南以平原低地劃限；中則有希爾拉多鄉道（Silverado Trail）貫穿本產區。由於風土以及酒款特色明顯，鹿躍區在1989年被劃定為美國葡萄種植區（American Viticultural Area，類似法國AOC系統，但規定相對寬鬆許多，主要以地理條件畫限）。

在1976年巴黎品酒會中一戰成名的鹿躍酒窖（S.L.W.C）。

鹿躍區的釀酒葡萄種植史可回溯至十九世紀中，當時的希爾拉多鄉道還僅是只有馬車通行的靜僻小道。1878年格里斯比（Terrill L. Grigsby）建立了本區第一家酒莊Occidental Winery；幾年後的1893年，舊金山實業家卻斯（Horace Chase）則建立首家以鹿躍為名的酒莊。鹿躍之名源於當地善獵的印地安原住民瓦波族（Wappo）之傳說：某日一名瓦波族獵人追獵一雄健敏捷的雄鹿直至看來逃無可逃的岩縫大裂口，情急之下，雄鹿賭命騰空一躍，幸而安全觸地逃過獵殺也令此地得名。1895年之際，卻斯已以鹿躍之名年產約15萬公升的葡萄酒，當時那帕谷的葡萄酒業正當蓬勃；然未久，葡萄根瘤蚜蟲病（Phylloxera）的爆發以及之後禁酒令（1920-1933）的實施均重創加州酒業，許多葡萄農也隨後拔除葡萄樹改種其他果樹。

本區酒業的文藝復興一直到1961年才露出曙光：當時47歲的納森・費（Nathan Fay）在鹿躍區的希爾拉多鄉道旁的火山灰土壤上種下本區有史以來首批的卡本內—蘇維濃葡萄，占地約28公頃。須知當時全美國的卡本內—蘇維濃種植面積不過約324公頃；時至今日，光是加州的卡本內—蘇維濃就有14,000公頃，且納帕谷就占掉約4,000公頃。納森當時將種植所得的大部分葡萄售予喬瑟夫・海茲（Josephe Heitz），而後者以購得葡萄所釀的Heitz Cellar Fay Vineyard Cabernet Sauvignon（算是當時納帕谷首批單一葡萄園酒款之一）以優秀酒質開始攫取愛酒人對鹿躍區的關注。

雪弗酒莊（Shafer Vineyards）秋末景致。

勁雅兼具

　　然而鹿躍區的大放異彩，還要歸功於1976年發生的一場後世稱為「巴黎審判」（The Judgment of Paris）的品酒會，會中9位法國重量級葡萄酒專家在矇瓶試飲下評定鹿躍酒窖（Stag's Leap Wine Cellars）的1973 Stag's Leap Wine Cellars Cabernet Sauvignon為狀元酒款，即便是法國波爾多的一級酒莊都要敗下陣來，自此鹿躍區與納帕谷的奧克維爾（Oakville）以及拉瑟福德（Rutherford）同列納帕最佳卡本內一蘇維濃紅酒產區。

　　鹿躍區紅酒的經典風格在於其單寧優美柔軟以及風味集中，有論者將之與波爾多左岸瑪歌村的優質酒款相提並論，加之啜酒後飲者常能感受其柔雅表象下實蘊有極強的內勁，故以「絲絨手套裡出鐵拳」擬稱之。

　　此可早飲可久存（限頂級酒莊）的風格可說轉譯自其獨特的風土表現：粗糙的風化土混合火山岩土壤之排水性極佳、裸露的巨岩群可反射充沛的陽光使葡萄樹發芽時間較之更北邊（那帕谷北熱南涼）的產區還要早上兩星期；下午來自南邊聖帕布羅灣（San Pablo Bay）的冷風使鹿躍區夜間溫度驟降可保有酒中酸度與均衡（秋季採收期白天溫度可達攝氏40度，夜間可降至攝氏10度）……，然而這些風土因素如何詮釋到酒中，我輩尚無法完整解釋。

　　以下將為讀者介紹鹿躍區兩家酒質最高卻又風格迥異的精采酒莊：鹿躍酒窖以及雪弗酒莊（Shafer Vineyards）。🍷

鹿躍龍門
Stag's Leap Wine Cellars

　　1970年秋，家境優渥的英國青年史蒂芬‧史普瑞爾（Steven Spurrier）與英國律師友人一同閒逛巴黎街頭，30歲出頭的史普瑞爾對其職業生涯應走向何處依舊毫無頭緒，兩人隨意漫步走著，途中行經馬德蓮大教堂（Eglise de la Madeleine），再踱過兩條街巷之外，史普瑞爾出神望著馬德蓮酒窖（Caves de la Madeleine），憶起幼年時在英國家族的釀酒經驗以及年輕時在兩家英國葡萄酒專賣店短期而美好的工作經驗，便與友人推門進入馬德蓮酒窖表明要購下店面的來意。經過一番努力與波折，史普瑞爾一年後終於購下酒窖，後來甚至買入隔鄰店面以擴大經營規模，隨後並開設葡萄酒學院（L'Académie du Vin）以教授旅居巴黎的英、美籍人士認識法國葡萄酒。

　　為增加店面以及葡萄酒學院的知名度和隨之而來銷售量，史普瑞爾正計畫擇一主題舉辦行銷活動以達目標。正巧，美國葡萄酒作家法蘭克‧普萊爾（Frank Prial）向他透露當時加州正興起一股高品質酒莊的浪潮，酒莊雖尚名不

見經傳卻表現傑出，史普瑞爾遂決定舉辦一場「加州酒PK法國酒」的品酒會，藉此讓法國人了解加州酒業現況，更藉此打響主要銷售法國葡萄酒的馬德蓮酒窖與葡萄酒學院之名氣。

　　在1975、1976年的兩次往返加州後史普瑞爾選定了加州紅白酒的品項，也選出他認為酒質絕對超越前者的法國酒品項，並於1976年5月於巴黎洲際飯店（InterContinental Hotel）舉行品酒會。事先雖廣發媒體記者會邀請函，卻無媒體願意到場，因「加州酒小蝦米對戰法國酒大鯨魚」有何報導價值？這「以大欺小的景況」甚至有辱法國泱泱釀酒大國風範……。幸而《時代雜誌》（Time）駐巴黎記者泰伯（George Taber）因本身對葡萄酒極感興趣，加上當天採訪任務較少且雜誌社就在飯店旁，泰伯便抽身前去報導；他也是在場唯一的媒體見證。

　　史普瑞爾當時動用關係邀來9位法國酒界以及美食界重量級人物擔任評審，如：當時名列米其林三星的銀塔餐廳（La Tour d'Argent）的總侍酒師Christian Vannequé、米其林三星的大維芙餐廳（Le Grand Véfour）的主廚兼老闆Raymond Oliver以及名震天下的布根地名莊侯瑪內—康地莊園的莊主Aubert de Villaine等。當天安排以六款加州白酒對上四款法國布根地白酒，六款加州紅酒對上四款波爾多紅酒，均採矇瓶試飲以避主觀意見影響。在三小時的品評過程裡，由於法國評審對加州酒的了解甚少，常常出現將美國酒誤認為法國酒而大加讚揚，卻將法國酒誤為美國酒，並說「無甚香氣、口

酒莊特設「光陰手印」（Hands of Time）走廊紀念貢獻卓著的員工群，留下手印者除了莊主，當然也包括其啟蒙者葡萄農納森‧費。

鹿躍酒莊的莊址以及葡萄園。蓄水池左邊為Fay Vineyard，右邊為S.L.V.葡萄園；園區整體海拔並不高，最低海拔20公尺，靠山坡的地塊海拔約73公尺。自2000年起「山坡地管制條例」已限制山坡地進一步開發葡萄園。

1. 本莊希望能將產量不高的Arcadia Chardonnay（首年份1998）釀造成法國夏布利的清新、帶礦石風味的型態；此企圖目前還不算成功，但酒質值得一試。

2. 左為芬芳柔美的Fay，右為整體架構較明顯的S.L.V.紅酒（1973為第二個年份，但為商業上市的首年份）。

3. Artemis Cabernet Sauvignon酒質優良，釀酒葡萄部分來自Arcadia Vineyard，部分來自由Fay以及S.L.V.汰下的次級葡萄。

4. 1974-1989年份的Cask 23釀酒原料僅來自S.L.V.葡萄園，自1990年份開始才以S.L.V.混調Fay Vineyard表現最佳的桶別而成。2005,2006,2007年份的Cask23採用較大比例的S.L.V.酒液混調，2008年份的Cask 23則含有較多比例的Fay Vineyard。

1

2

3

4

感有些乾瘦，應為美國酒」，然而實情正好相反。

酒史的滑鐵盧之役

揭曉的結果出乎眾評審以及史普瑞爾的意料之外，紅白酒的評鑑第一名均來自加州：白酒是1973 Château Montelena Chardonnay，紅酒則是1973 Stag's Leap Wine Cellars Cabernet Sauvignon。自此，法國人不得不承認加州也能釀出足以和法國最佳酒莊相抗衡的精采葡萄酒，法國葡萄酒已不再一枝獨秀。此歷史事件由《時代雜誌》以〈巴黎審判〉（*Judgement of Paris*，一般也稱為1976巴黎品酒會）為標題披露後震撼法國，甚至有人認為這是另一次的「滑鐵盧」之敗役，又是英國佬搞鬼。

在紅酒組別裡，排在1973 Stag's Leap Wine Cellars Cabernet Sauvignon之後的二、三、四名都是波爾多名釀，分別是1970 Château Mouton Rothschild、1970 Château Montrose以及1970 Château Haut-Brion；至於第五名還是加州酒1971 Ridge Monte Bello，第六名則為波爾多的1971 Château Leoville Las Cases。當時法國人以為如此評比並不公平，因波爾多紅酒需要光陰來馴化其堅實的單寧，並發展其繁複之風味。

然而此巴黎品酒會後的30週年之際，史普瑞爾又於2006年5月在倫敦以及那帕谷兩地同時重現1976巴黎品酒會的紅酒組矇瓶試飲（白酒組早已老衰故不作評比）：這次的結果更是驚人：前五名均為加州酒，波爾多四款酒的排名為第六到第九，最後一名為加州酒1967 Freemark Abbey Winery。此次狀元酒款為當年排行第五的1971 Ridge Monte Bello，居次的榜眼則為1973 Stag's Leap Wine Cellars Cabernet Sauvignon。

此次倫敦組的評審包括Michel Bettane、Michael Broadbent、Michel Dovaz、Hugh Johnson、Jancis Robinson MW（MW為葡萄酒大師）等，那帕組的評審則有Stephen Brook, Paul Roberts MS（MS為侍酒大師）、Jean-Michel Valette MW以及Christian Vannequé（1976巴黎品酒會的評審之一）等。如此權威的評審陣容以及所獲得之佳績，都證實本文主角鹿躍酒窖所釀的1973 Stag's Leap Wine Cellars Cabernet Sauvignon不僅年輕時可迷倒眾生，也具絕佳的儲存潛力；此酒也在1996年被著名的史密松美國歷史博物館（Smithsonian's National Museum of American History）列為永久館藏。

啟蒙導師納森・費

講述鹿躍酒窖之前，納森・費這號傳奇人物不能略過不提。1953年納森・費在鹿躍區的鹿躍峭壁下購入一處農莊以及果園，並在清理果園後的1961年種下鹿躍區首批的卡本內－蘇維濃葡萄。當時那帕谷的酒界前輩皆不認為陡峭多石、又有聖帕布羅灣的雲霧寒氣從南貫穿過的鹿躍區適合種植晚熟的卡本內－蘇維濃，然納森的擇善固執證明其觀點正確；如今鹿躍區乃全球最佳卡本內－蘇維濃紅酒產區之一。

波蘭裔的鹿躍酒窖莊主華倫・維尼亞斯基（Warren Winiarski）在就讀碩士班時期曾到義大利進修，因此對葡萄酒產生莫大的熱情，且重新發現其命定的本分：Winiarski在波蘭語裡即指酒農之子。華倫原在芝加哥大學擔任文學院講師，但為實踐釀酒的生涯規劃便於

1964年攜妻小搬至加州。初到的前幾年，華倫曾先後跟隨Souverain Winery的Lee Stewart以及Beaulieu Vineyards的釀酒大師柴里斯契夫（André Tchelistcheff）釀酒，隨後的1966-1968年他甚至應聘成為那帕谷名莊Robert Mondavi Winery的首位助理釀酒師。

當華倫逐漸熟悉釀技之餘，擁有自有酒莊以釀造心中理想酒款的冀望始終埋藏於心；然而他並不想釀出那帕谷地常見的大酒（Big wine，指極端強勁飽滿與肥美但欠缺優雅氣質的酒款），但何處才是其葡萄伊甸園？天啟終於在1969年降臨：是年華倫嘗到納森·費所釀1968年份卡本內—蘇維濃紅酒便覺「一試中的」，酒中不僅有地區性風格，還具有放諸四海皆準的經典元素，其比例勻稱、口感柔美而勁道暗藏。

這款「天啟之酒」其實是葡萄農納森自釀自飲，並未上市的私房酒，當初他幾乎將葡萄全數賣給像是Heitz Cellar等的知名酒莊。

華倫便於1970年與幾位合夥人集資買下緊鄰納森·費葡萄園南邊的一塊農地，希望以近似的風土條件釀出理想典型。華倫將整理後將近18公頃的葡萄園稱為鹿躍園（Stag's Leap Vineyard），而鹿躍酒窖也於同年成立。留名青史的1973 Stag's Leap Wine Cellars Cabernet Sauvignon便來自鹿躍園，本莊後來稱此園以及所釀單一葡萄園酒款為S.L.V.（1985為酒標上首次以S.L.V標示的年份）。

鹿躍園整理前的農地上混種有不同的果樹，像是核桃、李樹以及櫻桃樹，釀酒葡萄則有阿里岡特·布謝（Alicante Bouschet）、小希哈（Petite Sirah）以及卡利濃（Carignan）等潛力相對較遜的品種。

華倫清掉果樹後改種卡本內—蘇維濃，但根據1994年出版的《酒中黃金：世界百大葡萄名酒》（L'Or du Vin：Les 100 Vins les Plus Prestigieux du Monde）一書指出，有部分卡本內—蘇維濃是直接嫁接在阿里岡特·布謝、小希哈以及卡利濃的植株上，以省去等待幼株成長到可以長出優質果實用以釀造的多年時間，如此嫁接法在加州相當常見。或許這正是1973

Stag's Leap Wine Cellars Cabernet Sauvignon能以年輕葡萄樹果實即表現出令人激賞酒質的諸多原因之一。

收藏家競逐的Cask 23

雖然1973 Stag's Leap Wine Cellars Cabernet Sauvignon因巴黎品酒會一戰成名而讓鹿躍酒窖「鹿躍龍門」名列世界名莊，然而今日最受收藏家競相蒐購者則是本莊自1974年開始釀產的Cask 23。該年華倫與當時擔任本莊釀酒顧問的柴里斯契夫在品試鹿躍園尚在木桶熟成階段的一系列樣酒時，發現其中的23號大橡木桶（舊時混用了一些大桶，現僅用波爾多形式小桶）的酒質特別秀異，值得單獨裝瓶而不需與其他桶別混調成鹿躍園卡本內─蘇維濃，遂以「23號桶」為名推出這款僅在最佳年份才生產的美釀。

1986年納森‧費退休時便將其植於1961年的歷史名園賣給鹿躍酒窖，華倫為紀念納森‧費對於鹿躍區之貢獻便將此園命為Fay Vineyard；1986-1989年間因合約約束，Fay Vineyard依舊外售給Heitz Cellar等酒莊。1990年份起鹿躍酒窖才正式以Fay為名釀造單一葡萄園酒款，也自此年份起Cask 23的葡萄原料不再僅僅來自S.L.V.，而是以S.L.V.以及Fay的最精采桶號之酒液混調而成。

現任的總釀酒師妮琪‧普魯絲（Nicki Pruss）在受訪時表示S.L.V.園區以火山土質為主，所釀酒液具有良好結構、集中度、複雜度以及辛香料調性；Fay園區之東邊靠鹿躍峭壁坡底的土壤雖也具火山土，但西半邊則以沖積土為主，整體酒質柔美芬芳多具莓果風味。Cask 23則取兩者之長，以S.L.V.之火性調和Fay

1

2

1. 熟成酒窖裡吊著十九世紀時法國物理學家傅柯用以證明地球自轉的傅柯擺（Le Pendule de Foucault），以標示「時間之逝，酒之熟成」的過程。

2. 已屆83高齡的華倫，目前退身幕後成為專職葡萄農以照顧Arcadia園區。

之水性以求「水火交融」的和諧境界，堪稱本莊在鹿躍區卡本內—蘇維濃釀造工藝上的極致表現。一般而言，對於這三款單一葡萄園美酒的品酒順序為：Fay, S.L.V., Cask 23。

典雅酒款的非戰之罪

華倫強調他理念中的好酒應符合「3R原則」：節制（Restraint）、成熟（Ripeness）以及勁道（Richness），然而許多偏愛「大酒」的酒評家卻可能無法體會華倫強調「知所節制」的用心良苦。

美國《葡萄酒觀察家》雜誌的資深編輯洛柏（James Laube）曾稱本莊為一級酒莊（First Growth），但近年來對本莊酒款的評分卻偏低。另，全球最具影響力的酒評家派克當年在品試過本莊的1985 Cask 23時宣稱「幾近完美」，現在卻對本莊表現評出「本莊到底怎麼了？」的評價，然而派克在同一篇評論中也道「品酒活動事實上非常主觀」。眾所皆知，優秀的葡萄酒就如一件活的藝術品會隨時間演化，那麼派克以及洛柏的個人偏好與觀感當然有可能不同昔日；基本上這應是鹿躍酒窖的「非戰之罪」。

筆者對2006 S.L.V.的評分為9.45/10；2006 Artemis Cabernet Sauvignon為9/10。派克卻僅給了2006 S.L.V. 85/100分，而本莊酒質等級較低的2006 Artemis Cabernet Sauvignon卻給了87/100分。筆者不太懂其邏輯，只能說就如派克所言「品酒活動事實上非常主觀」。此外美國葡萄酒作家保羅‧路卡斯（Paul Lukacs）在2004年初曾品試1973-2000年份的一系列S.L.V.酒款後，在其著作《美國偉大葡萄酒》（*Great Wines of America*）中指出：其親身品

1. 普魯絲曾跟隨華倫釀酒12年，完全理解華倫的釀酒哲學，目前由她擔任新團隊的總釀酒師。

2. 左為本莊清新暢口極適合搭餐的優良白蘇維濃白酒，右為Karia Chardonnay；兩款酒都以部分自有園區葡萄混和外購葡萄釀成。

嘗經驗證實S.L.V.之品質與風格穩定，雖不若今日那帕谷部分肌肉糾結（Blockbuster）型態酒款來得強勁，但無疑地來得更有細節與風味。

尚未告別的年代

除了華倫，其妻小也都投入鹿躍酒窖的日常經營：妻子Barbara負責行政，女兒Julia掌管釀酒與葡萄園管理，兒子Stephen專長酒莊的土木建築；然由於華倫年事已高，而兒女也都有各自的生涯規劃，故經過多年討論後華倫決定出售鹿躍酒窖。2007年義大利釀酒家族安提諾里（Antinori）聯合其美國的事業夥伴聖米雪爾酒業集團（Ste. Michelle Wine Estates）以1.85億美元買下本莊；聖米雪爾因握有85%股權成為最大股東，僅有15%股權的安提諾里則派遣旗下釀酒師Renzo Cotarella擔任此新事業的釀酒顧問。

在新團隊進駐的2007年份酒款裡，筆者發覺酒質甚至更勝以往（當然2007年份天候也較2006年份來得更優）。新東家為發揚鹿躍酒窖的優良釀酒傳統，更在2008年份投入鉅資添購法國Vaucher Beguet公司出品的新穎北風葡萄篩選系統（Mistral Sorting System）：經葡萄篩選輸送帶汰選、去梗、再次汰選後，系統會吹出精密計算過的風束將不熟、重量過輕的葡萄顆粒吹落，而留下進入發酵槽的熟美葡萄就似一顆顆晶瑩的藍莓果粒。新團隊希望在保持過去風格的同時更加提升酒中純淨的果味。

然而華倫並未完全告別一生所繫的鹿躍酒窖，因2007年的售莊合約並不包括他在1996年購入的Arcadia葡萄園。已屆83高齡的華倫退身幕後成為葡萄農，依舊孜孜不倦地照料此園

Fay葡萄園之後即是鹿躍峭壁，為當年鹿躍傳說的發生地。

的夏多內葡萄，他並將葡萄售予鹿躍酒窖以釀造本莊最高檔的單一葡萄園夏多內白酒Arcadia Vineyard Chardonnay（產量僅1,000箱）；其酒質熟美且帶沁心雅致的酸度，雖還未達世界名釀的層次，但再經幾年微調後相信酒質將更上層樓。

華倫・維尼亞斯基，命定的酒農之子，不歇的奮鬥與體力勞動才是其至福之所倚。🍷

Stag's Leap Wine Cellars

5766 Silverado Trail,
Napa CA 94558
USA
Tel: 707.944.2020
Website: www.cask23.com

藍籌紅酒在鹿躍
Shafer Vineyards

1990年代的加州因網路高科技公司興起，錢潮滿漲，工作其中的年輕一代頓時腰纏萬貫，剎那讓富豪排行榜名單長了許多。這些新富工作餘暇總要體驗何謂富豪人生：身穿頂尖裁縫師量身訂做的高級訂製服，出入米其林星級餐廳，而用餐飲酒當然也不能與平民一般。新富階級除了追求以法國為主流的頂級酒款，對於加州當時興起的膜拜酒（Cult wines）狂潮也不置身事外，成為當然的支持者。膜拜酒的簡單定義即：產自加州的頂級量少、價格昂貴、有錢不一定買得到，且以卡本內－蘇維濃品種為主的紅酒，這股膜拜風潮也在公元2000年達到顛峰。雖近年的美國景氣衰弛，然拜前幾年膜拜酒狂潮風行草偃之賜，已然培養出一群死忠的膜拜者，想方設法也要弄到一瓶讓同儕眼紅的限量名酒。醉翁之意不僅在酒：這意味著你不只財力雄厚，還有人脈與品味，算是令人佩服的厲害角色。

基本上膜拜酒釀造者均是新興酒莊，多在上世紀80年代中晚期才建立。然而，位於加州

酒莊之秋景，大片落地窗內是近年新建的的品酒室與接待室。

那帕谷鹿躍區的雪弗酒莊（Shafer Vineyards）則屬例外，其釀酒史可溯至1970年代，算是加州膜拜酒的始祖。不過第二次受訪時老莊主約翰‧雪弗（John Shafer）對《葡萄酒觀察家》雜誌所封的膜拜酒名號不甚喜歡，他個人較偏愛藍籌股葡萄酒（Blue Chip Wine）的說法；藍籌股原指長期看漲的優質股票，在葡萄酒界現則指值得長期投資，收益極大的高級葡萄酒。其實本莊可稱上膜拜酒或藍籌酒的酒款僅指價昂量少的旗艦酒Hillside Select, Stags Leap District Cabernet Sauvignon。

1. 雪弗酒款的風格與鹿躍酒窖迥異，部分原因來自風土差異（雪弗的園區位於山腰，鹿躍酒窖則位於緩坡），部分因酒莊所追求風格相異（雪弗追求純淨果香與集中風味，鹿躍則追求歐式的均衡感）。

2. 左至右為Red Shoulder Ranch Chardonnay、Napa Valley Merlot、One Point Five Cabernet Sauvignon、Relentless以及最頂級的Hillside Select Cabernet Sauvignon。

3. 本莊接受不超過十人的小團體預約品酒以及參觀，因極受歡迎，一般需六星期前預約，每人費用需約45美元。通常由老莊主親自接待，而其愛犬Tucker Shafer也常常隨侍在側，牠還印有「個犬名片」喲。

4. 9月中本莊開始進行卡本內一蘇維濃採收，員工在輸送帶上汰除品質不合格的葡萄與梗葉。

尋覓葡萄園麥加

1972年，原在芝加哥著名教科書出版商任職副總裁的約翰‧雪弗因與新任總裁意見不合而顯得意興闌珊。約翰工作閒暇以酌飲葡萄酒與香檳，並閱讀葡萄酒書籍為情緒抒發之管道，其於書卷中遊歷酒鄉既久，加上醇酒催化，一幅幅酒鄉景貌躍然於腦海而心嚮往之：藍天綠地青山、油綠的葡萄園、蟲鳴鳥叫……卻同時猛然發現，年近半百，職業生涯轉換的最後契機就在眼前，芝加哥水泥叢林裡的三件式西裝上班族職場生涯究竟繼續，還是離場轉戰？

細想之餘，約翰發現此生竟未參觀過任何一座葡萄園，便拎起行囊前往加州酒鄉遊歷欲尋心中的葡萄園麥加，並以此為第二生涯的起點和晚年棲身終老之所。約翰某日來到舊金山南邊的聖十字山產區（Santa Cruz Mountains）參訪一酒農，該酒農斜睨他並道：「你真想種出優質葡萄，成為頂尖葡萄農？那你還在這幹嘛，真正的寶地在舊金山以北70公里的那帕谷！」約翰恍然大悟，隨即駕車北行經過赭紅的「金門大橋」，右繞過涼風徐徐的聖帕布羅灣，繼續上行穿越那帕市鎮，但見一片乾旱荒涼，然而廣大的那帕谷裡何處才是夢土？

之後約翰找來一位農地產仲介以助其尋找理想的葡萄園開發地點。起先仲介所介紹的地點，不外是靠近高速公路附近較為平坦肥沃的地塊，耕作容易且所獲得的葡萄顆粒也較為碩

酒窖內有處鐵柵門緊閉的小室，裡頭陳釀的是現被稱為Firebreak的波特型態酒精強化甜酒（以鹿躍山腰的卡本內一蘇維濃葡萄釀造），此酒不出口，僅在酒莊販售。此外，2004年以前本莊的山吉歐維列品種紅酒也稱為Firebreak。

大。當時約翰雖是門外漢，但相關書籍也讀過多本，印象中的歐洲優質葡萄園多是位處山坡的貧瘠區塊，葡萄果粒以個小為勝；便要求仲介商另尋它處，仲介思慮半晌說道：「有處位在鹿躍區的葡萄園，在市面上已經標售五年，但那帕的知名酒莊卻都拒絕購入，你有興趣嗎？」

來到鹿躍區的這塊葡萄園，約翰拾起山腳下富含火山岩的土壤於手中搓揉，斷定其排水性極佳，幾日後繼而觀察到此地晨有霧氣，近午則陽光滿溢，下午四點左右則有來自南邊聖帕布羅灣的涼氣降溫，便直覺認定此為釀酒的應允之地，隨即便將全家遷來此地；當時約翰48歲，其子道格（Doug）只有17歲。據考，此地在1880年代便已有釀酒葡萄的種植，而當約翰1972年購園時其中未曾植有卡本內—蘇維濃品種，當時所存皆是自1920年代禁酒令時期所種下品質相對平庸的品種：像是綠色蘇維濃（Sauvignon Vert）、黃金夏思拉（Golden Chasselas）、卡利濃（Carignan）以及加州著名的金芬黛（Zinfandel）。

當時約翰只留下金芬黛，其他則主要改植了卡本內—蘇維濃。若是前述品質普通的品種還屬幼藤（不超過5歲），則將卡本內—蘇維濃直接嫁接其上（本莊後來也將金芬黛完全拔除）。購園後的前幾年約翰僅是單純的葡萄農，果實都賣給大廠釀酒。1977年，一方面由於朋友慫恿，另方面由於約翰想將後來進修的葡萄酒釀造技術付諸實踐，便在地下室以園中50歲樹齡的金芬黛果實試釀；有此經驗後，同年約翰再以1977年的卡本內—蘇維濃葡萄試釀，並以蒙大維（Mondavi）酒莊的舊空瓶裝酒，僅在蒙大維酒標一角寫上1977 Shafer Cab.。

現任釀酒師艾禮亞斯‧法南戴茲對釀酒細節一絲不苟，連一般以木料製成的橡木桶支撐塊，本莊都改以金屬質料替代以防潮生黴。

電毯孕育的冠軍酒

由於釀酒成果不差，約翰隔年再接再厲釀出第一個正式上市的卡本內—蘇維濃紅酒1978 Shafer Cabernet Sauvignon。由於該年冬季極為嚴寒致使乳酸發酵無法進行（所有紅酒都需進行此程序），約翰無計可施之下找來電熱毯覆蓋在橡木桶上以提升乳酸發酵所需的溫度。然天不從人願，乳酸發酵還是到隔年的4月份才自發地進行，自此1978 Shafer Cabernet Sauvignon也被稱為「電毯葡萄酒」。

在正式建立雪弗酒莊的1979年的同年度，約翰便以「電毯葡萄酒」在舊金山酒農俱樂部（San Francisco Vitners Club）的一次品試競賽裡奪冠，當時的評審都是那帕谷知名酒莊的主事人。未料，同樣的酒款在十幾年後的一次矇

雪弗在鹿躍區山腰所生產的卡本內─蘇維濃葡萄個小、皮厚、風味深濃。

瓶試飲裡更讓本莊大出風頭：1993年11月10號，瑞士知名且極具爭議的葡萄酒收藏家羅登斯塔克（Hardy Rodenstock）與奧地利高級酒杯製造商利戴爾（Georg Riedel）聯手在德國的Bad Schwalbach鎮舉行以「那帕葡萄酒可以像歐洲美酒般一樣優雅地熟成？」為主題的品酒會，品試結果相當出人意表。

會中以卡本內一蘇維濃紅酒為組別競技的法國以及那帕紅酒共有27款，在24位歐洲葡萄酒記者以及作家的共同評鑑後，本組冠軍酒款即為1978 Shafer Cabernet Sauvignon，手下敗將包括第二名的1985 Château Cheval Blanc、第九名的1978 Château Margaux、第十一名的1978 Château Pichon Lalande、第十三名的1978 Château Palmer以及第二十名的1978 Château Latour等等。本莊就此一戰成名，雪弗被列為世界名莊實非僥倖。此外，主辦人之一的羅登斯塔克曾因販售疑由美國總統傑佛遜持有過的1787 Château Lafite假酒的醜聞而聲名大噪，讀者欲了解更精采的內幕可參閱《百萬紅酒傳奇》（*The Billionaire's Vinegar*）一書。

然而葡萄酒畢竟是農產品，無有天天過年這檔事，總要看天吃飯。雖說那帕谷氣候相對於波爾多來得穩定，但1981年份老天不眷顧，故此年份酒款在1983年即將裝瓶之際，剛接手釀酒師職位的道格便判定酒質未達水準，不夠格掛上酒莊名號；即使本莊帳面赤字連篇，約翰依舊聽從其子對品質之堅持將這批酒廉價賣給附近的酒商裝瓶。幸而否極泰來，自1985、1986、1987以及1990年代起的一連串極佳年份讓本莊持續釀出高素質酒款，屢屢獲得專業雜誌高分報導，名莊地位也愈加穩固。

本莊目前釀有五款酒，然而最讓世人競逐的還是稱為膜拜酒款的Hillside Select Cabernet Sauvignon。其實傳奇的1978 Shafer Cabernet Sauvignon即是今日名釀Hillside Select之前身，兩者都以位於酒莊之後的鹿躍區陸峭山腰上（海拔46-155公尺）的優質葡萄釀成。現在的山腰Hillside葡萄園被劃分為各有暱稱的12塊，1978年份是以John's Folly區塊葡萄釀成，目前Hillside Select的葡萄原料通常來自Firebreak、Upper Sunspot、Venado Illegal、John's Folly以及Palisade五塊地，釀造後經100%全新法國橡木桶熟成將近4年，裝瓶後還經15個月瓶中熟成才上市。甫上市，身價都在1萬新台幣上下，且通常立刻銷售一空；此酒平均年產量約2,000箱。

綠色永續的先鋒

1980年代末，有機農法專家阿明哥・巴伯（Amigo Bob）向道格推銷放棄使用農藥，並於葡萄園間種植多種草本植物以當做植被的綠色有機農業概念；但巴伯蓄長髮、冬天依舊著短褲、勃肯涼鞋的嬉皮裝扮，讓道格對其人與新穎的綠色農法論說懷有戒心。不過，因雪弗的土地自1920年代起便開墾以種植果樹與葡萄藤，土地利用既久，加上農藥、除草劑、化肥的使用而致地力日減，道格擔心之餘也只好聽從巴伯指示，從事永續的自然農法，這在當時的那帕谷還算少見的創舉，現下許多酒莊都已跟進且習以為常。

1990年代起，本莊在葡萄行列間種植了燕麥、油菜花、紫雲英以及苜蓿草，幾個月後再人工翻土並將土壤打鬆，這些翻覆於土下的植被就成了天然綠肥。這些植被花草創造了園區的生物多樣性，也讓生態維持著健康的平衡狀態：有益的瓢蟲與蜘蛛會將有害的葡萄

1

2

1. 雪弗的鹿躍區葡萄園多位於排水良好的西向或西南向斜坡上；美國《葡萄酒與烈酒》（*Wine & Spirits*）雜誌曾在2002年的秋季號裡將本莊的Hillside葡萄園列為「全球25個偉大葡萄園之列」。

2. 本莊屋頂裝有太陽能集熱板，為那帕第一家百分之百依賴太陽能發電以供應日常運作的酒莊。

班葉蟬（Leafhoppers）以及藍綠葉蟬（Blue-green sharpshooters）捕殺殆盡，如此可避去有害環境的殺蟲劑。然而，這些植被以及葡萄幼樹的油綠嫩芽常會吸引土撥鼠、田鼠以及小型家鼠啃食，為不噴灑滅鼠藥造成環境污染，本莊甚而高高豎起給貓頭鷹以及紅肩獵鷹（Red shouldered hawks）棲息的小舍，讓牠們成為鼠輩天敵。

自1994年起，釀酒師的職位由原來的釀酒助理艾禮亞斯・法南戴茲（Elias Fernandez）接手，道格擔任總經理掌管酒莊大小事務，老莊主約翰則改任董事長，負責對外公關、酒莊長期規劃以及外銷事宜。墨西哥裔的艾禮亞斯在釀酒上表現優異，美國雜誌《葡萄酒暨美食》（*Wine & Food*）以及《葡萄酒季刊》（*Quarterly Review of Wine*）都評選他為2002年年度最佳釀酒師。

為向艾禮亞斯在酒質以及葡萄園管理上永無止境的嚴格把關致敬，雪弗特將本莊以希哈品種為主所釀的紅酒命名為Relentless：此酒以80%希哈、20%小希哈（Petite Sirah）釀成；由於此兩品種混種於園中，故而同時採收，同時破皮發酵，不管是品種比例或是其發酵法都相當獨特，風格強勁甜美且帶野性；首年份為1999年。

本莊的Napa Valley Merlot果香，豐盛而具勁道（有時尾韻的酒精感略微過度），適合搭配烤肉等風味較重的菜餚。此外，以較為涼爽的卡內羅斯（Carneros）產區所產的夏多內葡萄所釀的白酒Red Shoulder Ranch Chardonnay品質優良，為求更清新的口感表現，本莊不實施乳酸發酵以保更佳的酸度，且自2007年起不採100%在小型橡木桶中發酵的做法，而改採80%於小型橡木桶中發酵並熟成，其他20%的酒液

1. 左為第一代的老莊主約翰・雪弗，右為第「1.5代」的少莊主道格・雪弗。

2. 本莊的Red Shoulder Ranch Chardonnay白酒有20%的酒液於不鏽鋼小桶中發酵並熟成，做法少見。

於不鏽鋼小型桶中發酵並熟成（小型桶罕見不鏽鋼材質），之後再予以混調。

1.5代的傳承

本莊最新的酒款為在2007年首次推出的2004 One Point Five Stags Leap District Cabernet Sauvignon，此酒命名意指目前本莊傳承到了

1. 圖為無毒的費洛蒙誘蟲器,可藉此明瞭葡萄園中的有害或是有益的昆蟲生態。
2. 卡本內一蘇維濃為鹿躍區表現最佳的品種,雖早期雪弗也在此種植夏多內白葡萄品種,但後來都拔除了。

第「1.5代」,此因道格自酒莊創建初期即與父親並肩作戰,一同從不斷的實驗與錯誤經驗中習得鹿躍區的風土與相對應的釀酒技巧,並不算是第一代與第二代的傳承關係,故名。One Point Five以兩個園區的卡本內一蘇維濃葡萄釀成:部分來自鹿躍區最南邊的Borderline葡萄園,部分來自Hillside園區中品質不足用以釀製Hillside Select旗艦酒款的葡萄,酒質相當優秀且價格合理。

有鑑於「1.5代雪弗父子檔」的釀酒成就,享負盛名的美國詹姆士・比爾德基金會(James Beard Foundation)在2010年5月頒予父子兩人「傑出葡萄酒暨烈酒從業人員」(Outstanding Wine and Spirits Professional)獎項,足證雪弗對美國酒業之貢獻與影響;《時代雜誌》並稱此頒獎盛會為「飲食界的奧斯卡獎」。目前,道格育有三個年齡均在二十多歲的兒女,即使「2.5代葡萄酒」的事蹟不會重演,但雪弗家族顯然將續承釀酒傳統,以鹿躍美酒向全球愛酒人舉杯致意! 🍷

Shafer Vineyards

6154 Silverado Trail, Napa

CA 94558

USA

Website: www.shafervineyards.com

part **VII** 膜拜變奏曲
USA Napa Cult Wines

常人登廟膜拜，或為祈求中樂透、招桃花甚或斬小人。葡萄酒發燒友想方設法欲擁有難得少有的膜拜酒（Cult Wine）除為一親芳澤外，也額外享受眾人投以妒羨的目光；而若純粹只將膜拜酒當做投資標的，則就略為等而下之了。

所謂膜拜酒風潮即指約莫1990年代自美國加州興起的一股追求量極少、價極昂的精品葡萄酒之浪潮。Cult Wine的膜拜酒中譯相當傳神，據加州餐酒協會表示，當初是由葡萄酒界前輩劉鉅堂老師在2000年時協助協會翻譯加州葡萄酒宣傳小冊時轉譯出來，自此，港、台的加州葡萄酒宣傳手冊首次出現膜拜酒的中文用法。

傳神之處在於膜拜酒價格非常人可以消受，且極難買到，故有人甚至形容膜拜酒就是那種僅只耳聞，卻看不見更碰不到，僅於虔誠膜拜之用的傳奇聖物。

然而也是自2000年起，加州當地酒業已經逐漸少用膜拜酒這詞彙，雖膜拜時尚仍在，但熱力稍減；這當初由葡萄酒主流媒體命名，多金蒐藏家順勢追拱共築的膜拜大戲已在發源地產生變奏，然而西風東漸需時，而台灣酒界真正熟悉膜拜酒也是相當近年之事，估計話題將持續延燒。

其實，許多被媒體稱為膜拜酒酒莊的莊主們即使享受眾人景仰膜拜之地位（Cult status），

被稱為膜拜酒釀造者的賀蘭酒莊（Harlan Estate）莊主比爾‧賀蘭（Bill Harlan）仿效「私人高爾夫俱樂部」的經營模式在那帕谷建立了那帕谷珍釀俱樂部（Napa Valley Reserve），讓會員在不擁有酒莊的情況下享有經營酒莊的樂趣：會員可參與照顧專屬葡萄園、參加採收、與釀酒師決定專屬的混調酒款，甚至設計酒標；若要「置身事外」，全權交由釀酒團隊代勞也可。若對釀酒團隊所提出的大師混調酒款（Master blend）不滿意，您也可以添入標有您大名的葡萄園地塊之酒液以微調酒款風格。俱樂部會員費頗為可觀：入會費約在175,000美元。此為俱樂部交誼廳一角。

但都不甚愛膜拜酒一詞。究其因，Cult一詞在英文或是歐語裡都帶有異端、非正統或非名門正派之意，某些況狀下更指涉邪教的負面意涵，如當初由麻原彰晃所創的奧姆真理教。Cult語意上又指一時的盲目狂熱，一朝流行之事物，然以熱情與專注投入酒莊經營的莊主都以永續經營為宗旨，當然不願被稱為Cult Wine；這也是膜拜酒中譯所無法顧及的負面引申。

然而膜拜酒一詞的確好唸好記，愛酒人朗朗上口之餘也都能快速明瞭膜拜酒的幾個指標性定義。首先是單項酒款的年產量通常不高於1,000箱（波爾多五大酒莊年產量除Château Haut-Brion外都超過20,000箱）。第二是國際酒評家公認的極高評價，如美國酒評家派克的評分幾乎都在95分以上，甚至出現100分的完美評價。第三是通常有譽滿天下的釀酒師（如Heidi Peterson Barret）、釀酒顧問（如Helen Turley）或是葡萄園管理顧問（如David Abreu）等名人加持。第四是銷售通路的嚴格控管：僅少數的長期忠誠直客可在郵購名單上分到幾瓶配額（通常3瓶，長年老客戶也不超過一箱12瓶）；由於郵購名單早已爆滿，且鑒於產量有限，所以等待名單比榜上有名的郵購名單還要長上幾倍，甚至出現所謂「等待『等待名單』的名單」也不足為奇了。

所有的所謂膜拜酒莊都在官網上設有郵購名單，然而即使讀者登入郵購資料，幸運者在由等待名單身分晉身到正式郵購名單，且收到酒款時可能5年光陰已過。另，萬一因故未在通知限期內匯款確定購入酒莊對您所釋出的瓶數，下一年份您可能必須從頭排起；若連續兩次未匯款購酒，也有可能被列入拒絕來往的黑名單。您可能不願購入較差年份的酒，寧願把

那帕谷珍釀俱樂部於會員Bissell先生入會期間在其專屬的葡萄園上標明其大名，此為第11行葡萄樹。

有限資金移轉購買他酒，但如上所述，您將讓自己陷入被排除郵購名單之外的風險；若此，當其他老客戶爭搶優秀年份的高分酒時，您只能在一旁興嘆。

幸而，生產膜拜酒主要產區所在的加州那帕谷氣候相對穩定，加以這些名莊總不餘遺力釀出上乘酒款，因而，即便年份較差，酒迷多半依舊捧場。即使讀者未能以郵購名單的方式如意買到目標酒款，其實目前自台灣神通廣大的進口商處也多少可買到這些稀罕名酒；當然酒價也會相對提高。

並非完美投資標的

若您透過郵購名單買入膜拜酒，且能出示原始採購單與酒莊的提貨單，則在仿冒假酒事件頻傳的時代，您已經握有無懈可擊的來源證明，若您打算轉售這些酒款獲利，則完美的來源證明可避免買家無謂的疑慮。膜拜酒因「喝一瓶少一瓶」，致價格高昂，然而膜拜者也並未失去理智，因「買一瓶賺一瓶」。

膜拜酒的酒價在釋出到轉手的短期間內飆漲

以釀造所謂膜拜酒成名的賀蘭酒莊莊主比爾。賀蘭的產業包括高級度假旅館Meadowood，其中除了包含一家自2011起被列為米其林三星的高檔餐廳The Restaurant（酒單上有多款不同年份的膜拜酒），還提供貴賓一系列葡萄酒相關課程（包含參訪酒莊），並由侍酒大師（Master Sommelier）德湘布爾（Gilles de Chambure）先生親自主持；照片中德湘布爾正品試桌上一系列膜拜酒款，左至右：Harlan Estate, Grace Family, Screaming Eagle, Colgin, Blankiet Estate。

到令人傻眼側目也是其標準現象之一，如幾年前嘯鷹酒莊（Screaming Eagle）的出廠價（郵購名單的第一手價）為250美元，然而不久在公開市場或是拍賣市場上的轉手價格卻已狂飆到每瓶1,000美元，仍依然搶手。也就是有幸以250美元郵購價格買入者，應該感謝嘯鷹酒莊同時附送您750美元。

雖膜拜酒的增值往往在電光石火間就衝到頂點，不過迅速點燃飆漲行情後，卻常常持平悶燒，即老年份的陳釀溢價僅成龜速爬行。另外由於取得不易，投資者能夠握有的瓶數過少，使得整體投資報酬規模大大受限，故專業的葡萄酒投資者或是葡萄酒基金實際上把資金投入到美國膜拜酒市場的佔比並不高。

筆者並不樂見如此好酒僅僅成為投資者或是投機者的賺錢籌碼，畢竟酒是釀來以及買來喝的，飆漲過度不僅愛酒人要大傷荷包，釀酒的酒莊也非最大受益人，反倒是轉售者成為最大贏家。以下章節將介紹三家膜拜酒酒莊當中的佼佼者，希望讀者來日能有幸一嘗。

超越膜拜
Harlan Estate

　　雖膜拜酒一詞在那帕谷已逐漸式微，但膜拜酒浪潮於亞洲正方興未艾，其中又以近來聲名愈加貫耳的賀蘭酒莊（Harlan Estate）居領導地位，莊主比爾・賀蘭於受訪時表示並不喜愛膜拜酒或是膜拜酒莊的稱謂，較屬意藍籌股葡萄酒或是藍籌股酒莊的說法，但更佳的稱謂是其心心念念欲打造的加州一級酒莊（First Growth）的地位。建莊25年後的今天，其一級酒莊的位階無疑在酒評家以及酒迷心中確立（加州並無類似法國波爾多的官方分級）。

　　筆者之所以認為本莊居各家所謂膜拜酒之領導地位，乃因賀蘭是唯一於近年派遣酒莊總監唐・偉弗（Don Weaver）以及旗下另一家膜拜酒酒莊龐德（Bond Estates）之總監保羅・羅伯茲（Paul Roberts）至亞洲舉辦品酒會者，與其他膜拜酒酒莊僅滿足於賣酒，窩居酒鄉一角的離世態度不同。

　　然而，賀蘭的同名旗艦酒Harlan Estate之年產量即便在豐年僅及波爾多五大酒莊的十分之一，龐德酒莊的五款名釀甚至不到一千箱，將

賀蘭酒莊隱身在左上方的隱密樹林之後，可俯瞰那帕谷地。早期的葡萄樹種植密度不高，現已提高為每公頃5,500株。

1

2

3

4

1. 左為莊主比爾・賀蘭，曾獲《FINE》雜誌於2010年頒發終生成就獎FINE Life Award；右為與其工作超過28年的總釀酒師包伯・勒維。

2. 賀蘭因品種不同、地塊不同以及採收日期不同，每年以約40批次分開發酵，之後分別熟成後才混調而成。主要以橡木槽發酵，少部分以不鏽鋼槽發酵。

3. 剛上市未久的2007 Harlan Estate酒質幾近完美，2009年份也不遑多讓。

4. 龐德酒莊一系列五款單一葡萄園酒款當中的Vecina單寧豐盛、結構佳，尾韻具礦物質風韻，以100%卡本內一蘇維濃品種釀成，產量不及1,000箱。

原已供不應求，常常有行無市的酒款拿來與媒體和愛酒人舉辦餐酒會以及品酒會所為何來？將酒全數賣給多金蒐藏家不更好？何況兩位總監的食宿行旅都需相當花費。主因在於比爾‧賀蘭認為要成為如波爾多的一級酒莊，就必須走向國際，讓賀蘭紅酒在全球主要市場現身，建立起更穩固更廣泛的名聲，使賀蘭成為百年、甚至千年基業，而非在膜拜浪潮退燒後便煙消雲散。

Harlan Estate紅酒的年均產量約1,800箱，相較於同樣高價高分的膜拜酒，像是嘯鷹酒莊、拜倫酒莊（Bryant Family Vineyard）以及蔻更（Colgin Cellars）而言要略高些，但也因此才足以讓賀蘭的名聲在國際上散佈開來。賀蘭

酒莊年度產量的65%透過郵購名單銷售，25%由傳統經銷管道釋出（其中50%出口到全球40國），剩下的10%則留予高級餐廳、慈善義賣或是自用。

車庫酒vs.膜拜酒

常有人將約莫同一時期（1990年代初）於波爾多右岸興起的車庫酒（Vin de Garage）風潮與膜拜酒相提並論，然而實質上兩者存在根本性的差異。一般認為車庫酒一詞起源自波爾多右岸酒人涂樂凡（Jean-Luc Thunevin）在聖愛美濃產區的自家車庫所釀造的Château Valandrau紅酒，因產量極小甚至可在車庫裡完

圖為龐德酒莊，酒莊總監為保羅‧羅伯茲。龐德酒莊並不擁有旗下五款單一葡萄園酒款出處的葡萄園。其中的Melbury以及St. Eden葡萄園也由大衛‧艾布魯的葡萄園顧問管理公司提供管理服務。

成釀造工序得名。車庫酒釀造者堅信即使在風土條件較差的地塊依舊能釀出極優質的酒款，藉此挑戰波爾多人認為風土以及分級才是王道的觀念。

車庫酒釀酒人藉由嚴控葡萄園每公頃產量以及新穎但頗受當地人爭議的釀酒手法（財力較雄厚者可採用濃縮機或是在釀酒以及熟成過程中打入微量氧氣）在潛力不被看好的園區裡釀出色深、味濃、年輕時已易飲，具有奔放果味以及驚人雄渾架構的酒款而受到許多酒評人以及酒迷讚賞。

由於車庫酒運動立意為「在不可能中創造可能」，因而帶有某種民主意涵，就好像「三級貧戶只要努力也可榮登總統大位」。故而，像是一般也被稱為車庫酒的La Gomerie, La Mondotte以及Le Pin等等其實並非真正的車庫酒，因這些酒原本即來自公認的優良風土園區，只因其量而少索求者眾而被誤認為車庫酒之一員。相對而言，多數的加州膜拜酒酒莊（如賀蘭）於創莊之初即以釀造出足以與法國五大酒莊並駕齊驅的名釀為職志，故在葡萄園的選擇探勘上、園區照顧上以及釀造設備上，都採不計成本與不達目的決不甘休的氣魄進行園區以及酒廠開發，較具菁英主義氣息；此與車庫酒的民主意涵並不同。然而同樣地，車庫酒一詞一如膜拜酒，在西方酒界也已不那麼時興了。

此外，由於多數膜拜酒年輕時即極為迷人，但又缺乏長期的酒質紀錄可徵，故而引發部分評論者對其是否具有一瓶偉大葡萄酒所需具備的長期儲存潛力的質疑。若舉賀蘭為例，以筆者在2010年6月飲過的1995 Harlan Estate而言，我認為還有約15年的儲存實力（此非該莊的特優年份）；截至目前，筆者共飲過此酒八個

年份，對於Harlan Estate的酒質穩定度極為欽佩。

多數膜拜酒的瓶中熟成曲線一如其酒價行情之上漲，一開始便飆高到令人不可置信的地步，但此後就似其陳釀溢價趨緩持平，通常可陳上20-30年不成問題，但是後頭的酒質變化驚喜度略少。高級波爾多紅酒則熟成緩慢，但儲存潛力極強，頂級酒莊的優良年份之潛力常常可達50-60年，且風味變化多端。然而邁入21世紀，多少人還有時間以及空間以換取波爾多老酒展示其絕代風華？若有一類酒款在相對年輕時就可達美味之頂峰，不也是美事一樁？

浪子賀蘭

比爾・賀蘭成長於洛杉磯郊區，其父就職於當地一家肉品包裝工廠。1957年當比爾就讀加州大學柏克萊分校時期就已開始遊訪那帕谷，他笑說：「那帕谷當時是個帶女友旅遊的好地方，便宜且不會檢查證件！」其時的那帕谷就如今日之加拿大或墨西哥，為美國大學生的廉宜出國旅遊去處。大學時期的比爾學業成績平平，運動成績特佳，尤愛水球與游泳，專擅需要極速衝刺的50公尺自由式。畢業後幾年，他的生活節奏依然充滿腎上腺素的刺激：他曾獨身在非洲搭便車旅行一年、在職業摩托車競賽中差點車禍身亡、駕駛小飛機自舊金山金門大橋下低空飛過，還在賭場工作過三年；似乎冒險犯難，極致盡興才是人生的真義。

1966年當比爾親眼見證羅伯・蒙大維酒莊（Robert Mondavi Winery）嶄新落成，心想有為者亦若是，他將來也要買園蓋廠，然而他財力不豐，雄心只好暫藏。1974年比爾與友人合夥共創太平洋聯合地產公司（Pacific

1

2

3

4

Union），此地產事業替他賺進豐厚身家，也替酒莊經營夢想奠基。1978年，他買下位於希爾拉多鄉道（Silverado Trail）旁的美多林園（Meadowood）農舍與周邊林地，欲將此地改造成葡萄園，然而後來發現此優美景點過於冷涼、土質過沃，非釀造高級葡萄酒之地。

　　錯誤已成，總要挽回頹勢。比爾精準的商業直覺讓他想將美多林園改頭換面，重新打造成一高級度假中心。與此同時，當時以羅伯‧蒙大維為首的那帕谷酒農協會（Napa Valley Vintners）正醞釀舉行首場的那帕谷慈善拍賣會（Napa Vally Wine Auction）以達成兩項目

1. 龐德酒莊的熟成酒窖呈一圓環狀，且分成六區，五款單一葡萄園酒款各占一區（過幾年會推出第六款），各區可分別設定溫度以達理想的酒精發酵溫度（少部分進行，如Pluribus酒款）、乳酸發酵溫度或是桶中熟成時的理想窖溫，技術複雜而先進。

2. Harlan Estate的二軍酒The Maiden，品質優秀，年產量約800箱。

3. 龐德酒莊的Matriarch紅酒以五個單一葡萄園酒款所汰下品質略次的酒液混調而成；首年份為1999。

4. 龐德酒莊葡萄園圍牆旁6月放肆綻放的野菊，葡萄園後還植有橄欖樹。

1

2

3

1. Meadowood高級度假村以及前景的附設高爾夫球場。

2. 賀蘭酒莊一角,許多訪客喜愛在此取景,然此標有建莊年份的地窖並非酒窖,只是日常儲酒室,裡頭儲存最多的是迎賓用的Krug品牌香檳,故被戲稱為Krug Room。

3. 此為Quella葡萄園裡的凝灰岩,據也是侍酒大師的龐德酒莊總監保羅‧羅伯茲解釋,因此凝灰岩之故,Quella酒款相對於其他四款單一葡萄園酒款常帶有更為清新的口感。

標:第一是提升那帕谷做為全美最佳葡萄酒產區的知名度,第二是替當地醫院募集慈善基金。之後籌劃人羅伯‧蒙大維找上比爾‧賀蘭商量:若比爾協助其舉辦那帕谷慈善拍賣會,則蒙大維便會力助比爾遊說相關機構讓「美多林園改建高級度假村開發案」早日通過。協議既成,雙贏結果更是皆大歡喜。後來於1981年舉行的第一屆慈善拍賣會便於全新開業的美多林園舉行(之後每屆都於此舉行);如今的那帕谷慈善拍賣已成全球最知名的葡萄酒拍賣會之一。2010年6月的第30屆拍賣會上更是募集了將近1億美元善款,成果豐碩。

此外,美多林園也成為現今有品味(兼有財力)的那帕谷酒鄉遊客心目中的最佳旅宿選擇,每晚房價在475-3,000美元之間,除了高爾夫球場、網球場、游泳池、Spa按摩中心,美多林園裡的The Restaurant餐廳在主廚克里斯多夫(Christopher Kostow)領導下被2011年版的米其林美食評鑑評為三星餐廳(2010年為兩星),讓美多林園成為米其林評鑑所言:值得專程繞道拜訪(用餐)之處。

眼界之養成

1980年為研究籌劃那帕谷慈善拍賣會,羅伯‧蒙大維替相關人員安排了一趟法國酒莊之旅,雖主要參訪目標為布根地的波恩濟貧醫院葡萄酒拍賣會(La vente aux enchères des vins des Hospices de Beaune),然而此為期五週的酒鄉拜訪讓比爾‧賀蘭眼界大開,盡賞布根地特級名園以及波爾多一級酒莊之風采,並得以親身就教酒莊主人而獲益匪淺。未來酒莊之藍圖在比爾心中也顯得愈加清晰。

1982年,比爾首先與太平洋聯合地產的事業夥伴共同成立了美莉酒廠(Merryvale Vineyards),並在1983年以外購葡萄釀出首批200箱的夏多內白酒以及250箱的卡本內—蘇維濃紅酒,當時酒質雖好,但還未達比爾‧賀蘭期望中的理想;在此合作的過程中他也明瞭到合資並非打造加州一級酒莊的最佳模式:例如當需花費重金進行某些必要實驗時,人多嘴雜兼各有居心的狀況決不是他想遇見的處境。在經營美莉酒廠期間,比爾身為經營者,除了從實作與錯誤中學習到酒莊經營與葡萄酒釀造,更重要的是日後一同打造賀蘭酒莊的團隊也在此時形成:賀蘭酒莊現任的總釀酒師包伯‧勒維(Bob Levy)以及酒莊總監唐‧偉弗都是自美莉酒廠時期便一起打拚的忠貞夥伴。

比爾認為要建立屹立百年仍受尊崇的頂級酒莊應具備三個要件:自有葡萄園、家族經營以及完全(或幾乎)零負債。然其首要之務還在於找到最佳風土塊,為此,他採取相當理性的邏輯分析:首先他爬梳那帕谷的釀酒史發現最負盛名的酒莊(如Beaulieu Vineyard, Inglenook, Martha's Vineyards等)都位在本谷的奧克維爾以及拉瑟福德兩酒村間的平坦谷地區段。

然而1980年的法國酒鄉參訪經驗告訴他許多傑出葡萄園都位在山坡上,據此,他隨後看中位於奧克維爾西邊一處未開發的山坡林地,推斷此區土壤不過度肥沃、排水性好、日照佳卻又較谷地葡萄園涼爽,應是釀酒寶地。遂於1984年購下首批的16公頃土地,是年為賀蘭酒莊的創始元年。之後幾年比爾又分批購入幾塊地,使今日的賀蘭酒莊總面積達97公頃,然而葡萄園種植面積僅維持在16公頃,故除去酒莊建築以及釀酒廠,本莊周遭留有相當大面積的自然林相,散步其中經常可見狐狸、麋鹿、北

美山貓、山獅、野生火雞以及各式鳥類快活林中。此地之前未經人為開發，僅殘有印地安遊牧民族在此狩獵的蹤跡：比爾・賀蘭在此拾獲多枚印地安人以石塊研磨的箭頭可證。

慧眼識英雄

賀蘭在1985年種下首批的2.4公頃葡萄園時，即已僱用當時初初竄起，現已是那帕谷最火紅的葡萄園管理大師的大衛・艾布魯（David Abreu）負責葡萄園的種植與照護，不過當時最初的葡萄園整體規劃還是由總釀酒師包伯・勒維所擘劃，後由艾布魯完美執行；比爾・賀蘭是少數幾位在艾布魯尚未真正蛻變成葡萄園管理大師之前便慧眼識英雄力邀其協助者，雖目前艾布魯已經不再管理賀蘭酒莊的葡萄園，但本莊及大衛・艾布魯的大名已成資深酒迷尊崇傳頌的名號。

另，比爾・賀蘭也在1988年邀請當時名氣還局限於波爾多酒界，現已是人稱飛行釀酒師（因最盛時期擔任全球超過100家酒莊的釀酒顧問，需到處飛行而得名）的明星釀酒顧問米歇爾・賀隆擔任顧問。初期，賀隆提供較多的釀酒意見，但是目前賀隆的主要功能則在提供賀蘭酒莊更廣的國際視野、酒壇新訊與第三者的客觀看法。

人說十年磨一劍，賀蘭首年份上市已經是建莊12年之後，這期間本莊幾無任何收入。其實賀蘭的首釀年份為1987，但此年份以及隨後的1988以及1989年份，酒質只能算優，尚未達本莊團隊認可的水準，故並未上市。本莊續釀了1990、1991、1992以及1993，但直到1994年份出現，賀蘭團隊才真正安心確認過去心血沒有白費。本莊終在1996年正式推出首個上市年份

1990，之後的1991-2007年份之間酒評家派克總共給了5個100滿分，95分以上也所在多有；據筆者個人品嘗經驗，此評價可稱公允（雖然筆者不認為有所謂100分的酒），並非浪得虛名。

Harlan Estate屬波爾多式的多品種混調酒，視年份不同，扮演主角的卡本內—蘇維濃品種占80-90％，其他混調品種還包括梅洛、卡本內—弗朗以及小維鐸；不過1998年份則為100％卡本內—蘇維濃。目前每年僅有約50％的葡萄酒被裝瓶為Harlan Estate，25％被裝瓶為二軍酒The Maiden（首年份為1995），剩下的則整桶售予其他酒廠（搜購酒廠需簽約同意不得透露購酒來源）。

360度的葡萄園

賀蘭酒莊的葡萄園乍看之下可粗分成東西兩大區塊。酒莊建物所在地的東坡以質脆易碎的火山岩土質為主，並混有部分由細粒火山碎屑凝固而成的凝灰岩（Tufa或Tuff）；因凝灰岩質軟，使葡萄樹根得以穿透岩層吸取養分以及礦物，質益增日後酒質複雜度。西坡則以含有石英質的砂岩土為主。其整體海拔在100-170公尺之間，表土層僅有約20-30公分厚。然而細察之下，賀蘭酒莊的葡萄園幾乎呈360度東西南北向分布，因受陽差異各區塊果實風味也不同，因此手工採收時需分品種、區塊採收，且因只採入完美熟成的葡萄，所以勢必實行多次採收（可多達20次，一般酒莊只採1-2次）。

採收後的葡萄，會先鋪置在篩選輸送帶上由15-20人小組先篩過，去梗後，於另條輸送帶上再篩一次，之後再經一帶有孔洞的震動輸送帶將果粒過小、青果、過熟乾癟的葡萄乾以及碎梗篩去，此時精篩後的葡萄就如一顆顆美麗

的藍莓。葡萄並不破皮就直接填入發酵槽（以中型直立橡木發酵槽為主，少部分為不鏽鋼槽）；但這與薄酒來區（Beaujolais）整串不去梗的二氧化碳浸皮法不同，因果粒上有小開口使果汁得以流出，空氣得以進出。之後還會以約攝氏5度低溫進行5-7天的發酵前低溫浸皮，才正式進行酒精發酵。發酵前低溫浸皮、酒精發酵與發酵後延長浸皮所加總起來的整體時間相當長（這段從葡萄進槽到出槽的時間也被稱為「總釀造時間」），通常為45-55天，最長可達60-70天。之後的乳酸發酵通常在小型橡木桶中進行，也在同一橡木桶進行約24-36個月的熟成，之後不過濾也不濾清便裝瓶。

龐德計畫

　　總釀酒師包伯・勒維在美莉酒廠時期因需外購葡萄釀酒，故而熟識了許多優秀葡萄農以及其良質葡萄園，他當時就認為其中有幾塊園區實屬特級葡萄園品質，所釀造之葡萄酒值得單獨裝瓶；然而，當時比爾・賀蘭未置可否使此計畫暫擱一旁。但勒維卻以不撓之精神私下持續進行小規模實驗。幾年後，比爾認同此理念，勒維便從合作葡萄農的60個葡萄園中先選出約24塊一級葡萄園品質者，再於其中精選出最佳的5塊葡萄園，以5處葡萄園果實分別釀成龐德酒莊（同屬比爾・賀蘭產業）旗下之五款單一葡萄園紅酒；酒莊並預計在幾年後推出第六款、也是最後一款的龐德系列紅酒。全數以外購葡萄釀造的龐德酒質與賀蘭相當接近，但酒價只要一半故極受歡迎，然每款僅產幾百箱，購得不易。

　　目前上市的五款龐德紅酒依照理想的品嚐順序列出，分別為Melbury（上市首年份為

Meadowood高級度假村裡的米其林三星餐廳The Restaurant菜單上其中一道開胃點心：食用花草戲綴蒜味白酪小塔。

1999）、Quella（上市首年份為2006）、St. Eden（上市首年份為2001）、Vecina（上市首年份為1999）以及Pluribus（上市首年份為2003）。其中Quella, Melbury以及Vecina為100%卡本內—蘇維濃品種紅酒，St. Eden以及Pluribus則混調有小比例的梅洛和卡本內—弗朗。龐德系列五傑以布根地為師，著重在酒中呈現各塊風土之細微差異，故而各自有應對的釀造方式，如Quella、Melbury會使用較多的不鏽鋼桶發酵，而單寧架構較結實的Vecina以及Pluribus則有部分酒液會直接在225公升的小型橡木桶裡直接發酵以柔化丹寧。

　　比爾・賀蘭欲建立的酒業王朝百年基業已具堅實基礎，而其20出頭歲的兒子Will以及女兒Amanda可望在幾年後逐漸接班，加以賀蘭酒莊天寶地華、地靈人傑，其以一級酒莊自居之夙願可說已完滿達成，並超脫了膜拜的潮來潮往，比爾人生之至樂莫此而已。🍷

Harlan Estate

PO Box 352, Oakville CA 94562

USA

Website:www.harlanestate.com

綢繆如幻
Colgin Cellars

　　浪掏沙，酒掏心。蔻更酒窖（Colgin Cellars）一系列2007年份的美釀飲來綢繆如幻，婉麗勁道，圓中帶直，層疊繁複，細節澄析，令筆者品評之際一口未吐，無法吐，因所謂極品也不過如此，筆者品評經驗此刻似達涅槃極境，為其拜倒、絕倒、迷倒。回憶於蔻更酒窖的品嘗經驗固然美好，然而，下筆為文之際沮喪襲來，因筆者財力不豐，何時能再親賞蔻更之美？即使決心破費傷財，泡麵度日也可，僅繳信用卡最低應繳金額也行，但本莊產量極低，單有銀兩也未必濟事。目前蔻更釀產四款酒，除其中一款的年均產量為1,200箱，其餘均以寥寥數百箱計數，一親芳澤之機運幾希矣！

　　許多酒友必定心中存疑如此年輕就如此惑人的酒款，其久儲以及複雜風味之演化能力必要打些折扣，然而，筆者品試以上系列酒款時，釀酒師實已將酒入醒酒瓶達4小時，才得以展現芳華，其柔美婉約外表下蘊藏的潛力實不可小覷，一般而言，其適飲期可略估為25年左

蔻更酒窖以及九號莊園葡萄園的鳥瞰景觀；圖片右上角為那帕谷地。

右，絕佳年份如2007，可再多加幾年；隨著園中尚屬年輕的樹藤轉趨成熟，其儲存潛力應可再上層樓。

膜拜酒界第一夫人

蔻更酒窖之女莊主安‧蔻更（Ann Colgin）因本莊地位、雍容美豔的外表以及投身慈善義賣的善舉讓酒界稱其為「那帕谷膜拜酒第一夫人」（the first lady of Napa Valley "cult"wine）；然因Cult一詞讓安‧蔻更聯想起美國中西部的邪教勢力，故頗嫌棄Cult一詞。成長於德州的安，從小飲用的是啤酒與雞尾酒，一直到她在倫敦參與了蘇富比裝飾藝術課程，於旅居之際有機會品嘗到1959年份的拉圖堡以及歐布里雍堡時，其對葡萄酒的熱情立即被引燃，也激發她更進一步探究的動力。

1980年代初，安‧蔻更搬遷至紐約並服務於佳士得拍賣機構的客戶服務部門，在那，她遇見其葡萄酒導師——精研葡萄酒的拍賣官柯爾（Brian Cole），也因柯爾之故，安開始遊歷那帕谷。1988年她與當時從事古董買賣的丈夫史瑞德（Fred Schrader）一同參與那帕谷慈善拍賣會後便深深愛上那帕酒鄉的風土民情；後因與明星釀酒師海倫‧特麗（Helen Turley）與魏勞富（John Wetlaufer）夫婦相熟而萌發購買自有葡萄園的想法。

然而當時並無適合的葡萄園出售，安‧蔻更於是藉由海倫‧特麗的業界人脈購得Herb Lamb Vineyard園區的卡本內－蘇維濃葡萄，並由海倫負責釀酒。未料此1992 Herb Lamb Vineyard Cabernet Sauvignon酒質超絕，立即引起酒壇矚目。之後陸續幾個年份更奠定了蔻更酒窖難以撼動的膜拜地位。由於Herb Lamb

1. 本莊的九號莊園葡萄園（也是蔻更酒窖所在地）可俯瞰人造水庫軒尼詩湖，此為供應大那帕谷地區用水的最主要水源。

2. 蔻更酒窖的圓形釀酒窖，左邊的黃色地中海式別墅即是接待室與品酒室。

Vineyard Cabernet Sauvignon紅酒年產量僅約300箱（2005年份更只有110箱）故而向隅者眾；曾有人欲以一部名貴的賓士運動休旅車與安‧蔻更交換一箱12瓶的此園佳釀，卻遭安婉拒。目前在拍賣會上的佳年Herb Lamb Vineyard Cabernet Sauvignon紅酒可拍出每瓶超過1,000美元的價格。

Herb Lamb Vineyard葡萄園位於聖海倫娜（St. Helena）酒村東邊的豪厄爾山（Howell Mountain）產區下方的多石山坡上。實際園主為賀伯‧藍（Herb Lamb）先生，此園總面積約3公頃，蔻更僅租取此園最上端質素最優的14行葡萄樹，難怪產量稀微。1985年時此園的

1

2

3

4

1. 安‧蔻更曾與夫婿溫德的私人藏酒窖裡典藏了16,500瓶的各地佳釀。

2. 安‧蔻更在慈善義買中所標得以355年樹齡所製的罕見Futaie Colbert森林橡木桶。

3. 蔻更酒窖的地中海別墅內景。

4. 蔻更酒窖的系列酒款若需在酒款年輕時即飲用（如五年以下），則需至少入醒酒瓶醒酒3小時才能品鑑其真正實力。此外，本莊也產製有一款稱為Jubilation Merlot的微量酒款，但並不販售，僅提供義賣或是特殊場合之用。

葡萄樹乃嫁接在AXR美國種葡萄樹根上，然而由於AXR無法有效對抗葡萄根瘤蚜蟲病，因此許多卡本內─蘇維濃樹株因病逐漸凋零頹死，故而賀伯‧藍決定自2008年起全面重植，且以後也不再租給蔻更酒窖理園釀酒。是而出自蔻更酒窖的Herb Lamb Vineyard Cabernet Sauvignon在釀造出最後的2007年份之後，將永遠消失酒壇，讓酒迷引為憾事；本莊在此絕版年份的酒瓶上刻有「Toasting Our Final Vintage」（向最後年份舉杯致敬）；理所當然，此酒酒價會再度狂飆，畢竟絕版最為珍稀，何況是那帕的絕佳年份。

除Herb Lamb Vineyard Cabernet Sauvignon之外，本莊其他四款同樣酒質精湛的酩釀都以郵購名單售出，但郵購名單早已爆滿，雖酒友可隨時上網登記等待名單，但目前等待人數約有3,500名，是故，等到機會降臨可能已是4年之後的事了。然而酒友也可向各地代理商詢問購酒可能，或是在部分米其林星級餐廳品飲到蔻更美酒，又或是在拍賣會上標得。

蔻更目前持續生產的四款紅酒中以Tychson Hill Vineyard Cabernet Sauvignon產量最低，平均年產250箱，首年份為2000年。安‧蔻更在1996年買下此面積僅達1公頃的東向多石園區Tychson Hill Vineyard，其土壤還含有那帕谷最稀有的Aiken Very Stony Loam火山土；葡萄藤種於1997年。此以100%卡本內─蘇維濃品種釀成的紅酒屬四款中最芬芳、最具女性陰柔性格者，尾韻常具礦物質風韻，也是年輕時最易飲用的一款，然而其儲存潛力也不因此減損。

與前輩酒人心有靈犀

身為那帕谷最受景仰的女莊主安‧蔻更當初

購入Tychson Hill Vineyard除風土考量外，也因此園歷史背景所隱含的意義而出手：此園在19世紀末曾屬那帕谷第一位女釀酒師喬瑟芬‧媞克森（Josephine Tychson）所有，她當初遭逢夫喪之痛，卻毅然獨自扶養兩名幼兒，並將釀酒事業經營得有聲有色，其所創酒莊Tychson Cellars就是後來知名酒莊Freemark Abbey之前身。1997年安與前夫史瑞德離異，也在同年於Tychson Hill Vineyard重植已在禁酒令時期被拔除的葡萄樹，並獨自經營酒莊，算是與前輩酒人喬瑟芬心有靈犀。

自Herb Lamb Vineyard紅酒停產後，本莊的Cariad紅酒是唯一以外購葡萄釀造的紅酒。Cariad在威爾斯語（賽爾特語的一種）裡意指「愛」或是「心」，此酒通常以約55%卡本內─蘇維濃、30%梅洛以及部分的卡本內─弗朗和小維鐸混調而成，為波爾多形式混調酒。葡萄原料購自葡萄園管理大師大衛‧艾布魯所擁有且親自照顧的Madrona Ranch以及Thorevilos兩園；其中的卡本內─蘇維濃、梅

本莊酒款均在不鏽鋼槽內釀造（如圖），發酵完後的皮渣，則以垂直式榨機以緩速榨出細膩酒汁（榨汁酒），視情況再添回自流酒中。

1

2

3

4

1. 蔻更常以親吻取代在酒瓶上簽名的要求。

2. 左為2007 Herb Lamb Vineyard Cabernet Sauvignon,為此酒最後一個釀產年份,酒瓶下方刻有金字 "Toasting Our Final Vintage"。右為產量最少的Tychson Hill Vineyard Cabernet Sauvignon。

3. Cariad紅酒以葡萄園管理大師大衛‧艾布魯所擁有的Madrona Ranch以及Thorevilos兩園之葡萄原料所釀造。

4. 1992 Herb Lamb Vineyard Cabernet Sauvignon為本莊首款面世的紅酒,本莊也以此驚天首釀奠定酒壇地位。

洛、卡本內—弗朗來自前者，小維鐸則來自後者。Cariad酒中常帶有黑莓、印度香料以及皮革氣息，口感細膩而深沉；首年份為1999，年均產量約500箱。

安·蔻更與前夫離婚不久，就在一場於比佛利山莊（Beverly Hills）別墅區裡舉行的以已逝釀酒大師亨利·佳葉（Henri Jayer）為主題的品酒會上遇見銀行家暨葡萄酒收藏家的溫德（Joe Wender），之後溫德展開熱烈追求，與時任佳士得葡萄酒部門拍賣官的安·蔻更迅速墜入愛河，兩人並於1998年向地主郎氏家族（Long Family）購下九號莊園（IX Estate，發音為Number 9 Estate）。在購園之初，安·蔻更即請大衛·艾布魯研究勘查風土地形，判定釀酒潛力之後才買下這合約49公頃的山坡林地，開發後於2000年種下希哈（1.53公頃）以及波爾多經典品種（6.47公頃）；同年這雙愛侶於九號莊園的年輕葡萄藤圍繞中完婚。酒廠建築以及大型地中海式別墅則於2002年完工，自此年起，本莊所有酒款都於此釀造。

九號莊園位於聖海倫娜酒村東邊深山的隱蔽山坡上，可俯瞰秀美的人造水庫軒尼詩湖（Lake Hennessey），葡萄園位於海拔350-410公尺之間，整體氣溫較那帕谷地葡萄園涼爽，朝東，無西曬，故下午4時起的炎熱烈陽無法直曬此園，使葡萄可緩慢熟成並帶有均衡的酸度。榨汁深紅中帶黑紫色，風味集中，實為那帕谷最佳葡萄園之一。

本莊以九號莊園的葡萄共釀製兩款佳釀。首一是IX Estate Napa Valley Red Wine，為波爾多形式混調酒（卡本內—蘇維濃占約70%、梅洛占約20%，加上少量卡本內—弗朗和小維鐸），極為柔美馨香，常帶有鼠尾草香料調性，以10年左右的年輕樹藤即可釀出如此美質

驚人的酒款，令人嘆服；年均產量約1,200箱。另款同樣精采的同園酒款為以100%希哈品種釀成的IX Estate Syrah，其希哈品種無性繁殖系均來自法國的羅第丘以及艾米達吉卓越產區。此酒口感鮮活靈動，在以黑莓、紫羅蘭花香為主調的風味中帶有些微焦油、烤肉的副韻，極為誘惑人心；年均產量約300箱。兩款酒的首年份均為2002年。

雖本莊尚未發現蔻更酒窖的偽酒，但為防患於未然，本莊自2006年份起便特別開模特製酒瓶，在瓶底凹部刻有C的字樣以資消費者辨識；當然這只是防偽招數裡可見的部分，然只要肉眼可見，不肖歹徒都能夠仿製。所以蔻更另外在幾年前與柯達公司合作在瓶身上標明僅有特殊機器可閱讀的防偽標示，進一步提高仿造難度。

除安·蔻更的眼光與決心，本莊還獲益於堅強的釀造團隊。葡萄園管理方面，所有園區都經大衛·艾布魯團隊一絲不苟地精確管理，以提供釀酒師最佳原料（Herb Lamb Vineyard在2004-2007年份之間也是由艾布魯所管理）。本莊還聘請到知名波爾多釀酒顧問阿郎·黑諾（Alain Raynaud）提供第三者的超然看法以及酒款混調時的專業建議；黑諾每年來訪4次，每次停留3天，蔻更酒窖為其在那帕谷唯一的顧問工作。目前本莊的釀酒師為在2007年正式升任的艾莉森·陶席（Allison Tauziet），曾在名莊Far Niente擔任釀酒師，其釀技精準，口舌敏銳，為安·蔻更所倚重的大將。

葡萄酒圖書館

安·蔻更曾經營藝術品以及骨董買賣，目前也是品味獨具的收藏家，在九號莊園的別墅

1. 氣質出眾的女莊主安‧蔻更。

2. 安‧蔻更所收藏的與葡萄酒相關主題的藝術品收藏之一。

3. 安‧蔻更所收藏的與葡萄酒相關主題的藝術品收藏之二。

裡擺設有令人目不暇給的藝術品收藏，並以與葡萄酒相關主題的藏品為主；無子嗣，安‧蔻更以法國布根地知名產區之一的高登—查理曼（Corton-Charlemagne）替愛犬命名。她與夫婿溫德的葡萄酒收藏也令人大開眼界：占地17坪的酒窖全以加州紅木打造而成，溫潤鵝黃的燈光下靜靜躺著16,500瓶佳釀，其中1,500瓶為蔻更酒窖之酒釀，其他15,000瓶美酒則來自全世界各地，如6公升裝的1985 Domaine de la Romanée-Conti La Tâche、1935年的Simi

Cabernet Sauvignon Alexander Valley等，最老的品項則來自1889 Bouchard Père & Fils, Nuits-Saint-Georges。溫德並在收藏酒窖內安裝可滑動式木梯，除利用空間之外，更讓藏酒窖活像一葡萄酒圖書館，以之陳列一部部可飲用的歷史。

安·蔻更每年都會提供一系列罕見的大瓶裝蔻更美酒予慈善義賣之用，至今已募得超過600萬美元，可謂助人不餘遺力。她不僅常常親自主持慈善義賣，對其他義賣場合也不吝出資共襄盛舉。幾年前有場頂級橡木桶慈善拍賣，總量共40桶，安·蔻更就買了10桶，愛心不落人後。這批橡木桶的木料來源極為特殊，此巨樹於1650年種下，2005年才伐樹製桶，且來自於法國中部統榭森林（Forêt de Tronçais）中的珍貴Futaie Colbert區塊（僅剩約10公頃）。

此森林區塊實取名自17世紀中的庫爾貝（Colbert）先生，當年他寄望法國成為海上強權，便在此地植下100萬公頃的特選橡木以供造船之用。18世紀末的法國大革命之後，因附近煉鐵廠的建立，需燃料煉鐵而使此林逐漸消失。這些以超過350年樹齡所製的稀罕Futaie Colbert橡木桶紋路質地極為細緻，為陳酒橡木桶之極選。

本莊採所謂的新古典釀酒法（Neo-Classical Winemaking），即以傳統為師，持續創新。創新如像賀蘭酒莊一般在篩選葡萄串之後，經過去梗，然後針對單顆果粒再人工篩選一次，再以震動輸送帶將所有不合格果粒盡數篩去。傳統觀念的做法則如：以輸送帶將完美果粒移送至發酵槽上端後再填滿酒槽；即不採用幫浦抽送以維持釀酒原料的完好。

釀酒師艾莉森·陶席自2007年份起開始進

本莊所使用的軟木塞長度超乎常人，長54mm，每根成本為2.5美元。

行小規模實驗，將卡本內—蘇維濃與少量卡本內—弗朗共同發酵，發現如此做法更能讓兩品種之特性早些完美融合，酒液也更見複雜；或許，將來只要園中兩品種剛好同時達到最佳熟度，本莊都會考慮將部分批次葡萄同時發酵，而非分開發酵、分別熟成後再予以混調。看來，蔻更酒窖的未來將在艾莉森聰慧的領帶下，讓酒質愈加展現魅惑的幻力。

Colgin Cellars

Post Office Box 254
Saint Helena, California 94574
USA
Tel：+001 (707) 963 0999
Website: www.colgincellars.com

美釀的伊始
Abreu Vineyard

相對於賀蘭酒莊以及蔻更酒窖而言，同被視為膜拜酒之一的艾布魯酒莊（Abreu Vineyard）在國際聲名上不若前兩者響亮，實因莊主大衛·艾布魯個性低調所致，對於媒體採訪也常能避就避，即便是美國的《葡萄酒觀察家》雜誌也是碰了幾次閉門羹後才獲採訪機會。雖英國酒評家休·強生（Hugh Johnson）在2012年版的《Hugh Johnson葡萄酒隨身寶典》裡僅將艾布魯酒莊列為三星酒莊（最高四星）；而美國葡萄酒收藏家大衛·索柯林所著的《葡萄酒投資》一書裡，也僅將本莊列為第二等級投資級葡萄酒（Investment Grade Wines, IGW）；然而筆者在嘗過幾個年份後認為，本莊於酒質

1. Madrona Ranch葡萄園為本莊所擁有的第一個葡萄園，其所產出的1995 Madrona Ranch Cabernet Sauvignon在〈索甸審判〉品酒會中稱雄奪冠。
2. 豪厄爾山葡萄園裡的熟美葡萄串，此園的酒釀首年份為2006年。

2

坐在Cappella葡萄園圍牆外，介於薰衣草與橄欖樹之間的莊主大衛・艾布魯。本莊也壓製橄欖油，僅自用不外售，部分橄欖樹的樹齡甚至超過百年。

上實可與賀蘭酒莊、蔻更酒窖,甚而波爾多五大酒莊平起平坐而無需汗顏。

　　那帕谷地裡的許多酒莊會抬出釀酒顧問的大名當做酒質保證,如遊走國際的法國釀酒顧問米歇爾·賀隆或是那帕谷明星級釀酒顧問海倫·特麗。然而以葡萄園管理師之名在谷地獲得同樣崇譽與地位者僅有大衛·艾布魯一人;自1990年代末艾布魯也成為那帕谷裡眾莊爭搶的名牌之一,此因許多酒莊莊主本身既不懂釀酒,也不懂葡萄種植與管理,卻銀彈充足,且欲釀出榮耀已名的頂級葡萄酒之故。

1. 本莊規模不大的酒窖位於揚特維爾村(Yountville)村裡的地下洞穴裡。

2. 此為Madrona Ranch的舊瓶裝(2000年份為舊瓶裝的最後一個年份),自2001年起開始改換新瓶裝。

3. 此為2005年份的Thorevilos紅酒,此為新瓶裝。酒標以印鈔技術印製,偽仿難度高。

　　人人都會說酒質優劣的前提,90%來自葡萄園的風土與管理云云,然而本谷地裡最能體現風土真意,以一絲不苟的嚴謹態度管理葡萄園,而被稱為葡萄園管理大師的人物也只有艾布魯;即便其收取的顧問費是同業的兩倍或以

上，莊主們也都心甘情願支付，因艾布魯就是王牌，能請到艾布魯幾乎就是酒質優良的保證，也能吸引媒體或是酒評家的注意。

畢業於加州大學戴維斯分校葡萄種植暨釀酒學系的大衛・艾布魯，在畢業後不久便於1980年創立大衛・艾布魯葡萄園管理顧問公司（David Abreu Vineyard Management）。目前請艾布魯開發1英畝葡萄園需要高達10萬美元的費用，若園區在開發前樹林茂密且多石，則費用還會躍升至每英畝13萬美元。艾布魯的顧問公司經營葡萄園栽植與照料管理的業務以包商的方式進行，人力、器具設備以及當年園區管理都包含在套餐合約裡；然而現已有許多酒莊自備機具設備，故此費用可依情況刪去。除去處女地開發費用，每年的園區管理費約為每英畝2萬美元（服務包含除去多餘芽苞、以降低產量為目的綠色採收、秋季採收，一直到將葡萄送至酒廠為止），若遇不可抗力狀況（如熱浪、冰雹以及鳥襲等等），則費用會提升至約每英畝2.5萬美元。

艾布魯手下的全職員工從初創時期的20人增至目前的200人左右，同一時間最多可承接25家酒莊的園區照料委託。艾布魯針對每家酒莊每年約派5-10名常駐葡萄農照料，也即是同批人經年僅照料同一塊地，故對每株葡萄樹的生長特質瞭若指掌，在剪枝、預估產量以及評估果實品質時，都可依當年氣候隨時調整；與其他類似的葡萄園顧問公司依需要才隨時徵調該村臨時工進行葡萄園農務的狀況天差地別。目前艾布魯手上所顧問以及管理的酒莊主要在南起奧克維爾到北至卡里斯托加（Calistoga）酒村之間約20公里的葡萄園精華地帶，包括：Colgin Cellars、Bryant Family Vineyard、Screaming Eagle（自2006年份起）、Sloan Estate、Staglin Family Vineyard、Rudd Vineyards & Winery以及Kenzo Estate等。

除替名莊效命之外，艾布魯自有酒莊（正式建莊於1986年）的名釀也以風味集中、氣韻純淨綿長獲致佳評。直到2000年份，艾布魯酒莊的釀酒師都由艾布魯的良師兼益友瑞克・福曼（Ric Forman）擔任，自2001年份起則由年輕、才幹以及見解非凡的布萊德・格林斯（Brad Grimes）擔綱。本莊酒款雖較波爾多名酒來得較可早飲，也需經約10年光陰才可達至巔峰，儲存潛力可達約25-30年左右。

老子曰：「物壯則老，是謂不道，不道早已。」以白話解釋，即：「事物壯大後，即步入衰老，逞強稱霸不合於道。不合乎道，就會早夭。」艾布魯美酒與一般加州酒款年輕時便熟美可口，之後卻韶華盛極、盛極而衰的平庸酒款不同，其潛力極強，不早夭，且以成熟繁複的滋味在一場以歐洲評酒人為主的品酒會裡大放異彩，再次跌破歐洲人眼鏡。

索甸審判

被《時代雜誌》稱為〈巴黎審判〉的1976年巴黎品酒會中，加州酒大敗法國酒，讓法國人很不服氣，稱是波爾多紅酒年輕時顯不出實力。應此批評，主辦人於30年後的2006年以同樣酒款再次舉行「1976巴黎品酒會複刻版」，結果依舊由那帕酒稱雄（雄踞一到五名）。然而，歐洲人依舊無法心服口服。故而由歐洲葡萄酒專業人士成立於1996年的歐洲大評委團（Grand Jury Européen）便於2006年9月底假波爾多索甸區（Sauternes）的積侯堡（Château Guiraud）舉行了一場被稱為〈索甸審判〉（Judgement of Sauternes）的品酒會，欲藉此

1

2

3

1. 本莊部分的葡萄會破皮，部分不破皮（如圖）而採類似整顆葡萄發酵的做法。

2. 本莊的不鏽鋼發酵槽容量較小，可將同一園區內的各地塊區分小區塊釀造。並且，卡本內－蘇維濃以及卡本內－弗朗兩品種常常共同發酵。

3. 左為現任釀酒師布萊德·格林斯，右為葡萄園管理大師大衛·艾布魯。

4. Madrona Ranch的上坡處葡萄園。其實當地向本莊購買葡萄釀酒者不僅只Colgin酒莊，還包括Bryant Family（用以釀造Bettina紅酒，為Bryant的另一品牌）、Cliff Lede Vineyards（用以釀造Songbook紅酒）以及Behrens Family（用以釀造Cemetery紅酒）等等。

4

評酒會提供另一種觀點。

　　〈索甸審判〉品酒會中各有加州以及波爾多紅酒20款，皆選自1995年份；歐洲大評委團解釋：1995為加州特優年份，而為波爾多優秀年份，如此評較，酒質潛力接近，也不致招人非議說是偏袒波爾多酒。評審委員包含歐洲大評委團的20名永久會員（其中包括2000年世界最佳侍酒師Olivier Poussier），以及13名分別來自其他國家的專業酒評人共同組成。評審委員知道當日品鑑的酒款名稱，但不知道品飲順序，即不知杯中酒為何，算是半矇瓶試飲。

　　品鑑結果極為出人意表，艾布魯酒莊的1995 Madrona Ranch Cabernet Sauvignon以平均總分90.47分奪得冠軍。敗在其手下的波爾多名酒包含Château Valandraud、Château Latour、Château Ausone、Château Léoville Las Cases、Château Mouton-Rothschild, Château Cheval Blanc、Petrus、Château Lafite、Château Margaux以及Château Haut-Brion等20款；可說所謂的「波爾多八大酒莊」皆成敗將。而此冠軍酒也勝過Shafer Hillside Select、Phelphs Insignia、Araujo、Château Montelena、Ridge Monte bello、Dominus、Colgin、Screaming Eagle以及Harlan Estate等19款來自加州的同儕酩釀。雖此類競賽不代表Madrona Ranch Cabernet Sauvignon絕對在酒質上勝過「波爾多八大」，但卻可證實艾布魯酒莊的酒質層次絕對與波都名釀隸屬同一水平。〈索甸審判〉不若〈巴黎審判〉來得知名與廣受討論，或許是因加州酒勝過波爾多酒已非新聞。

不必要的堅持成就完美

　　既然葡萄園乃美釀的伊始，艾布魯管理團

隊對葡萄園管理的任何細節也不能疏放。包括小貨卡、農耕機必須要清洗潔淨才能出入葡萄園，甚而若是靠近道路旁的幾行葡萄樹因車輛交通之故而沾染土塵，管理團隊也會以清水將葡萄葉以及果實輕輕滌淨；釀酒師布萊德‧格林斯還指出另一可行的路面土塵控制方式為使用「DUST OFF」廠牌的有機油脂以噴灑旁鄰路面，可保一年期間不再塵土飛揚。

　　本莊成名最早的酒款為來自Madrona Ranch葡萄園的同名酒款；此園面積9.3公頃，位於春山（Spring Mountain）之下，部分園區地勢平緩，部分位於半山腰上，土壤具有罕見的Pleasanton以及Aiken兩種壤土質。Madrona Ranch紅酒雖為波爾多品種混調酒，但卻少見地以卡本內－蘇維濃以及卡本內－弗朗為主，小維鐸占第三順位混調比例，反而他廠常見的梅洛品種僅占極小比例；本莊其他三款紅酒的混調品種比例也相仿。艾布魯表示梅洛品種在其園內熟成過快，表現不夠細膩，故無法擔綱葡萄酒的結構主幹。Madrona Ranch的首年份為1986，但首個上市年份為1987；其中1988、1990以及1998年份因品質未達艾布魯所設定的標準，故降級未產。

　　本莊所產製的第二款酒為在2000年份首次推出的Thorevilos紅酒；同名葡萄園占地8.9公頃，園區植於1990年，位於豪厄爾山之下，土壤含有以火山碎屑凝固而成的白色凝灰岩，排水性佳，礦物質含量高，也是四款酒中在年輕時顯得較為緊實封閉的一款。第三款為在2010年秋天才推出的首年份2006 Cappella紅酒，同名葡萄園僅有2.4公頃，園中多礫石，酒質優雅醇淨，單寧細緻，算是酒款中較早些可享用者。最後一款新品是2011年春天首次上市的首年份2006 Howell Mountain紅酒，同名葡萄園占

1. 豪厄爾山（Howell Mountain）葡萄園裡的石造拱門上刻有艾布魯女兒的姓名Lucia Abreu。

2. 大衛‧艾布魯讓人在Cappella葡萄園的石牆上刻撰上兩個兒子的姓名：Rico和Matteo，可見期許甚深。

1

2

地7.3公頃，葡萄樹植於2002年，土壤含有紅色Aiken壤土，其口感清新，風味集中，單寧緊緻，尾韻具有清雅的礦物質風韻。以上所述四款酒的酒質旗鼓相當，款款傑出。

本莊在釀造方面依循傳統，沒有太過新穎的釀酒技巧（創新者，如賀蘭酒莊，其某些年份的小部分葡萄酒，因地塊風土之故，採用去梗的整顆葡萄投入原來用以熟陳用的225公升小型橡木桶中直接進行酒精發酵以使單寧更加圓潤；據說此釀技是由米歇爾‧賀隆引入那帕谷）。艾布魯酒莊唯一較為少見釀法，是將卡本內─蘇維濃以及卡本內─弗朗共同發酵，也讓部分地塊的卡本內─弗朗與小維鐸共同發

酵，而非採用現代較常見的各品種分開發酵、再予以混調的方式。本莊認為此舉可使酒質展現出絕妙的複雜度；但因梅洛品種較早熟成，故採收後通常單獨進行發酵；最後才將不同發酵批次的酒液混調裝瓶。本莊酒款都在100%全新法國橡木桶熟成約24個月，裝瓶後再經24個月（或更久）的瓶中熟成才釋出上市。

雖然大衛‧艾布魯時常穿梭在上流社會的富豪客戶之間，但家族三代務農如他，生活樸實，穿著簡單，一如那帕谷尋常老農。可不是，與其採訪隔日，筆者排隊買午餐三明治時，便赫見艾布魯牽著小女兒的手排在我身後。大師樸實無華，殫竭心力而已，完美主義而已；美味的伊始來自葡萄園，來自大衛‧艾布魯。🍷

Abreu Vineyard

P.O. Box 89 — Rutherford, CA. 94573
USA
Tel：+001 (707) 963-7487
Website: abreuvineyard.com

part VIII 一水護田將綠繞：摩塞爾美酒
GERMANY Mosel

北宋王安石曾詩：「一水護田將綠繞，兩山排闥送青來」；以此形容德國摩塞爾（Mosel）產區再貼切不過。摩塞爾河發源自法國弗日山脈（Vosges Mountains），流經法、盧兩國，進入德境至科布倫茲（Koblenz）城郊注入萊茵河（Rhein）。摩塞爾河在同名產區裡迂迴蜿蜒，千折百轉，護繞著羅馬時代即已存在的陡峭葡萄田園；夏日，各家戶推窗即見綠意不僅盎然，幾乎不請自入，直闖屋內（或眼簾）；秋季則轉為金黃耀眼，又是另番迷人景致。

摩塞爾的麗絲玲品種白酒以其靈巧、優雅、清鮮、低酒精度又具清瘦堅實的骨幹而與東南邊的萊茵高（Rheingau）產區白酒齊名。然

而，其實摩塞爾在國際酒壇上相對成名較晚，直至20世紀才真正為國際愛酒人士所欣賞；畢竟摩塞爾河面上雖可行船，但相較於河面寬、運量大的萊茵河仍是無可比擬，運輸條件在早期某種程度上限制了摩塞爾白酒的輸出。另摩塞爾量少價昂的枯葡精選（TBA）甜白酒遲至1921年才出現，而萊茵高的多數名莊在19世紀初即已開始釀製。無論如何，現今多數酒友對於德國葡萄酒的啟蒙恐怕多來自摩賽爾的可口麗絲玲。

摩塞爾產區今日約有9,000公頃葡萄園，主要品種的麗絲玲之種植面積約占60%；本區以及全德國最高級的白酒均以麗絲玲釀成。摩塞爾還種有約14%的米勒—土高（Müller-Thurgau）

旅客可搭乘觀光船飽覽摩塞爾河兩岸葡萄園美景。

以及6%的艾布琳（Elbling）等白葡萄品種，這些品種因較麗絲玲早熟，多被種在離河岸較遠的平原區沃土，先天不良加以後天失調，這些品種酒款均為風味平庸者流，僅以廉價獲當地消費者青睞，品質與產自河岸旁的精緻麗絲玲白酒自是天差地別。

然而以上種植面積之數據與1960年相較，還有一大段差距：當時總面積為8,052公頃，麗絲玲就占85%，艾布琳占10%，而米勒－土高僅有4%的面積。相信德國頂級酒款愛好者，都冀望麗絲玲葡萄樹能再大幅攻城掠地，以饗我輩口福。

摩塞爾河谷氣候相當寒涼潮濕，幸有河谷地形屏障，加以河水調節氣溫並反射陽光才讓精采的麗絲玲白酒得以面世。最佳的麗絲玲葡萄園皆位於靠河岸的陡坡上，遍佈園中的板岩不僅提高排水性，還可吸陽保暖、反射陽光，益增麗絲玲的成熟。摩塞爾的板岩其實具有不同顏色：例如在棕山（Brauneberg）酒村附近呈棕色，於貝卡斯特（Bernkastel）酒村附近則為黑色，靠衛倫（Wehlen）酒村周遭則偏藍色，在艾登（Erden）酒村附近的板岩甚至帶粉紅色澤；而這些色澤各異的板岩也都為麗絲玲白酒帶來細微的風味差異。

如同法國布根地，摩塞爾的最佳葡萄園都位於中坡處，高處的氣溫寒涼不利完美熟成，低處則易受春霜凍壞嫩芽。雖然陡坡為公認的最佳種植地塊，然因坡度過大，種植困難，使得種植成本大幅上升；一般而言，除採收季不算，位在平原區可採機器耕作的地塊每年每公頃只需約300-400小時工時，而位於陡坡上的良地則需約1,500小時工時。今日，多數的德國青年已不願承受在斜坡上全以手工進行辛勞的農事，故而酒莊多招募來自波蘭的人力協助整

衛倫酒村附近的藍色板岩與冬季葡萄枯葉。

園，若沒有波蘭廉宜的人力，本區恐怕一半以上位於險坡上的最佳葡萄園都要遭棄。

摩塞爾河由西南朝東北流，一般也將整個產區分為三個區塊，即位居下游的下摩塞爾（Untermosel, 也稱Terrassenmosel）、居中段的中摩塞爾（Mittelmosel）以及位於上游的上摩塞爾（Obermosel）。其中以中摩塞爾的種植條件最為優良，所有世界級名莊名園皆群聚於此，以下以自北而南（下游至上游）的順序介紹三家中摩塞爾區內最傑出的酒莊：普恩（Joh. Jos. Prüm）、弗里茲・哈格（Fritz Haag）以及翰侯・哈特（Reinhold Haart）酒莊。

無齡無瑕無與爭鋒
Weingut Joh. Jos. Prüm

過了德國摩塞爾河的葡萄酒重鎮貝卡斯特後，再往北車行一刻鐘，遇橋左轉來到衛倫酒村，濱河的城堡式華美宅第便是摩塞爾產區首屈一指的名莊約翰‧約瑟夫‧普恩（Joh. Jos. Prüm，簡稱為JJ Prüm）。普恩大家族歷史淵遠流長不易細溯，但可知十六世紀時，普恩家族便替南邊特里爾城（Trier）的總主教管理葡萄園而立下名號。十九世紀末，馬帝亞斯‧普恩（Matthias Prüm）過世，名下葡萄園分給七位兒女，其中長子約翰‧約瑟夫（Johann Joseph，1873-1944）於1911年建立同名酒莊，後又向手足購入葡萄園，目前本莊共擁園約24公頃，

1. 酒莊門牌，本莊僅以自有葡萄釀酒。
2. 普恩酒莊對面Wehlener Sonnenuhr葡萄園的雪景，山坡中段的巨岩處即是衛倫酒村的日晷（Sonnenuhr）地標。

1

2

並僅種植麗絲玲品種白葡萄。

　　現任莊主為約翰‧約瑟夫之孫曼佛瑞德‧普恩（Manfred Prüm）博士，育有三女，長女卡塔琳娜（Katharina Prüm）為副莊主，與父親均任該莊釀酒師。普恩酒莊的1949 Wehlener Sonnenuhr TBA枯葡精選甜酒在1974年拍賣會上拍出1,500德國馬克，這在當時可是環諸全球少有的高價。然而，該莊卻無一人受過正統的學院釀酒學訓練，卡塔琳娜與父親都僅曾在蓋森翰葡萄酒學院（Geisenheim Wine Institute）短期旁聽，精湛釀技實來自世代相傳。卡塔琳娜說該大學的教授有三類：第一類是擅教博學者，第二類是啥都不會教的蛋頭，第三類則出身大規模量產的酒廠背景，為純粹的釀酒技師。她認為對家裡有祖傳酒莊，想學釀造高品質葡萄酒而至此求學的年輕人，第三類教授所教內容未必適合；「只消看看出自該校的釀酒師所釀之酒質就可明瞭，著實令人失望。」家族傳承自學者卡塔琳娜的告白如普恩酒質直指人心，令人儆醒。

如無齡美肌

　　酒瓶包在冰酒套裡，卡塔琳娜神祕地倒了兩杯，說是要筆者與同行友人猜猜年份，友人說2年酒齡吧，筆者說5、6年吧，依據過去品嘗經驗隨口答出，卻錯得離譜，揭開酒套，寫明是1981 Kabinett Wehlener Sonnenuhr，距品嘗當下的2008年臘月隆冬，此卡比內特（Kabinett）初階等級酒款竟有27歲芳齡，當

1. 　圖為2000年份的Wehlener Sonnenuhr TBA枯葡精選甜酒；本莊第一瓶的TBA釀自1938年份。

2. 　現任莊主曼佛瑞德‧普恩博士於1969年接手本莊，他指出1959年的TBA貴腐甜酒發酵時間長達一年半才完成。

1

2

普恩酒莊就位於摩塞爾河濱，屬德國頂級酒莊聯合會（VDP）成員。

下燈光鵝黃，辨色不易，但入口的活潑晶燦美酒竟然有如此鮮活表現，說是近乎30年老酒，令人難以置信。此扎實的震撼教育，讓人聯想其酒質真如無齡美肌，觸感溫潤無瑕，普恩酒質儲存潛力，真是無可爭鋒。酒海學問無盡無涯，飲者只能空杯以待，虛心受教，免得自慚形穢。

連卡比內特都有如此酒質與潛力，其他更高階酒款更自不待言令人崇敬。然而該莊最令人津津樂道的恐怕是其一系列的晚摘精選酒（Auslese）。除了酒質優良的一般等級晚摘精選酒，該莊還釀製層次更高一級的金色錫箔晚摘精選酒（Goldkapsel, 可簡稱GK），以及較前者酒質愈加精湛的長金色錫箔晚摘精選酒（Lange Goldkapsel, 可簡稱LGK）。一般

而言，本莊的晚摘精選酒以極熟，但未沾染貴腐霉（Noble rot）的葡萄釀成，若是葡萄沾有約50%的貴腐霉，則釀為金色錫箔晚摘精選酒；若沾有約80%的貴腐霉，則釀成長金色錫箔晚摘精選酒。當然，分級再上去便是稀罕難得的貴腐精選（BA）、冰酒以及枯葡精選（TBA）；然而後三者價格極高昂，精打細算

1. 酒莊大廳一景，可見本家族歷來嗜獵。

2. 一般在隔年春天才整枝成心型（例如普恩酒莊），然有些酒莊在年終歲末便搶先行動；冬日傍晚，此景看來有些怵目驚心，有十字架穿心的超現實感。整枝時空氣中的濕度不能太低，以免折斷葡萄枝。

3. 最右邊為本莊一般等級的Wehlener Sonnenuhr 葡萄園晚摘精選酒，中間為同園區層次更高一級的金色錫箔晚摘精選酒，錫箔以一道白色圈紋標示；最左為Graacher Himmelreich葡萄園的長金色錫箔晚摘精選酒，錫箔上標有兩道白色圈紋，此為本莊最高級的晚摘精選酒。

1

2

3

的愛酒人若能購得金色錫箔晚摘精選酒，或甚至是長金色錫箔晚摘精選酒，便可啖得摩塞爾白酒的究極之境。

其實，金色錫箔晚摘精選酒、長金色錫箔晚摘精選酒均非立法規範的正式用語，並且在「1971年德國葡萄酒法規」之前，這類介於晚摘精選酒以及貴腐精選之間的較高級晚摘精選酒款，通常被稱為最優質晚摘精選酒（Feinste Auslese）或是極優質晚摘精選酒（Hochfeine Auslese）。本莊的金色錫箔晚摘精選酒，顧名思義以金色錫箔封瓶，並印有一道白色圈紋；

長金色錫箔晚摘精選酒則以長度更長的金色錫箔封瓶，且繪有兩道白色圈紋讓消費者更易辨識。不過，此白色圈紋的分類為本莊特有做法。

普恩酒莊半數以上的葡萄園都位在格榭‧伊梅萊赫（Graacher Himmelreich）以及酒莊正對面斜坡上的衛倫‧日晷（Wehlener Sonnenuhr）兩個名園的最佳地塊，尤以產自後者酒款品質最高，最為行家讚賞，其坡度陡達60度，以藍灰色板岩散佈園中為特色。衛倫‧日晷園在1993年左右的葡萄樹種植密度為每公頃10,000株，2008年則降為8,000左右（此密度依舊極高），主要是讓部分較為平緩園區可以機器輔助農作，不過包括整枝、採收在內的工作均以手工完成；該莊並無系統性的重植計畫，而是死一株、栽一株，盡量保存老藤。本園中尚有約九成未嫁接在美國葡萄樹砧木上

1. 1981 Kabinett Wehlener Sonnenuhr即使在2008年飲用都還口感活潑不顯老。

2. 卡塔琳娜‧普恩自2003年起全職輔助父親經營酒莊。她指出可能是該莊僅採用野生酵母，加上與二氧化硫作用的關係，使該莊酒款常常隱約透出打火石氣味；另，也因僅使用野生酵母之故，某些野生酵母菌株在發酵時會產生類似二氧化硫的氣息，因而酒款年輕時會有較明顯的二氧化硫氣味，但酒款經放幾年後此氣息就會消失。

1

2

從Wehlener Sonnenuhr園區下望的中摩塞爾區段。

的百年以上老藤，成為酒質精湛的要因之一。

曼佛瑞德・普恩博士推論未嫁接在砧木上的葡萄樹可產出較為均衡和諧的葡萄酒，並認為這乃因麗絲玲品種的鬚根比所嫁接的美洲種葡萄樹要來得細膩所致；他另觀察到未嫁接的樹株較不會因霜凍而使葡萄果串掉落（有利製作冰酒），對降雨所帶來的灰霉菌也具更強的抵抗力。

「心」之議題

本莊葡萄園以傳統的單樁為整枝基礎，僅留兩根葡萄枝，並以手工將其綁整成心型。一般平原常見的在各木樁間拉撐鐵絲的整枝方式在斜坡上行不通，因無法以機械採收，且獨立單樁可讓葡萄農前後左右隨意移動以方便農事進行。基本上心型整枝系統有利降低產量，然而綁縛的心型大小對單株產量也有影響。較大心型者產量較高，但這也不全然是壞事，如此可讓葡萄緩慢熟成，然而，若是其單株產量大於較小心型葡萄樹逾三分之一，則產量過大，葡萄質素不佳。總之，要點是取得葉與果之間的最佳平衡狀態。

那麼，最佳心型大小尺寸為何？卡塔琳娜說

是無法一語貫之，指出不同園區、不同年份，葡萄樹各有不同的需求，甚至每株葡萄樹的心型整枝大小都不一，本莊的老練葡萄農會依各株秉性以調整大小。另，若是地塊較佳（向陽佳、排水好），天氣也好，則心型不能過小，否則葡萄會成熟過快。此外，精力旺盛的年輕葡萄樹之心型則不能太大，因其產量大、葡萄果粒也較大，需減產以求品質；相反地，果粒較小的老藤，心型可大些。舉一實例，2007年，開花異常地早，為了讓葡萄不過於早熟而失去精巧的風味與花果香，本莊決定將心型略微擴大，讓單株的葡萄產量略微大些以延緩成熟速度，並延長葡萄的掛枝期，輔以秋季日暖夜涼，好讓摩塞爾河的麗絲玲經典白酒型態能年復一年地誕生。

普恩酒莊的長金色錫箔晚摘精選酒、貴腐精選、冰酒以及枯葡精選通常僅由在特里爾城舉行的葡萄酒年度拍賣會Grosser Ring Auction上售出，當然讀者也可由標得葡萄酒的進口商處購得。本莊的冰酒有時會混有些微貴腐霉葡萄，壓榨冰葡萄時須以小型的直立柵欄式木頭榨汁機壓製，此因現代的氣墊式榨汁機力道不夠；冰酒年產量通常不出千瓶，1983年產出400瓶，1990年則產出700瓶。另，本區不若波爾多索甸地區擁有較佳氣候，因此貴腐葡萄通常僅採摘一次，園中以兩到三個採收小籃分類，回廠後再精篩一次到兩次，如此高糖度的葡萄僅以野生酵母發酵，故而發酵期間快則兩三星期，慢則可長達一兩年。酒廠均以不鏽鋼桶發酵，且完全未經木桶陳年，這或許是其酒熟成極緩、儲存潛力特佳的因由。

卡塔琳娜也提醒，一般以為摩塞爾的酸甜白酒與糖醋口味或是香料味較重的菜式和搭，此話不假，然需注意此僅指年輕的摩塞爾白酒；若是年份較老者，甜味會隨時間略減，但風味轉趨複雜，此時較適合搭配口味細緻的菜餚。例如，若要在餐桌上飲用老年份的晚摘精選酒，卡塔琳娜的母親便會準備拿手的傳統菜餚：麗絲玲白酒燉鹿肉（以低溫慢燉幾小時而成），然這道野味在舊時屬貴族珍饈，一般人家其實極少烹調，目前則在當地少數幾家高級餐廳還可嘗到。

曼佛瑞德·普恩博士認為本莊的冰酒與貴腐酒通常要等待四分之一個世紀才會達到風味之巔峰。此外筆者認為其實在酒款尚年輕時，本莊的卡比內特要算是最不容易品嘗者，因它的餘糖量不若晚摘精選酒以及甜度更高的酒款，且相對於其他同產區名莊，其年輕的卡比內特果香不特別奔放，型態也較為內斂（可能是未經老橡木桶陳年之故）。但假使酒友能夠等待其上市五年後再飲，此以耐心培養的葡萄酒絕對值得玩味。🍷

Weingut Joh. Jos. Prüm

Uferallee 19

D-54470 Wehlen / Mosel

Germany

Website:www.jjpruem.com

註：德國特級良質酒（QmP）依葡萄熟度分為卡比內特（Kabinett）、晚摘酒（Spätlese）、晚摘精選酒（Auselese）、貴腐精選（BA）、冰酒（Eiswein）以及枯葡精選（TBA）；更詳細資訊請參閱《頂級酒莊傳奇》之〈德酒工藝頂峰〉章節。

敗犬與珍珠
Weingut Fritz Haag

位於德國中摩塞爾區段棕山酒村的弗里茲·哈格酒莊（Weingut Fritz Haag）因長年被《高米優德國葡萄酒評鑑》（*Gault Millau Wein Guide Deutschland*）評為等級最高的五串葡萄名莊而備受尊崇與矚目。

本莊釀酒史可上溯至1605年，當時的村名為甜美山丘（Dusemond, 源自拉丁文Dulcis mons），可見自古本村即以釀造甜潤甘美的白酒著稱；然而自1925年起，當地為進一步提升該村Brauneberger Juffer Sonnenuhr以及Brauneberger Juffer兩園之名聲，便將甜美山丘的浪漫村名改為棕山；而棕山則得名自葡萄園內遍地可見的棕色板岩。

珠玉之園

棕山酒村裡潛質最高的葡萄園即為Brauneberger Juffer（總面積32公頃，本莊擁地6.5公頃）以及Brauneberger Juffer Sonnenuhr（總面積10公頃，本莊擁地3.5公頃）；後者又因園區上端有一計時日晷而被稱為棕山悠芙日晷園。其中Juffer為當地方言，意指老而未嫁者，或是處女。園名背景故事要回溯及1790年時貴族翁德利希（K.K. Wunderlich）育有三位

背景為棕山悠芙日晷園（Brauneberger Juffer Sonnenuhr）；左為現任莊主奧立維·哈格，右為於2005年退休的前莊主威廉·哈格；奧立維的5歲兒子又再次名為Fritz Haag，同酒莊名。

掌上明珠，她們投注畢生精力於此葡萄園中，以釀製佳釀為天職，三人終生未論及婚嫁，故村人半戲謔地將她們所呵護照料的葡萄園喚為Brauneberger Juffer；此園名釀曾因酒質絕美讓法國皇帝拿破崙呼之為「摩塞爾珍珠」。故而未嫁三女的「敗犬之園」、「剩女之園」在懂得品飲者眼中實為「珠玉之園」。

雖然德國尚未有官方正式認可的葡萄園分級制度，不過自一份1804年各酒村的酒價分級表中，我們可知棕山酒村名列前茅，酒質為當地酒商所推崇。這份分級表是以自某村所售出的每1,000公升之葡萄酒價格為據，由於當時本區為拿破崙所占領，故以舊法郎計價：棕山以172舊法郎奪冠，跟隨其後以150舊法郎售酒的酒村包含Piesport、Wehlen、Machern、Graach、Zeltingen以及Erden；而第三組以140舊法郎售酒的酒村以及價格更低下者，這裡就不再贅述。

Brauneberger Juffer Sonnenuhr位於Brauneberger Juffer中央區段，實為園中園，風土質素更勝後者，原因在於其位於中坡以及近河的下坡區段，受到上坡屏障不受寒風吹凌，加以板岩以及河面陽光反射更益葡萄成熟；另，其位於陡坡上（最陡處可達78度）故排水極佳。相對地Brauneberger Juffer雖然

風土條件與前者相似，然而板岩數量較少以及砂岩含量略高，故而兩者風格雖神似，但在風味的集中度上還較Brauneberger Juffer Sonnenuhr略遜一些。另，當1990年有關單位在Brauneberger Juffer Sonnenuhr進行整園造路計畫（Flurbereinigung）時，在本園山腳下掘出一座羅馬時代的壓榨機遺址，可證羅馬人早認定美園在此。

哈格家族在本地釀酒已達四世紀，但酒莊名字會隨各後代子孫莊主的大名而變動，如弗里茲‧哈格酒莊的前身為弗里茲先生之父親費迪南（Ferdinand）所經營的酒莊Weingut Ferdinand Haag，而Weingut Ferdinand Haag後又分裂為弗里茲‧哈格酒莊與威力‧哈格酒莊（Weingut Willi Haag）。弗里茲‧哈格酒莊則因弗里茲本人罹病，而由其子威廉‧哈格（Wilhelm Haag）於1957年接手經營，而在威廉‧哈格銳力經營下本莊才得以釀出傲人酒質而名聞酒壇，《高米優德國葡萄酒評鑑》甚在1994年頒予威廉‧哈格「年度最佳釀酒師」頭銜。

威廉·哈格生育兩子：長子湯瑪斯·哈格（Thomas Haag）以及次子奧立維·哈格（Oliver Haag）。湯瑪斯在1997年購下附近的Weingut Schloss Lieser獨立經營，故當2005年威廉退休時，便將弗里茲·哈格傳予次子奧立維接掌；與父親想法相同，奧立維覺得隔代更名太過麻煩，也易導致消費者混淆，故而不再更動莊名。以當前酒質而論，威力·哈格酒莊以及Weingut Schloss Lieser的酒質均優，但都略遜於本文主角的弗里茲·哈格酒莊一籌。

再上高峰

現任莊主奧立維年少時曾在那赫（Nahe）產區的Dönnhoff酒莊以及魯爾（Ruwer）產區的Weingut Karthäuserhof兩名莊實習過，後也獲得蓋森翰葡萄酒學院的釀酒文憑。之後在萊茵高產區的Oestrich-Winkel酒村的Wegeler酒莊擔任過5年的葡萄園管理主任後才於2005年初回掌弗里茲·哈格酒莊。

鑒於家學淵源根基深厚以及多年釀酒經驗，奧立維在隔年的2006年份便創下佳績：《高米優德國葡萄酒評鑑》以及《葡萄酒與美食》（Wein-Gourmet）雜誌均對本莊2006年份的全系列酒款給予最佳評價，雙雙頒予本莊「年度全系列精選」（Kollektion des Jahres）的榮耀，即指從最簡單的Gutsriesling（Estate Riesling）酒款到最稀貴的枯葡精選甜酒都達各等級最高水準，無可挑剔。以《高米優德國葡萄酒評鑑》的評比而言，本莊該年度系列中

1. 塑膠桶裡裝滿逐粒精挑而出的貴腐枯葡，為釀造枯葡精選甜酒的頂級原料。
2. 本莊僅以人工採收。

Brauneberger Juffer Sonnenuhr位於陡峭山坡上，最陡處可達近80度。此園得名時間約在1850年（此因日晷於當年設立）。

有16款白酒超過90分以上,其中8款更獲同等級酒款中的全國年度最高分,可說是對新任莊主奧立維精準釀技的最佳肯定。

　　本莊雖以晚摘精選酒或是以上等級的甜酒聞名於世,但其實也釀造多款干(Trocken,即不甜,餘糖量不可超過每公升9公克)以及半干(Halbtrocken,餘糖量不可超過每公升18公克)型態白酒;雖此類酒款較少出口,但其實占本莊總產量的40%左右。此外,本莊以非官方的Fineherb取代Halbtrocken的用法,同樣用以指稱半干的微甜白酒。某些優質酒莊如同弗里茲‧哈格偏好Fineherb一詞(某種程度與Halbtrocken普遍酒質平庸有關),而用以釀造Fineherb的葡萄成熟度通常也較Halbtrocken者略熟,釀成酒款在甜度上也略高。

　　本莊為德國頂級酒莊聯合會(VDP)成員,而本莊所據以聞名的Brauneberger Juffer Sonnenuhr與Brauneberger Juffer兩園,也都在頂級酒莊聯合會的非官方葡萄園分級制度裡被劃為特級葡萄園(Erste Lage);由於Erest Lage尚非官方認可用字,故不能標示在酒標上,只能以頂級酒莊聯合會所設計的Logo標示為**1**,

1. 左為2009 Brauneberger Juffer Sonnenuhr的特級葡萄園(在葡萄園名右上角以**1**標示)所產的特級干白酒(以GG標示)。本莊自1980年左右開始生產干白酒,以歐洲以及德國內銷市場為主要消費國;美國以及亞洲市場目前尚不時興此類不甜酒款。

2. 左邊為Weingut Ferdinand Haag時期所釀造的1949 Brauneberger Juffer Sonnenuhr Spätlese晚摘麗絲玲白酒。

3. 本莊的2007 Brauneberger Juffer Trockenbeerenauslese甜酒。

4. 圖為2009 Brauneberger Riesling Fineherb半干類型(甜度低於卡比內特等級)白酒;整體而言2009年份產量相對較低。

1

2

3

4

1. Brauneberger Juffer Sonnenuhr 園內的棕色板岩。

2. Brauneberger Juffer Sonnenuhr 葡萄園朝南又靠河岸，葡萄成熟度極佳。

用以代表特級葡萄園。

　　而若在某款酒的酒標上標識1️⃣，則此酒的葡萄採收時熟度必須至少是晚摘酒等級，最高產量也不能超過每公頃5,000公升。此外以特級葡萄園的葡萄釀成的干白酒，頂級酒莊聯合會認定其為特級干白酒（Grosses Gewächs）；但同樣地，Grosses Gewächs非官方用語，故在酒標上只能以GG字樣標示。不過在萊茵高地區，特級干白酒則以Erstes Gewächs標示，由於此用法已獲官方認可，故於酒標上可以全文標示。總之，酒友只要認明GG或是Erstes Gewächs字樣就可知此酒為來自特級葡萄園的德國特級干白酒。弗里茲・哈格酒莊的干白酒釀得相當好，然甜味白酒還是最為精采者。

　　如同德國其他頂級酒莊，本莊也會在酒標上的官方生產管制碼（或簡稱A.P.碼）上的倒數第二碼的裝瓶批號上暗藏玄機。例如同樣來自Brauneberger Juffer Sonnenuhr葡萄園的同年份的晚摘精選酒就會因此裝瓶批號不同，產生同款酒但是風味略有差異的情形。多數的情況是品質相同，但風格表現上存有細膩差異。奧立維也在受訪時表示，有時因同一市場存在兩家代理進口商（像是美國如此大規模的市場），他們會給兩代理商各不同A.P.碼的同款酒以區隔差異，也有酒友喜於比較其中細微差異為樂；同款酒出現不同A.P.裝瓶批號的情形主要發生在等級較高的甜酒上（如晚摘精選酒等級或以上）。此外，在Grosser Ring Auction年度拍賣會上的酒款通常也都是特殊裝瓶批號的珍稀酒款。若酒友有機會品嘗到等級較高的甜酒，不妨注意一下該酒的裝瓶批號。

　　弗里茲・哈格酒莊目前共擁園14.8公頃，僅種植麗絲玲品種，釀酒依循傳統僅以野生酵母發酵。釀造甜酒時主要以不鏽鋼槽發酵；釀製干白酒時會部分採舊的1,000公升傳統大型木槽（Fuder），據奧立維・哈格的說法是如此可略微降低酒中酸度。本莊並非摩塞爾產區中酒質最細緻者（筆者認為Joh. Jos. Prüm為酒質細膩的極致代表），然卻以風格清晰明確中展現出接骨木花、洋梨、青蘋果、薄荷、檸檬以及礦物質等優雅風味引人心醉，屬相對較易品賞的世界級美酒。🍷

Weingut Fritz Haag

Dusemonder Strasse 44
D-54472 Brauneberg
Germany
Tel: +49 (0) 65 34 410
Website:www.weingut-fritz-haag.de

華麗金之雫
Weingut Reinhold Haart

居德國摩塞爾河中段的中摩塞爾產區因名莊名園群聚而眾所矚目，其中的皮斯波特（Piesport）酒村更是此河段的明星產酒地，英國葡萄酒作家休・強生（Hugh Johnson）在其《世界葡萄酒地圖》（*The World Atlas of Wine*）著作裡有關中摩塞爾區段之章節即以皮斯波特為章名介紹周遭的產酒地。皮斯波特當中酒質最高的酒莊當屬翰侯・哈特酒莊（Weingut Reinhold Haart），同樣是休・強生所著的暢銷書《葡萄酒隨身寶典》（*Hugh Johnson's Pocket Wine Book*）的2011年版也將本莊列為評等最高的四星級酒莊。

皮斯波特酒村位於觀光客必遊的貝卡斯特酒村南邊17公里的左岸處，據本篤修院（Benedictine Abbey）於西元776年史料紀載，皮斯波特當時舊名為Porto Pigentio，修院當時也擁有此村的兩塊葡萄園。皮斯波特今日住有村民約2,500人，然而此為1960年代時左岸的皮斯波特舊城區與右岸規模較大的新興市鎮Niederemmel合併的結果；在此之前，皮斯波特僅有村民700位。

其實皮斯波特在羅馬時代即是葡萄酒釀造重鎮。羅馬詩人奧索尼烏斯（Ausonius, 310-395，波爾多名莊歐頌堡即取名自此人）早在西元371年便在其詩作〈摩塞爾〉（Mosella）中描述其親眼所見的皮斯波特河岸景觀，他形

本莊開門見河，離岸不過幾公尺，屋後即是黃金滴露園。

容此地為「種有滿山葡萄樹的天然羅馬圓形劇場」。此外，考古學家也在此挖掘出土過以黃金打造的皇室胸針以及刻飾華美的羅馬飲酒杯，足以見證1,600年前皮斯波特的富足以及重要性。

高貴的麗絲玲品種在今日的皮斯波特種植率幾達百分之百。古人早有遠見：1763年時，具真知灼見的皮斯波特村牧師約翰尼斯·郝（Johannes Hau）成功說服當地葡萄農僅種植麗絲玲葡萄，而牧師也大方提供其本身葡萄園中的優質麗絲玲植株給皮斯波特的葡萄農。此後20年，特里爾城的總主教溫澤史勞斯（Clemens Wenzelslaus, 1739-1812）甚至下令宣告摩塞爾河谷產區一律種植麗絲玲，其他品種必須拔除。然而古風衰微，現下的摩塞爾僅有60%的種植面積為麗絲玲。

巴洛克風格麗絲玲

皮斯波特酒村目前共有葡萄園450公頃，其中只有150公頃位於左岸優質坡地上，這其中又以黃金滴露園（Goldtröpfchen）最負盛名、風土潛質最高，以較流行的譯法或可稱此園為「金之雫」。黃金滴露園之產酒質地華麗，頗有巴洛克風格，兼具堅實架構，算是「有肩膀的麗絲玲白酒」，此園最佳詮釋能手即是翰侯·哈特酒莊。本莊眾家酒款風味濃郁集中，豐潤酒體裡帶有礦物質風韻，或可喻其為摩塞爾河的辛·溫貝希特酒莊（Domaine Zind-Humbrecht，為法國阿爾薩斯產區名莊）。

本莊目前為成立於1910年的德國頂級酒莊聯合會成員之一，在皮斯波特以及鄰近的文特赫（Wintrich）酒村擁有7.5公頃葡萄園。其精湛酒質也讓2010年版的《德國美酒美食家八百大

照片拍攝地點為黃金滴露園，右邊即為皮斯波特舊城區，也是翰侯·哈特酒莊所在地；對面則為右岸的新市鎮Niederemmel（合併後，現屬皮斯波特之一部分），其周遭的Piesporter Treppchen葡萄園位在和緩砂地上，酒質不能與左岸的板岩斜坡葡萄園相提並論。

1. 在特里爾城郊區的Restaurant Schloss Monaise餐廳可吃到少見的麗絲玲白酒燉鹿肉，若能搭配圖中的1971 Goldtröpfchen Auslese老酒，便可知這昔日的貴族料理與晚摘精選老酒堪稱絕配。

2. 2009 Goldtröpfchen Auslese酒款，來自最佳年份之一的此酒架構完整，風韻複雜。

3. 本莊在Ohligsberg特級葡萄園擁有一公頃葡萄園，此園酒款具有由酸度以及礦物質風韻共同拉撐出的一種精緻的緊繃感，精美通透而靈巧。

4. 2009年份，本莊終於在Ohligsberg葡萄園釀出首款的冰酒，其酸甜均衡的酒體來自每公升200公克的餘糖量裡，還存有每公升14公克的酸加以平衡。

1

2

3

4

1

2

3

酒莊評鑑》（*Der Feinschmecker Wein Gourmet Besten 800 Weingüter*）將翰侯・哈特評為等級最高的「5F」等級；至於酒友較為熟悉的《高米優德國葡萄酒評鑑》則是在2007年版將本莊列為最高的「五串葡萄」等級，並在同年評選本莊莊主暨釀酒師的提奧・哈特（Theo Haart）為該年度德國最佳釀酒師。

本莊離摩塞爾河不過幾公尺遠，開門見河。目前由提奧・哈特與在蓋森翰葡萄酒學院獲得釀酒文憑的長子約翰尼斯・哈特（Johannes Haart）共同經營。哈特應是皮斯波特酒村（也可能是整個摩塞爾）最古老的釀酒家族，葡萄農身分可溯至西元1337年。家族眾釀酒人長年來開枝散葉，各酒莊事業合久必分，分久必合，目前在皮斯波特還尚存三家以哈特為名的酒莊，當然，欲尋頂級名釀還請認明翰侯・哈特酒莊。本莊年出口量占年總產量的七成，在提奧・哈特父親掌莊時代的1964年，本莊已出口葡萄酒至日本，日本還曾經一度為其最大出口市場。

約翰尼斯・哈特受訪時指出黃金滴露園目前占地65公頃，然而此為1971年德國葡萄酒法規頒布後容許擴園的後果，其實原始園區僅20公頃；後擴園區包圍原園之東西兩側，含有黏土質略較原有園區多些，故而，強勁豐潤有餘，但略欠優雅。本莊擁有4.5公頃黃金滴露園（分散為四塊），為擁園面積最大者；此65公頃園區目前為約100位葡萄農所瓜分，故而多

1. 父子檔釀酒人；左為提奧・哈特，右為約翰尼斯・哈特。

2. 特殊場合才拿出品嚐的窖藏老酒。本莊若有機會釀產TBA枯葡精選甜酒，該年均產至多約150瓶小瓶裝而已，稀罕名貴。

3. 本莊的頂級干白酒均在1,000公升的Fuder形式舊桶發酵，以使酒質圓潤，酸度溫和。

數葡萄農或酒莊所有面積均不到1公頃。然而各家酒質一如法國布根地特級葡萄園梧玖莊園（Clos de Vougeot）一般參差不齊；有些黃金滴露園酒款釀自大型釀酒合作社，而其釀酒葡萄則購自不講究品質的葡萄農。翰侯・哈特平均每公頃產量不超過5,500公升，但多數葡萄農的平均每公頃產量卻幾近12,000公升，以逼近卻不超過最高法規容許的12,000公升為能事，酒質拙劣可以想見。

黃金滴露園被德國頂級酒莊聯合會列為特級葡萄園，偉大的德國作家托瑪斯・曼（Thomas Mann, 1875-1955）也曾在其小說《綠蒂在威瑪》（*Lotte in Weimar*，1939年出版）中提及一瓶1811 Pierporter Goldtröpfchen，在文本中與另一瓶1808 Château Lafite Rothschild並駕齊驅同列名釀之林。位於左岸的黃金滴露園朝正南，位於呈圓形劇場地貌的山坡上，由於摩塞爾河在此形成河面寬闊的大彎，加上對面右岸無高聳山頭之陰影遮掩左岸園區，因而黃金滴露園鎮日陽光充足；這款風土條件在摩塞爾產區並不常見，通常是左右兩岸山頭在日出或日暮時分各自暫時遮蓋對方山坡上的葡萄園。另，由於園中的灰色板岩風化日久，質地較軟，多呈破碎狀，加上混有部分黏土質，此園土壤便較摩塞爾其他特級葡萄園來得略微深厚，也因此造就本園酒質強勁、帶有香料調之特質。在氣候較為涼爽的年份，飲者可在本莊的黃金滴露園酒款中嗅到黑醋栗嫩芽以及熟芭樂的氣息，在較熱的年份則可聞出水蜜桃、杏桃以及黃李的熟美氣韻，當然檸檬果類以及礦

本莊少量釀造、極少出口的Goldtröpfchen Grosses Gewächs（GG）特級干白酒；酒質強勁，富含礦物質風味，酒精濃度13%，1為特級葡萄園（Erste Lage）之標示。

物質風味為永存的品評印象。

板岩上滋長的風味

黃金滴露園如同摩塞爾其他特級名園的土壤都以板岩為特色，約翰尼斯・哈特解釋黃金滴露園的灰色板岩所產酒款之香氣在年輕時略顯封閉，但成熟後的整體風味相當繁複：藍色板岩之酒款香氣輕盈奔放，酒質細膩，具明顯花香；至於粉紅或紅色板岩酒款則以明顯的花果香與香料調性誘人貪杯。不過，以上純屬當地酒農據長年經驗法則所推論之觀察，至目前為止尚未有較科學的相關研究問世。

當筆者正讚嘆所品飲的2009 Goldtröpfchen Auslese晚摘精選酒之架構與美韻時，莊主提

1

1. 考古學家在1985年於黃金滴露園中坡處發現的西元四世紀羅馬葡萄酒榨汁廠遺址，此為經整復的外觀，其基石源自羅馬時代。自2005年起，此址被列為「摩塞爾河葡萄種植重要歷史遺址」。

2. 酒莊品酒室牆上的宗教雕塑，下方德文意為：「十字架我獨力扛起，群眾無人與我為伍」，描述耶穌犧牲自我以救贖世人。其被十字架釘住的四肢與肋骨處鮮血泊泊流出，聖經裡紅葡萄酒即為基督之血的象徵。

2

Domherr葡萄園之酒質與黃金滴露園可說不相上下，口感豐滿脂滑，年輕時較為封閉些。

奧·哈特則對非正統、卻以皮斯波特為名的庸俗酒款充斥市面表達憂心看法。首先是皮斯波特酒村裡被稱為Piesporter Treppchen的超大單一葡萄園，此園位於右岸新市鎮Niederemmel周遭的緩坡砂地，園中並無摩塞爾優質葡萄園應有的板岩，面積廣達250公頃，且直到1970年代始有葡萄種植；不察的消費者若只因皮斯波特大名貿然購酒，恐遭魚目混珠之害。其二，則是以Piesporter Michelsberg為名的酒款，此命名實屬集合葡萄園（Grosslagen）範疇，在摩塞爾河中段共有七個酒村，合計1,400公頃的葡萄園之產酒可被稱為Piesporter Michelsberg，葡萄酒可產自平沃地區，可完全不含皮斯波特酒村的葡萄原料，甚至可採麗絲玲以外（如米勒─土高）的平庸品種釀，濫竽充數的劣酒所在多有，酒友需慎辨。

黃金滴露園左邊上游處的Domherr（本莊擁有0.5公頃）以及Grafenberg（本莊擁有1公頃）兩園也相當精采，前者酒質與黃金滴露園可說不相上下，口感豐滿脂滑；後者則因園中含有許多石英石，且園區朝東南而非正南而讓酒中蘊含更加明確的清爽礦物質風味。此外，本莊也在1995年購下原屬家族親戚的Kreuzwingert葡萄園，其實此獨占園（Alleinbesitz，法文為Monopole）僅0.1公頃，可算是黃金滴露園之一部分，通常被釀成單一葡萄園的半干（或稱半甜）Fineherb型態酒款。翰侯·哈特在皮斯波特斜對岸的文特赫酒村裡的Ohligsberg葡萄園也擁有1公頃園地，本園酒品於19世紀已是拍賣會上的熱門嬌客，因具沁鮮酸度與精練架構，愛酒人有時會將本園酒款與薩爾河谷（Saar Valley）的優質酒款相比。

Ohligsberg特級葡萄園朝西南向，受陽溫和；因多風，不易生成貴腐霉，擅以清靈飄逸的花果香引人。

本莊擅釀各種葡萄熟成度的麗絲玲品種白酒，型態包括自卡比內特、冰酒以及枯葡精選（Trockenbeerenauslese）等不同甜度的酒款外，也釀造少量（占總產量10%）不甜的干型白酒，其中以Goldtröpfchen以及Ohligsberg兩園的特級干白酒品質最高。本莊於夏季時進行「綠色採收」以降低每公頃產量，並以低溫（發酵溫度僅有攝氏10-13度）、天然酵母進行緩慢的發酵程序；發酵時主要在不鏽鋼槽裡進行，少部分以1,000公升舊木桶發酵（主要用以釀造特級干白酒）。

1985年，考古學家在翰侯·哈特酒莊後面的黃金滴露園中坡處發現一處羅馬人時代的葡萄酒榨汁廠遺址（約建於西元四世紀），其石砌的基底建構保存得相當完整，村民也在1990年代初重建、再現了羅馬時代的木頭壓榨器，並在每年9月第2週的葡萄酒節慶時用以榨釀新酒，和全體村民與訪客共飲同歡。酒友若有幸到訪該地，除本莊美酒，此珍貴遺址也不可錯失。🍷

Weingut Reinhold Haart

Ausoniusufer 18

D-54498 Piesport

Germany

Tel: +49 (0) 65 07 20 15

Website:www.haart.de

part IX 德酒榮耀之源：萊茵高
GERMANY Rheingau

即便近年來德國其他產區如摩塞爾、法茲（Pfalz）以及巴登（Baden）等產區的長足進步，使萊茵高不再是德國唯一的頂尖產區，然而萊茵高的悠遠釀酒歷史與眾所公認的優異酒質使其依舊為德國之典範產區，其葡萄園平均風土條件也居各產區之冠。

長度近1,000公里的萊茵河由南向北無礙暢流，直至維斯巴登市（Wiesbaden）南郊遇泰吾努斯山（Taunus）底部之堅硬岩層，被迫以幾近90度直角向左奔流約30公里後，在觀光客最愛逗留訪玩的魯德賽（Rüdesheim）酒村略西處再度曲折北向，繼續未竟之程。這一向左再向北的轉折形成具有絕佳自然條件的萊茵高產區，其葡萄園在河右岸往北向山坡處延

位於萊茵高著名觀光酒村魯德賽的Rottland葡萄園，此園品種以麗絲玲為主，但也植有少量黑皮諾。此園也被德國頂級酒莊聯合會列為特級葡萄園，然而整個萊茵高產區有35%的葡萄被列為特級葡萄園實在有些浮濫，以法國阿爾薩斯產區而言，特級園比例為11.5%；至於布根地產區的一級園比例為11%，特級園則為3%。

伸，葡萄園海拔80-240公尺，園區幾乎全然向南（少數西南向），享良好日照與排水之效；再者，本區北有泰吾努斯山阻擋寒涼北風，南得萊茵河寬闊河面反射陽光，釀酒寶地天造地設。萊茵河不僅通暢水面貨運與客運，還於秋季引發霧氣，而隨之生發的貴腐霉（Botrytis Cinerea; Nobel rot）則讓萊茵高得以釀出令人想之垂涎的枯葡精選等級的貴腐甜酒。

萊茵高的葡萄園種植面積約3,200公頃，酒莊約1,500家。麗絲玲為最主要品種，其約80％的種植比例應屬單一產區的世界之首。酸甜稠美的枯葡精選以及貴腐精選為萊茵高索價最高的珍稀名釀，然而，近年來不甜酒款之產釀則逐漸回復到百年前的景況，成為最主要的類別：2005年之際，本區的不甜酒款已占總產量的84％。

此外，今日的萊茵高仍植有13％的黑皮諾（Pinot Noir，德文稱為Spätburgunder），最重要的黑皮諾紅酒產酒村為本產區西北邊，正處萊茵河轉折朝北流的右岸酒村阿斯曼豪森（Assmannshausen），知名酒莊則有Weingut August Kesseler、Weingut Krone等，在特殊年份有些酒莊甚至可釀出極珍稀的粉紅酒色枯葡精選黑皮諾酒款。

不僅羅馬人認可萊茵高的風土條件，之後的查里曼大帝（Charlemagne, 742-814）也嘉許此地的葡萄樹種植，大帝還在萊茵河之南的左岸英格翰鎮（Ingelheim）建立皇宮；此後則有本篤教派（Benedictine）以及熙篤教派（Cistercian）修士承繼植樹以及釀酒傳統。萊茵高不但是德國第一個以瓶裝型式（而非桶裝）行銷頂級酒款的產區（自19世紀末起），區內的Weingut Kloster Eberbach酒莊（目前為國營）將絕世酩釀儲存在被稱為Cabinet的閉

魯德賽村內專門提供各類麗絲玲白酒的Riesling-Stuben小酒館。

鎖小窖室的傳統也成為目前卡比內特等級名稱之由來；然而在1971年葡萄酒法規所創出的Kabinett一詞目前僅代表特級良質酒（QmP）的初階葡萄成熟度，而Cabinet原詞具有的「酩釀窖藏」含意已蕩然無存。

在後面的章節將介紹萊茵高產區裡最受敬重，且連年被列為五串葡萄頂級名莊的羅伯·威爾酒莊（Weingut Robert Weil），其一系列酒款絕對有資格被讀者珍藏在您個人的酩釀窖藏內。🍷

瓊漿伯爵山
Weingut Robert Weil

羅伯‧威爾酒莊（Weingut Robert Weil）雖非德國萊茵高產區裡釀酒歷史最悠久者，但以酒質論英雄，本莊絕對是萊茵高葡萄酒的王者。不僅《高米優德國葡萄酒評鑑》長年將羅伯‧威爾評為等級最高的五串葡萄名莊，其他如《艾歇曼年度德國葡萄酒評鑑》（*Eichelmann Deutschlands Wein*）以及《德國美酒美食家八百大酒莊評鑑》也均分別將最高榮譽的五星（5 Stars）以及5F評價頒予本莊。

本莊自最初階至最頂級的各式酒款，無一不在各自等級展現精采酒質而令人心動垂涎。就連極少出口、少有酒友知曉、以自家麗絲玲葡萄請人代工釀造的兩款年份汽泡酒Riesling Sekt Brut以及Riesling Sekt Extra Brut而言，飲來均令人讚嘆，不讓法國香檳專美，筆者尤愛後者在清冽酸香裡透出的脫俗雅致蜜味；採訪時的迎賓汽酒都具如此能耐，其他自釀、更專擅的萊茵高美酒當更不在話下。

這兩款汽酒實以瓶中二次發酵的香檳法（La Méthode Champenoise）釀成，且在轉瓶、開瓶去除酒渣後的補糖調整甜味階段，乃以優質的麗絲玲晚摘精選酒（Auslese）進行，而非以品質平庸的葡萄酒加糖所成的液體為之。

羅伯‧威爾博士於1875年向約翰‧沙頓男爵後裔購下克里希酒村內的莊園大宅，現為酒莊宴客招待貴賓品酒之處所。

RHEINGAU · RIESLING
2009
KIEDRICH GRÄFENBERG
EISWEIN

WEINGUT
ROBERT
WEIL

Deutscher Prädikatswein
Erzeugerabfüllung Weingut Robert Weil
D-65399 Kiedrich/Rheingau
Enthält Sulfite
A. P. Nr. 34003 022 10

e 375 ml ℗ ALC. 7.0% VOL

2009 Gräfenberg Eiswein酒中餘糖達每公升240克,但有每公升14克的酸加以平衡,尾韻有甘草、菸草以及白巧克力等迷人氣韻。

1. 以手工採摘嚴選葡萄。

2. 此為2005 Gräfenberg Riesling Auslese Goldkapsel金色錫箔晚摘精選酒，其實此酒的葡萄熟度已達貴腐精選等級，濃稠口感中悠乎飄出白松露氣息。

3. 本莊產量稀少的黑皮諾紅酒以法國小型橡木桶進行熟成。

4. 本莊備有各式小型不鏽鋼發酵桶（最小容量僅有10公升）以應付產量極稀的貴腐精選、冰酒以及枯葡精選的釀造。

5. 羅伯·威爾的頂級干白酒在名為史都克法斯的1,200公升木槽裡發酵與熟成。

避禍建莊

本莊創始人羅伯・威爾博士（Dr. Robert Weil, 1843-1923）之兄長奧古斯都（August）曾任萊茵高著名酒村克里希（Kiedrich）之聖瓦倫汀教堂（Church St. Valentine）牧師以及唱詩班主任，而羅伯・威爾博士之所以於1868年在克里希購買葡萄園，想必受到奧古斯都影響。然而，因羅伯當時仍任職巴黎索邦大學德文教授一職，故葡萄園並未積極整頓；後肇因於普法戰爭（1870-1871）爆發，羅伯於是被迫離法返德。之後，他於1875年向英裔的約翰・沙頓（John Sutton）男爵後裔購下克里希酒村內的莊園大宅並定居此地，也於同年創立羅伯・威爾酒莊。

目前本莊由威爾家族第四代的威廉・威爾（Wilhelm Weil）擔任酒莊總管負責經營，然而，威廉已於1988年將絕大多數股權讓售予日本的三得利集團（Suntory），而原來的傳統酒標也隨之改成現今亮眼的淺粉藍鑲金色葡萄花框的簡約現代版。其實威廉家族僅剩少數持股，至於雙方持股比例，酒莊的副總管、也是莊主摯友的貝克—孔恩（Jochen Becker-Köhn）於受訪時表示威廉・威爾拒絕透露，故而連經營本莊的第二號人物都無法奉告。除羅伯・威爾酒莊外，三得利還在波爾多的Château Lagrange以及Château Beychevelle等莊擁有持股。

泰吾努斯山腳下的美園

萊茵高屬德國境內幅員較小的產區之一，總面積約3,200公頃，然因各村地形地貌之變化，故風土條件也不盡相同，一般可分為三大區塊，分別是靠近萊茵河的園區、離河略遠的中坡園區以及位處泰吾努斯山山腳下的上坡處葡萄園。羅伯・威爾酒莊擁有75公頃園地，多數環繞在離河相當遠的上坡克里希酒村周遭，其中以修院山園（Klosterberg，本莊擁有3.5公頃）、塔山園（Turmberg，本莊擁有3.8公頃）以及伯爵山園（Gräfenberg，本莊擁有10.5公頃）三塊單一葡萄園潛質最高。

由於未受河面陽光反射之效，且位處高處，本莊三園的微氣候較其他多數的萊茵高園區更為涼爽，採收期通常較低坡處還要晚個6-7天，也因此，葡萄的熟成掛枝時間得以延長，更增益酒中的細膩風味。此外，三園朝西南向，得益於下午溫煦不過熱之暖陽，還因位於山腳而獲得微風鎮日吹拂，可避去因潮濕所帶來的灰黴菌侵襲（靠近萊茵河的園區較易有此困擾），也可讓受貴腐霉侵襲的葡萄得以適當風乾，好發展成用以釀造絕世甜酒的貴腐葡萄。

三塊單一葡萄園土質相仿，除礫岩、黃土以及壤土（黏土、砂岩以及腐植土的混合性土壤）之外，還有萊茵高較少見的千枚岩（Phyllite）。千枚岩的形成似板岩，但具滑性，且含絹雲母較多，故與板岩（摩塞爾產區常見）不同，它比板岩更脆，但堅固性較差，且因含雲母而帶有絹絲光澤，岩性介於板岩與雲母片岩之間；台灣的中央山脈東斜面之大南澳板岩層區可見千枚岩蹤跡。此獨特千枚岩也是本莊酒款富含礦物質風味的來處。

本莊99%的葡萄園種植麗絲玲品種，另1%為黑皮諾。葡萄園基本上以接近有機農法的方式種植，不施化肥（若有需要，僅施有機肥），也不噴灑農藥與除草劑。最年長老藤可達50歲之齡，種植密度頗高（每公頃約5,000-6,000株），也在園中種植綠色植被，並翻土使其成

1. 伯爵山園裡有不少的千枚岩（如圖下方），此岩極易順其片理方向而散裂開來。
2. 擔任酒莊總管的威爾家族第四代威廉・威爾。

為綠肥（腐植土）以提高土壤中的有機質。採收時會出動80名採收大隊，且為採收釀造各級酒款的完美熟度葡萄，酒莊會進行多次採收，最多可高達17次。

皇室御酒伯爵山

本莊三名園之中以修院山園之土層最深，所產酒釀之酒體圓潤豐美，具華麗巴洛克風格；塔山園的千枚岩含量最高，酒質細膩，礦物質風味顯著；而伯爵山園則集前兩者之大成，即具豐潤酒體、也有招牌的礦物質風韻，在整體的風味複雜度上更超越前兩園。伯爵山園也是全世界唯一每年都可釀造出全系列特級良質酒（QmP，也稱Prädikatswein，共分6級）的葡萄園，這包括自1989年以來年年都得以產出的冰酒以及枯葡精選；德國其他名園，約每10年僅產出3個年份的枯葡精選。

十九世紀末至二十世紀初，正值萊茵高麗絲玲白酒聲名鼎盛時期，伯爵山園的麗絲玲酒款已成歐洲皇室與國王們最戀賞的御用珍釀；而非王公貴族者流的歐洲中上階層，也可在聖彼得堡、布拉格、維也納、柏林、巴黎以及倫敦等歐洲大城的高級旅館中品賞到本莊的伯爵山園美酒。另，1900年奧地利皇室以每瓶16馬克金幣的代價購入800瓶的1893年Kiedrich Gräfenberg Auslese，此驚天酒價立刻使本莊聲名遠播，晉身國際級釀釀；與此同時的波爾多五大酒莊之一的拉菲堡的售價頂多在8-9馬克金幣。

酒質一向與伯爵山園相當接近的塔山園美釀曾一度銷聲匿跡，此因1971年的葡萄酒法規施行後，政府為減少當時數量多達12,000的葡萄園名稱以利消費者辨識，便將部分葡萄園名稱刪去，成為後來的6,000個葡萄園名。在此「園名簡化運動」中，塔山園便被犧牲，且併入Wasseros葡萄園名之下。本莊在2004年購入同業拋售的「前塔山園」部分地塊，合併自有的「前塔山園」地塊共達3.8公頃，由於本莊堅

信被除名的塔山園酒釀具有不可抹滅的風土特質，遂與政府提起園區復名之訴願，經有關單位主管品嘗本莊數個1972年份以前的塔山園老酒後，決議讓塔山園名號復活。故而自1971年份後消失的塔山園又在2005年份重現江湖。塔山園目前為本莊獨占園。

羅伯·威爾酒莊為德國頂級酒莊聯合會（VDP）會員，然而直到2011年秋天為止，據該聯合會官網所示，本莊目前僅有伯爵山園被列入該會的特級葡萄園（Erste Lagen）等級，

1. 本莊的三款單一葡萄園頂級不甜干白酒，左至右為修院山園、伯爵山園以及塔山園，其中以伯爵山園酒質最高。

2. 本莊的Riesling Sekt Extra Brut以清洌的礦物質風味和馨美蜜香交織成爽神開脾的絕佳汽泡酒。

3. 本莊也釀有少量的黑皮諾紅酒，但因種植面積不到1公頃，並未出口。

本莊另外兩個新進單一葡萄園尚未被納入特級園的考量。不過顯然本莊信心滿滿，已在酒莊官網寫明修院山園以及塔山園等同於特級葡萄園層次，而兩者的確酒質精湛高超，無可辯駁。不過，本莊的理想與野心顯然不止於此，

克里希酒村之聖瓦倫汀教堂園區一景，教堂內有德國歷史最悠久的管風琴之一，其葛利果聖歌（Gregorian Chants）至今名聞遐邇。

羅伯‧威爾正聯合其他酒莊訴請聯合會，未來將葡萄園分級於現有基礎上再細分出頂級葡萄園（Grosse Lage）與次一級的特級葡萄園，據目前態勢看來，這新分級可望在幾年後被採納。事實上，本莊已在酒莊官網寫明伯爵山園屬於未來的Grosse Lage頂級葡萄園範疇。然而，在新分級確定之前擅自貿然獨家披露，恐徒增酒友甚至是酒界專業人士對德國葡萄酒分級的混淆與困擾。

珍稀甜酒以外的至寶

葡萄酒進口上常以美國市場與評分為參考指標的台灣，對於本莊專擅的不甜干白酒（Trocken）類型引介相當少，最多僅引進初階等級干白酒。其實目前本莊的三款單一葡萄園（修院山園、塔山園、伯爵山園）干白酒酒質精采秀異，與法國阿爾薩斯的最佳麗絲玲特級葡萄園干白酒可齊驅拚比而不遜色；其中的伯爵山園干白酒因屬特級葡萄園所產，故而可在

酒標上標以特級干白酒（Erstes Gewächs）字樣，至於摩塞爾產區的特級干白酒則以GG標示（全稱為Grosses Gewächs，因尚未被葡萄酒法規認可，酒標上尚不能寫出全稱）。

其實多數酒友較不熟悉的本莊干白酒類型占年度總產量的65%，半干（Halbtrocken）占15%，而廣為國際酒壇知曉的各式甜酒僅占20%；德國國內市場為本莊干白酒最大客群，不過近年的美國市場似乎也開始對德國干白酒產生興趣。羅伯‧威爾的甜味酒款均在不鏽鋼桶裡發酵釀成，但三款單一葡萄園頂級干白酒則在被稱為史都克法斯（Stückfass）的1,200公升橢圓形木槽裡發酵與熟成（有溫控設備），熟成期間會以每週兩次的頻率進行攪桶（Bâtonnage）好攪揚起酒槽中的死酵母渣，並藉由死酵母自體分解作用賦予干白酒更圓潤的酒體與風味複雜度；此源自法國布根地的攪桶技巧於近年才引進萊茵高。

展望未來，本莊將在2011年底採購更多的雙倍史都克法斯大木槽（Double Stückfass, 容量為2,400公升）以替換舊槽並略微提高頂級干白酒產量。筆者也誠摯建議酒友，若要識得萊茵高第一名莊羅伯‧威爾之底蘊，必不能漏失品嘗修院山園、塔山園以及伯爵山園的三款頂級干白酒，對本莊的認識才不至失之片面。🍷

Weingut Robert Weil

Mühlberg 5

D-65399 Kiedrich / Rheingau

Germany

Tel: +49 (0) 61 23 23 08

Website:www.weingut-robert-weil.com

part X 德酒新浪潮：萊茵黑森
GERMANY Reinhessenn

萊茵黑森（Rheinhessen）為德國最大的葡萄酒產區，葡萄樹種植面積達約26,450公頃，為數在8,000上下的酒莊釀出全德總產量四分之一的葡萄酒，然而，多數酒莊重量不重質，長期以來使產自萊茵黑森的葡萄酒蒙受汙名。其中的顯例即為被稱為聖母之乳（Liebfraumilch）的平庸酒款，此清淡、帶有簡單果香的略甜白酒（被戲稱為有香氣的糖水）打響但同時也打壞了德國酒的名聲；英國尤其是此類廉價聖母之乳的進口大國，不過近年來該國消費者已逐漸摒棄。

屬特定產區良質酒（QbA）等級的聖母之乳源自於萊茵黑森南部沃姆斯（Worms）城郊的聖母教堂園（Liebfrauenkirche）；雖在1744年時，聖母教堂園酒釀被認為品質優良，但對近年試過聖母教堂園酒款的英國葡萄酒作家布魯克（Stephen Brook）而言，酒質平庸不值一提，而屬現代商業化酒款類型的聖母之乳當然更等而下之。

目前，除萊茵黑森之外，連法茲、那赫以及萊茵高三產區都可釀造聖母之乳。聖母之乳的釀造品種以對種植環境不挑剔、早熟且產量大的劣等米勒─土高品種為主，而德國品質最高但晚熟的麗絲玲通常僅占極小的混調比例。事實上，萊茵黑森所產的葡萄酒，每四瓶就有一瓶是聖母之乳。另一應避免的劣酒為以萊茵黑森集合葡萄園之一的Niersteiner Gutes Domtal命名的酒款。

傳統上萊茵黑森的最佳葡萄園位在本產區東北邊的尼爾斯坦（Nierstein）與納肯海姆（Nackenheim）兩知名酒村之間，因園區右傍萊茵河且位於斜坡上，故被稱為萊茵河階地（Rheinterrasse，先前也稱為Rheinfront），長度僅5公里的萊茵河階地園區內因含有紅色砂岩與紅色板岩，故這段美園（最佳的葡萄園為Rothenberg和Pettental）也被暱稱為紅坡（Roter Hang）。位於尼爾斯坦村南邊的歐本海姆（Oppenheim）酒質雖不若萊茵河階地細膩，但酒體豐潤華美，也頗值一試。

萊茵黑森近年的發展令人驚喜，此因新一代年輕釀酒人在孜孜不倦的努力下，於萊茵河階地之外的非經典產區創出佳績，並以降低產量、使用野生酵母等方式釀出不遜於萊茵河階地的高水準酒款而讓世界愛酒人眼睛一亮；專家們並稱此現象為「新浪潮」，而此年輕一代酒人為「新浪潮釀酒師」。其中，公認為目前萊茵黑森首席名莊的凱勒酒莊（Weingut Keller）即來自萊茵黑森南邊較不知名的達賽姆酒村（Dalsheim）。

凱勒酒莊如何在紅坡之外創立萊茵黑森新浪潮經典，有待後文分曉。🍷

麗絲玲（如圖）為風土的最佳傳譯者，可惜在萊茵黑森的種植比例僅達約10％；種植最廣的品種為米勒—土高（面積約21％），居次的是希爾瓦那（Silvaner, 約12％），麗絲玲排名第三。至於種植最廣的紅酒品種則是唐非德（Dornfelder）。

風土瓶中信
Weingut Keller

使德國葡萄酒蒙羞的聖母之乳白酒因源自萊茵黑森產區南邊的沃姆斯城附近,而使愛酒人對此區酒質敬謝不敏;然而2010年9月底一場在巴德‧克恩茲納赫市(Bad Kreuznach)舉行的年度葡萄酒拍賣會中,一款四瓶裝(Double magnum)的2009 Weingut Keller G-Max Riesling白酒則拍出有史以來新年份德國干(不甜)白酒的天價:3,998.4歐元。產釀此酒的凱勒酒莊(Weingut Keller)便位在沃姆斯西邊不遠的達賽姆酒村裡。此訊一出,讓愛酒人既驚又喜:先是驚訝於此長期被忽略的艋高(Wonnegau)副產區裡竟有此般能耐的麗絲玲品種白酒,再則是喜於麗絲玲干白酒類型終於獲得應有重視。然而冷靜再想,拍賣所畢竟在喜愛干白酒的德國境內,場景若換成紐約,除非懂行且懂酒的藏家現身,否則此美釀之身價恐難在競標聲中水漲船高。

凱勒家族在1789年由瑞士移民落地生根此地便開始釀酒,莊主為現年37歲的家族第九代克勞茲—彼得‧凱勒(Klaus-Peter Keller);

本莊自1789年起便擁有4.2公頃的Hubacker名園。

且自落戶起的第一代起，本家族無一例外只生男丁，故釀酒傳統乃父子一脈相傳。前任莊主，即克勞茲—彼得的父親克勞茲（Klaus）於1980年代中開始降量求質，以其一系列半干以及甜味白酒獲得好評，追隨的忠誠客戶者眾。雖當時也釀干型白酒，但量少，無舉足輕重之地位。本莊真正聲譽鵲起始自克勞茲—彼得與妻子朱莉亞（Julia）於2001年正式接手經營與釀酒後，克勞茲目前處半退休狀態，只負責部分的葡萄園管理工作。

部分由於克勞茲—彼得對干白酒的喜愛，部分由於十多年前起德國飲酒人口味逐漸棄甜偏干，再加上克勞茲—彼得原握有的與這幾年陸續購得的特級葡萄園（Erste Lage）底層含有大量石灰岩土，輔以溫暖乾燥的微氣候（左有多納斯山脈Donnersberg mountains阻擋潮濕鋒面），故除經典甜酒外，此地也極適合釀造頂級干白酒。克勞茲—彼得的幾款特級葡萄園干白酒已被專家列為德國麗絲玲干白酒的最佳典範，整體風格與法國阿爾薩斯省的知名酒莊汀巴赫（Trimbach）頗為神似。事實上，本莊麗絲玲干白酒的產量已占總產量的85％。

酒瓶中的訊息

與德國其他知名產葡萄酒區不同，萊茵黑森的農耕面積裡僅有三分之一種植葡萄樹，另三

1. 凱勒家族自1789年便開始釀酒，總產量的三分之一出口世界各國。
2. 莊主克勞茲—彼得·凱勒熱愛美食，他認為位於法德邊境的米其林三星餐廳GästeHaus Erfort物超所值。進入蓋森翰葡萄酒學院就讀之前，他曾到其叔父在南非經營的Clos Cabrières酒莊及法國布根地名莊Domaine Armand Rousseau釀酒實習。
3. 達賽姆酒村的葡萄園位於緩坡上，風土環境甚至是鄉村酒色都與布根地相仿。

分之二則為玉米以及各類穀物所占據，過去的葡萄酒品質不高，水準參差不齊；然而年輕一代的「新浪潮釀酒師」之崛起也讓萊茵黑森成為最令人興奮與值得探討的產區。這批具活力與野心的年輕人以小規模的高水準酒款向世人證明形象不佳的萊茵黑森產區其實大有可為。其中的20名在2002年成立「瓶中信釀酒人團體」（Message in the bottle）以交流資訊並確立釀酒的前景方向。團體初成立時，其實多數年輕酒農還處初建階段，僅有兩位已以優越酒質立名，分別是魏斯多芬（Westhofen）酒村的Philipp Wittmann以及達賽姆酒村的克勞茲—彼得；他們堅信量少質精才能在酒瓶中傳遞風土之內涵訊息。

或因個性使然，訪談時的克勞茲—彼得顯得有些拘謹害羞；他表示有人花錢玩車賞錶，他則花大錢在飲食上頭。由於克勞茲—彼得與朱

本莊畜養了專門下蛋的母雞30隻，連牛肉都自給自足，莊主克勞茲—彼得對食物來源極為講究。

莉亞（兩人皆畢業於蓋森翰葡萄酒學院）因莊務鎮日繁忙，無暇烹煮，他倆甚至雇用曾在米其林三星餐廳擔任過助廚的專業人士為家廚調理全家三餐。食材則多數源於自家小農場，包括自養自供的豬肉與牛肉，並畜養專門下蛋的母雞30隻。此外，菜園裡除馬鈴薯與來自石灰岩土壤的極品白蘆筍，還包括14種品種的大小番茄；果園裡除草莓外，園中30株果樹則供予李子、蘋果、桃子、杏桃以及西洋梨等各色鮮果。凱勒一家自釀自耕自足，人間樂土景象於筆者心中油然而生，好生羨慕。

本莊目前擁園15公頃，其中就有12公頃被德國頂級酒莊聯合會列為特級葡萄園。其中最被行家稱道的四款特級葡萄園干白酒，依照適當的品飲順序列出，分別為：Kirchspiel（本莊有3.5公頃）、Hubacker（本莊有4.2公頃）、Abtserde（本莊有2.5公頃）以及Morstein（本莊有1.5公頃），以上均以麗絲玲品種釀成。其中Hubacker園位於達賽姆村，其餘三特級園都位於達賽姆略北一點的魏斯多芬酒村。其實這幾個特級園於中世紀時都是沃姆斯城主教賞識的名園美釀，尤其Abtserde園（可譯為教會園）更是教會高層指定飲用的酒款，當地酒農必須每年貢獻十分之一的酒釀予教會；Abtserde園實屬Brunnenhäuschen葡萄園其中一塊。

以上特級干白酒的共通特質是骨架堅實修長，礦物質風味相當明顯；尤其Hubacker園區土壤下有黃色石灰岩脈穿過，賜予酒中豐盛的黃李、黃熟木瓜以及百香果氣息，其巴洛克風格足以迷倒任何麗絲玲白酒的愛好者。雖以上四款酒質相當接近，然品質最高、最雄渾扎實的酒款還屬Abtserde和Morstein兩款。另，本莊在2009年租下萊茵黑森北部尼爾斯坦村一塊僅

1

2

3

1. 酒莊庭院一角，小亭有時用以招待貴賓
   用餐試酒。

2. 德式奶油醬汁小牛肉麵疙瘩與本莊特級
   干白酒搭配極佳。

3. G-Max Riesling屢次在拍賣會上創下佳
   績。此外，莊主克勞茲—彼得避免在釀
   造特級干白酒時摻入貴腐葡萄，因他的
   終極目標是釀出能在「味蕾上跳舞」、
   帶明顯礦物質風味的酒款。

約0.3公頃的Pettenthal葡萄園（位於經典紅坡區段），已釀出讓酒評人驚豔的佳績。

實而，本文開宗明義便提及的G-Max Riesling干白酒才是眾藏家爭逐的稀世珍釀。酒名取自克勞茲—彼得的曾祖父Georg以及小兒子Maximillian（現年11歲）兩人聯名。首年份為2001年的G-Max以本莊最老的葡萄藤果實釀成，克勞茲—彼得不願透露釀酒原料來自何園；此因有回克勞茲—彼得向來自日本的葡萄酒粉絲透露該年份的G-Max乃以Morstein園區的老藤釀成，未料到該粉絲竟至Morstein園中剪下幾串珍貴的老藤葡萄欲帶回國當做紀念；自此，每一年份的G-Max釀酒葡萄究竟來自何園或是多園老藤混釀已成為不可言說的祕密。

由於G-Max酒標上未標明特定的特級葡萄園名稱，故而無法被列為特級干白酒。

洞悉風土

然而，以上美園的潛質終在歷史起落裡，被二戰後大量生產的廉價甜酒浪滔所埋沒。除了Hubacker為凱勒家族自1789年起便持有至今，許多優質葡萄園是十幾年前才陸續購入。為更加洞悉自家葡萄園的土質與釀酒潛力，本莊在幾年前請來地質專家在葡萄園裡打穿高達6萬個取樣深洞以分析土質，好在葡萄品種、無性繁殖系、防止根瘤蚜蟲病的美國種樹根與地塊特性之間，得以擇出更能發揮酒質的種植組合。本莊各園富含石灰質土壤，頗近似布根地某些地塊，不僅是釀造干性與甜味白酒的理想風土，也是黑皮諾品種的理想種植地。除麗絲玲與黑皮諾外，本莊仍舊植有少量的希爾瓦那（Silvaner）、Scheurebe以及Rieslaner（後兩者均為以希爾瓦那與麗絲玲交接而出的品種）；其中，Rieslaner尤宜釀成美味的晚摘精選酒、

1. 2009年份的Kirchspiel尾韻帶有金桔以及礦物質風韻。克勞茲—彼得指出要釀造干性的頂級白酒，產量必須降低至每公頃3,000-3,500公升左右，因沒有甜度可掩飾，故對葡萄原料的要求必須更加提高。

2. 本莊已晉身為德國最佳黑皮諾紅酒的釀造者。

3. Von der Fels（意為來自石灰岩）為本莊物超所值的初階麗絲玲干白酒，以幾個特級葡萄園的低坡或較年輕樹藤（樹齡5-20年）果實釀成。

1

2

3

Hubacker酒款的巴洛克風格足以迷倒任何頂級麗絲玲白酒的粉絲；本莊的特級干白酒主要以2,400公升的大型舊木桶發酵。

自2009年份起本莊使用浮雕有特級葡萄園標誌1ᵉ的酒瓶，以裝瓶旗下特級干白酒酒款。

貴腐精選以及枯葡精選甜酒。

凱勒酒莊曾以黑皮諾釀過粉紅酒，但正統布根地風格的黑皮諾紅酒要遲至1997年才首釀現身；其實，克勞茲—彼得曾在布根地名莊Domaine Armand Rousseau處實習釀酒。以野生酵母發酵黑皮諾時，他也喜歡以約40%未去梗的葡萄串共同發酵以替酒帶來較為清新的風格，桶中熟成後不過濾就裝瓶。由於本莊黑皮諾紅酒產量極小，故要購得其紅酒要比買到原本已不易到手的特級干白酒還要困難。

筆者僅嘗過本莊較初階的Spätburgunder Trocken，覺得品質約等同布根地優質酒莊的村莊酒等級，酒質頗佳。故而其釀自特級葡萄園Bürgel，且以克勞茲—彼得之長子Felix命名的Bürgel Spätburgunder Trocken Felix Grosses Gewächs紅酒酒質自是值得期待。許多專家也認為本莊現已成德國最佳黑皮諾紅酒的釀造者。

拜全球暖化之賜，德國各產區之酒質較之20年前大幅提升。然而原本就相當溫暖的達賽姆以及魏斯多芬酒村則顯得愈加燥熱；故而如2003年份的大熱年，本莊會在葡萄樹根部撒上樹皮碎屑與腐植土以保土壤濕度。同時為避免天氣過熱導致葡萄快速成熟（雖累積了糖分卻欠缺平衡的酸度與集中的風味），故想辦法延遲葡萄熟成速度也成為本莊的要務。

反制方法之一是克勞茲—彼得自6月初起，每隔一段時間便會在每一結果枝上拔除兩三片葉子，以降低光合作用效率；但同時須注意果串上有葉片遮陰，以防延長熟成期間的果實遭曬傷。

幾年前克勞茲—彼得替長子Felix（現年13歲）買了一組小型柵欄式壓榨機做為復活節禮物，Felix便開始其釀酒生涯：2005年他釀出一款未加二氧化硫的黑皮諾紅酒；2007年則釀了一款枯葡精選酒，但因過晚停止發酵，導致酒精濃度高達不尋常的12.5%；去年有北歐客人訪莊試酒，正巧克勞茲—彼得外出，Felix便興沖沖地招待訪客其「未成年私酒釀」，最後訪客花錢買了貼有Felix酒標的酒款後便離去……，凱勒酒莊無疑已後繼有人；且可說是前浪未歇，後浪緊迫矣！🍷

Weingut Keller

Bahnhofstraße 1
67592 Flörsheim-Dalsheim
Germany
Tel: +49 (0) 62 43 456
Website: www.keller-wein.de

part **XI** 高原美酒出斗羅
SPAIN Ribera del Duero

西班牙的卡斯提亞—萊昂（Castilla y León）自治區為西班牙文化之搖籃，此地通行的卡斯提亞語（Castellano）已成通行全球的西班牙文；Castilla為舊堡（Old Castile）之意，故此區的歷史性防禦城堡為常見地景，也是中世紀時當地人抵禦摩爾人（Moors）入侵的堡壘要塞。卡斯提亞—萊昂目前有9個法定產區（Denominación de Origen），其中酒質最高、最受國際酒壇矚目者當屬斗羅河岸（Ribera del Duero），西班牙國寶酒莊裴嘉‧西西里雅（Vega Sicilia）便位於此。

斗羅河（Rio Duero）發源自索利雅省（Soria）與利奧哈自治區（Rioja）交界，自高而低，由東往西流過卡斯提亞—萊昂位於斗羅河岸周邊的5個法定葡萄酒產區，由東邊上游往西邊下游數來分別為斗羅河岸、魯耶達（Rueda）、多羅（Toro）、扎摩拉（Tierra de Zamora）以及阿里貝斯（Arribes）。斗羅河進入葡萄牙後改名為Douro，並在波特（Oporto）附近注入大西洋。斗羅河岸產區位於最上游，主要生產以田帕尼優（Tempranillo）葡萄釀成的紅酒，田帕尼優為西班牙最重要的品種，在卡斯提亞—萊昂又被稱為Tinto Fino或Tinto del País。按斗羅河岸的法規，此區僅能釀產紅酒與粉紅酒，白葡萄（以Albillo為主）除了釀成地區餐酒，有時（愈來愈少見）也混入紅酒裡一同釀造（但不得超過5%）。

在斗羅河岸的產區範圍內，斗羅河的海拔高度從索利雅省內的900多公尺，穿過布哥斯省（Burgos），西落到瓦雅多利省（Valladolid）最後一個酒村Quintanilla de Onésimo的732公尺，在此村後的葡萄園即非斗羅河岸的法定產區範圍，只能生產卡斯提亞—萊昂地區餐酒（Vino de la Tierra de Castilla y León），然而這不代表這段斗羅河谷地僅能釀造簡單的日常餐酒，最佳反例為茅洛酒莊（Bodegas Mauro）與Bodegas Abadia Retuerta酒莊的精湛美酒。

整個斗羅河岸產區位於古老的高原之上，約115公里寬，大部分土壤以黃褐色的石灰質黏土為主，淺緩的河岸邊有較多的砂岩與小礫石；部分區域，如佩斯喀拉村（Pesquera）附近則有較多的石灰岩分佈，可釀出架構修長、酸度均衡的優雅酒釀。一般而言本區高低起伏

因斗羅河岸氣候極為乾燥，葡萄農通常不讓葡萄園裡留下任何雜草與葡萄藤競爭有限水份。

圖為斗羅河下游，高踞紅土高原之上的多羅酒村；多羅法定產區潛力極佳，吸引了許多斗羅河岸的名莊到此投資，酒界龍頭裴嘉．西西里雅與茅洛酒莊都已在此建莊釀酒。

不大，但仍有零星分佈的台地地形在高原上拔地而起，其坡度陡斜，上坡處通常有大量的白色石灰岩，但也因石灰質過多、土層極為淺薄而不適合葡萄樹的種植，故而多植在中下坡處。

高原上的大陸型氣候造成此地冬季嚴寒，夏季酷熱：夏季白天的氣溫可達攝氏40度，夜晚卻相當冷涼，日夜溫差可達20度。故而，雖然斗羅河岸紅酒色深味濃，單寧豐盛，強勁渾厚，卻多能保有精緻可口的酸度使酒體不致疲軟，飲者的味蕾也不虞疲乏。但也因此霜害成為斗羅河岸最大的威脅；一年裡大約僅有125天（約從6月初至9月底），葡萄農可以不必擔心霜害的突襲。此外，斗羅河岸雨量稀少（年雨量僅約450公厘），極為乾旱，故近年來法規已允許灌溉葡萄園；然而，絕大多數的酒莊僅替樹齡5年以下的年輕樹藤實行「滴水式灌溉」，當逾此樹齡，少有酒莊會真正實行灌溉。同時，為讓每株葡萄樹都能獲得足夠水份，本區的每公頃種植密度通常僅在2,000-3,000株之間，傳統上採用無任何支撐、似小樹獨立生長的杯型式（En vaso）整枝系統。

在橡木桶裡進行葡萄酒熟成（培養）時，斗羅河岸的酒莊也如同西班牙其他產區，在傳統上喜愛採用美國橡木桶，除了便宜，也因美國橡木桶較之法國橡木桶更為耐用。然而，近年來許多菁英酒莊也開始使用法國橡木桶，特別是在釀造頂級酒款時。一般而言，以法國桶熟成者香氣細膩，酒體在年輕時通常較為緊實；以美國桶熟成者在酒款年輕時常帶有明顯的香草氣息，口感也較為柔和可親。

遲至1982年，斗羅河岸才正式成為法定產區，此前，僅有裴嘉．西西里雅以絕佳酒質一枝獨秀；然而本區一直要到1990年代初之後才真正為國際愛酒人知曉。當法定產區成立時，斗羅河岸僅有24家酒莊，而目前的酒莊總數已幾達250家，總種植面積也接近21,000公頃，真是不可同日而語。🍷

光陰釀醸醍醐味
Bodegas Vega Sicilia

即便裴嘉・西西里雅酒莊（Bodegas Vega Sicilia）已不再是西班牙酒價至昂者（依舊排名前幾），然而其歷史地位與深邃幽遠的西班牙傳統紅酒風味，仍讓眾專家以及資深酒友推崇其為「西班牙國寶酒莊」。本莊產量有限，然索求者眾，每年得以分到少數配額的客戶名單上其實僅有4,000名貴客，而等待名單則有5,000名。有幸每年分到配額者當然不乏名人在列，如當年的英國首相邱吉爾、西班牙抒情歌王胡立歐；而得以每年獲本莊免費贈酒（Unico紅酒雙瓶裝）者，唯有崇聖的梵諦岡教宗。與波爾多知名酒堡將絕大多數的酒款外銷不同，位於斗羅河岸產區的斗羅麗谷酒村（Valbuena del Duero）裡的裴嘉・西西里雅的出口比例僅約四成，故常使國際愛酒人欲一親芳澤而不得。

1848年，托利畢歐・雷坎達（Toribio Lecanda）在Tierre de Peñafiel買下一塊約800公頃的土地，此地包括由兩塊地組成的Pagos de la Vega de Santa Cecilia y Carrascal園區，其中由於Carrascal僅是松樹林，無農耕用處而被除名；而由此縮減、轉化而來的正式莊名Vega Sicilia於1915年才出現。然而，當初托利畢歐購地後不久所成立的農莊其實名為Bodegas Lecanda Valladolid，農莊當初最主要的經營重心在於牲畜養殖、穀物以及果樹種植、石膏塗料生產以及陶器製造。1859年，托利畢歐喪妻，同年將農莊繼承予其子艾羅伊・雷坎達（Eloy Lecanda）；1864年艾羅伊開始耙地、種植葡萄樹，是為建莊元年。

在裴嘉・西西里雅酒莊內一角的莊主宅院，歷屆莊主自十九世紀末便以此為家。

波爾多品種的引進

1864年（即波爾多1855年分級後9年），艾羅伊・雷坎達遊赴波爾多向貝戈瑞先生（Beguerie）購買了18,000株葡萄樹，包括波爾多的卡本內─蘇維濃、卡門內爾、馬爾貝克、梅洛，甚至是源自於布根地的黑皮諾品種。除了外來的法國品種，葡萄園中也穿插種植本地的格那希（Garnacha）以及Tinto Aragonese品種。事實上，本莊當時稱其田帕尼優品種的特殊無性繁殖係為Tinto Aragonese（不過在西班牙其他產區，Tinto Aragonese指的是Garnacha）。然而，當時的本莊並不使用葡萄釀造紅酒，而是用以釀造白蘭地以及開胃利口甜酒。

雷坎達家族在1890年因財務周轉困難，將本莊售予艾瑞羅家族（Herrero），同樣地，後

者對於葡萄酒的釀造並不熟悉也不熱中,故將本莊經營權租給帕拉修家族(Palacio)。帕拉修家族於1905年雇用嘉拿米奧拉(Domingo de Garramiola)為酒莊總管暨釀酒師,而曾在利奧哈(La Rioja)釀過酒的嘉拿米奧拉便開始以利奧哈慣用的桶中長期熟成的方式釀酒;幾年釀酒實驗後,嘉拿米奧拉於1915年正式以裴嘉‧西西里雅為莊名將所釀的酒款裝瓶。

1915年之際本莊共推出五款酒,分別是Unico紅酒、無年份的Unico Reserva Especial、Unico白酒(自1947起停產)、Valbuena 5°以及Valbuena 3°(其最後生產年份為1987)。本莊的旗艦代表作為Unico紅酒,此酒的創始人嘉拿米奧拉則是裴嘉‧西西里雅酒史中最重要的傳奇人物。Unico酒質深厚高超,其1917以及1918年份曾在1929年舉行的的巴塞隆納世界博覽會裡贏得榮譽大獎(Gran Premio de Honor),此歷史性榮耀仍舊標示在今日的Unico酒標上。

繼嘉拿米奧拉之後,承釀本莊酒款重責的主要釀酒師還有阿納東(Jesús Anadón)以及其徒弟馬里安諾‧嘉西亞(Mariano García)。1985年阿納東退休後,馬里安諾便由釀酒助理升任為總釀酒師。馬里安諾的父親與祖父都在裴嘉‧西西里雅擔任葡萄園工人,馬里安諾實為該家族在本莊竭誠貢獻一己之力的第三代。其實馬里安諾即出生於莊內為員工設立的宿舍裡,自1968年起至1998年止的30年內為本莊貢獻良多,也累積了珍貴的釀酒技藝,不過由於馬里安諾長期擁有自有的小酒莊,被後來購入本莊的阿伐雷茲家族(Álvarez)認為不適任而辭退;1998年起接手至今的總釀酒師為曾獲法國國家釀酒師文憑的阿烏薩斯(Xavier Ausás)。

白手起家的企業家大衛‧阿伐雷茲(David Álvarez, 1927-)憑藉其一手創立的艾聯集團(Eulen)迅速累積豐厚身家,該集團的業務經營範圍包括清潔、保全、短期職務派遣、健康保險以及環境工程;自1982年購入裴嘉‧西西

1. Unico在溫控大木槽中進行酒精以及乳酸發酵,這些大木槽會以每年25%的比例更新。

2. Bodegas Alión的接待大廳一景。

1

2

里雅酒莊後，便指派六名子女中的帕布羅·阿伐雷茲（Pablo Álvarez）擔任總經理管理本莊整體運作。1982年，斗羅河岸產區正式被認可為法定產區（Denominación de Origen, DO），本莊所釀造的國寶級Unico紅酒才得以從日常餐酒（Vino de Mesa）成為法定產區酒款。不過，當時的氛圍比較是斗羅河岸法定產區需要裴嘉·西西里雅的背書與帶領本區前進，而並非本莊需要以產區之名替自身加分；畢竟，寰宇的愛酒人有誰不識裴嘉·西西里雅？

裴嘉·西西里雅目前的葡萄園種植面積為250公頃（其中50公頃園區劃分給同集團旗下的Alión酒莊使用），葡萄園被國道N122切分成為南北兩個部分。北邊靠近斗羅河岸，地勢較為平坦，土壤成分以黏土和砂質土為主，混有部分礫石，出產的酒質較為粗獷強勁，分給Alión使用的葡萄園主要位於此平原地帶。國道南邊的葡萄園多位於面北的山坡上，土質較為貧瘠，含有許多石灰質，本莊尚存有的2.5公頃百年老藤（於根瘤蚜蟲病災害後重植於1910年）也位於此，其酒質優雅精練，釀造Unico的葡萄主要源自於此。裴嘉·西西里雅園區的平均樹齡約在35年（超過60年會拔除重種），每公頃約種植2,200株葡萄樹，每公頃平均產量不超過2,000公升。由於此區氣候極端，葡萄園常受春霜、秋霜以及冰雹襲擊，產量不穩定，故以Unico而言，年產量通常介於4-10萬瓶之間。

光陰釀釀Unico

自2010年9月份起，裴嘉·西西里雅啟用最新建造完成的全新釀酒窖，讓釀造程序能夠更加精準掌控。本莊目前僅釀造三款酒，其中以

僅在最佳年份生產的Unico最為知名，一般而言，其品種混調比例約為80%田帕尼優、其餘主要為卡本內—蘇維濃以及極小比例的梅洛品種。今日的Unico在溫控大木槽（8,000-10,000公升）中進行酒精以及乳酸發酵，釀造的大木槽會以每年25%的比例更新。釀成的Unico會經過7年的橡木桶熟成，裝瓶後再經3年瓶中熟成後才推出上市；然而傳奇的1970年份Unico則是個例外，它共在桶中培養了16年之久。Unico也有雙瓶裝（Magnum, 1.5公升）以及四瓶裝（Bouble Magnum, 3公升）版本，容量愈大，上市時間愈晚，以1970 Unico Magnum為例，此酒直到2000年才推出與愛酒人見面，其酒質仍處巔峰，架構堅實，酒體均衡完美，風味鮮活繁複。

Unico紅酒特殊的桶陳培養方式奠基於馬里安諾主導釀造的時期。發酵完成後，酒液會被移至7,000-20,000公升的大木槽熟成一段期間（約10個月），接著移入全新小型法國橡木桶熟成，之後再移入小型美國橡木桶（25%新桶，其他為2-4年的舊桶）繼續熟成，最後再移回大木槽進行約3-4年的最後培養階段（酒廠喻為休養恢復期）。以上全程橡木桶培養期間約為7年（1982年之前的桶陳時間還要更長），裝瓶後再經3年瓶中熟成才面市（1982年之前幾乎沒有瓶中熟成的程序，因傳統為接單後才裝瓶）。10年光陰的熟成讓Unico在推出上市時，即已進入適飲的初期。

本莊每年都會保留一部分當年份的Unico紅酒於木槽或是不鏽鋼槽中，以待之後與另外兩個老年份的Unico混調成無年份的Unico Reserva Especial酒款；其酒標上會標明上市年度，以及其內用以混調的三個年份（1990年代以前並未標明）。如2011年度上市的Unico Reserva

1

2

3

4

1. 此為裴嘉・西西里雅酒莊內的石砌水道橋，舊時以它引斗羅河水供酒莊使用。

2. Unico紅酒的培養方式相當特殊，發酵完成後，酒液會被移至7,000-20,000公升的大木槽熟成一段期間（如圖），接著移入小型橡木桶熟成，最後再移回大木槽進行約3-4年的最後培養階段才進行裝瓶。

3. 裴嘉・西西里雅酒莊的總經理帕布羅・阿伐雷茲。

4. 裴嘉・西西里雅設有製桶廠，但僅製作美國橡木桶；圖為工人以蒸汽清洗舊橡木桶。

Especial在酒標上會標明酒中的年份為1991、1994以及1998；每個Unico Reserva Especial上市年度約有15,000瓶的產量。因珍稀故，其酒價高過年份Unico紅酒。

此外，Valbuena 5°算是裴嘉‧西西里雅的二軍酒，通常以年輕樹藤果實釀成，混調品種約是80%田帕尼優，其餘主要為梅洛，卡本內─蘇維濃僅占極小比例，因通常經三年半桶中熟成以及一年半瓶中熟成後在第五年上市，故名Valbuena 5°。同理可推，已停產的Valbuena 3°即指在熟成後的第三年推出的紅酒。另，其實在1974年之前，Valbuena 5°以及Valbuena 3°並無標示年份，當時的買酒人僅能以第三年或是第五年上市的Valbuena紅酒來區分。另，因

1. 自阿伐雷茲家族接手本莊後，裴嘉‧西西里雅才生產大瓶裝版本；此為Bouble Magnum（3公升裝），裝酒的精緻木盒是以Bodegas Alión淘汰掉的大型發酵木槽之汰舊木料製成，還附有一把手工打造的鑰匙。

2. 2011年度上市的Unico Reserva Especial是以1991, 1994, 1998三個年份的Unico紅酒混調而成。

3. Valbuena 5°的酒質與Unico紅酒其實相去不遠。

4. 風格現代的Alión紅酒（左），與多羅產區裡最優雅的紅酒之一的Pintia紅酒（右）。

2　　　　　　　　　3　　　　　　　　　4

氣候欠佳而未產Unico紅酒的年份，則原用以釀造旗艦Unico紅酒的最佳葡萄園也會被降級用來釀造Valbuena 5°，如1988、1992、1993、1997以及2001年份。

傳統之外Alión

1980年代中，風格現代的葡萄酒蔚為風潮，總經理帕布羅·阿伐雷茲也躍躍欲試，便與馬里安諾策畫釀造與裴嘉·西西里雅傳統風格相異的酒款。未久，以大衛·阿伐雷茲出生地Alión為名的現代酒款於1991年首次於裴嘉·西西里雅釀造，有鑑於成果斐然，隔年帕布羅·阿伐雷茲便在知名酒村潘雅菲（Peñafiel）西南不遠處正式設立同名酒莊Bodegas Alión。

Alión紅酒以100%田帕尼優釀造，葡萄園區為250公頃（其中50公頃位於裴嘉·西西里雅園內，葡萄共來自四個酒村），同樣以大型溫控木槽發酵（發酵大木槽以每年五個的速度換新），之後在全新法國小型橡木桶內熟成12個月，裝瓶後再經兩年瓶中陳年後上市。Alión產量不小（年產量約25萬瓶），但酒質穩定，首年份1991 Alión甫上市不久便被美國《葡萄酒觀察家》雜誌列為1995年度百大名酒第47名，酒質可說是有口皆碑（杯）。

阿伐雷茲家族於1993年在匈牙利的多凱（Tokaj）產區買下Oremus酒莊後不久，又開始計畫在斗羅河岸產區西邊下游一百多公里處的多羅（Toro）產區設立酒莊，經逐年搜購多羅區106公頃的老藤葡萄園（樹齡在25-50年之

大雪中的Vega Sicilia葡萄園。

1

2

3

間），終在2004年推出首年份的2001 Pintia紅酒，其酒質濃郁卻優雅脫俗，跳脫多羅區紅酒慣常的粗獷猛烈，為少數風格高雅的多羅紅酒之一。

Pintia的嶄新酒窖設在多羅區的聖羅曼村（San Román），以多羅的田帕尼優別種Tinta de Toro釀成，年均產量約在26萬瓶之譜，頗為物超所值。

另，阿伐雷茲家族自2004年起便祕密籌畫與羅其德家族（Rothschild）瑞士分支的Benjamin de Rothschild在利奧哈產區共設酒莊，雖筆者採訪時本莊依舊不願透露詳情，但據國際媒體同業最新揭露，未來的莊名應為Bodegas Benjamin Rothschild & Vega Sicilia；如此一來，裴嘉・西西里雅集團（Grupo Vega Sicilia）將成為擁有五家酒莊的酒業鉅子，氣勢如日中天。至於將在2013年上市的利奧哈紅酒之酒質如何，且讓我們空杯翹首以待。

1. Bodegas Alión的熟成酒窖全程控溫與控濕，熟成用的橡木桶主要來自法國五家優質製桶廠。

2. Valbuena 5°以溫控不鏽鋼槽發酵，為免除以壓力抽送葡萄，去梗並篩選後的葡萄會以特殊設計的自動小推車（圖後方）將葡萄載至各個發酵槽上方，以重力讓葡萄自動落入發酵槽內。

3. 1999 Unico紅酒；Unico產量不穩，通常介於4-10萬瓶之間。

Bodegas Vega Sicilia

Carretera N 122, Km 323

Finca Vega Sicilia

E-47359 Valbuena de Duero

Spain

Tel: +34 983 680 147

Website:www.vega-sicilia.com

傳統的逆襲
Tinto Pesquera

　　斗羅河岸產區雖適宜釀酒，羅馬人也早將釀酒技術與文化根植此地，然而，一直要到1864年西班牙國寶酒莊裴嘉·西西里雅建莊後，本區才出現引人矚目的亮點。之後百年來，並未有酒質精良的酒莊隨之建立，僅裴嘉·西西里雅一支獨秀。直至1970年代，如今被認為是斗羅河岸酒界教父的阿雷翰多·費南戴茲（Alejandro Fernández）在創立佩斯喀拉酒莊（Tinto Pesquera）後，斗羅河岸才再度受矚。

　　不過，本區名聲之所以能遠播國際，不能忘提美國酒評家帕克的一段推波助瀾的評論。1986年，帕克在嘗到1982 Tinto Pesquera紅酒後，將其譽為西班牙的貝翠斯堡，不僅使本莊聲名大噪，也連帶將斗羅河岸產區推上國際酒壇。本區從當初不到30家酒莊的荒涼景象，至今已幾達250家，已是西班牙名莊或酒業集團必到並插旗落戶的菁英產區。Tinto Pesquera紅酒色深味濃、單寧豐富、口感豐穎，因而被

視為斗羅河岸紅酒現代版佳釀的典範（如今更深更濃的同區酒款所在多有）。實則1970年代之前的本區酒款多是農家自釀自飲的低廉餐酒，其酒色淺淡如粉紅酒，當地人也慣稱其為Clarete；即便外售，一般而言均整桶售出，並不裝瓶。故而費南戴茲所釀酒款能夠異軍突起，實不奇怪。

　　Tinto Pesquera紅酒以百分之百的田帕尼優傳統品種釀成，因果香明亮純淨，風味集中而被視為具現代感。甚至，裴嘉·西西里雅也在後來建立Bodegas Alión，並推出同樣以百分之百田帕尼優釀造的Alión紅酒以跟上現代紅酒之風潮（需知裴嘉·西西里雅酒莊並不釀產以百分之百田帕尼優釀造的酒款）。然而，費南戴茲

1. 佩斯喀拉酒莊莊主阿雷翰多·費南戴茲白手起家，目前其佩斯喀拉酒業集團旗下共有四家酒莊。

2. 佩斯喀拉酒莊的品酒室。

1

2

佩斯喀拉酒莊外觀，大門右側的低矮房舍即是最初費南戴茲以古老的石造發酵槽和16世紀的木造榨汁機釀酒之處。

於受訪時表示，他自幼便跟隨父親以自家小葡萄園果實釀酒，素來心願便是釀造與傳承自其父、祖輩時代便奠定的紅酒體例，也是今日酒友有幸品嘗到的風格；故而佩斯喀拉酒莊所堅持的自家傳統實與斗羅河岸的薄酒傳統大相逕庭，甚以一家之風格形塑當今我們所識得的斗羅河岸產區面貌。某種程度上而言，費南戴茲以自家傳統對斗羅河岸的淡薄粉紅酒傳統進行了一項劃時代的逆襲。

傳奇之蛻變

年近80的費南戴茲出生於1932年，14歲即離家於農田裡耕作，後來還陸續從事過木工、鐵匠等職；1960年代的斗羅河岸酒業不興，種植葡萄樹釀酒對農家而言顯然收益不大，故拔除葡萄樹以改種甜菜根、穀物等農作相對有利

可圖，於是蔚為風潮。具機械研發天才的費南戴茲於是趁勢研發出甜菜根採收機，並以此致富，而其建立酒莊的宿願也終有實現之基礎。因而，正當斗羅河岸的農家搶種用以製糖的甜菜根的同時，費南戴茲反其道而行，開始有規模地種植葡萄樹，他認為釀造優質的紅酒才是未來王道；遂與妻子愛斯裴蘭薩（Esperanza）以居住所在地的佩斯喀拉酒村（Pesquera del Duero）命名，並於1972年創立佩斯喀拉酒莊。

建莊初期，費南戴茲便雇用雷耶斯（Teofio Reyes）為助理釀酒師。酒評家帕克曾在其著作《世界最偉大酒莊》（*The World's Grestest Wine Estates*）指出雷耶斯對本莊紅酒風格之形塑具有決定性影響，然據筆者親訪，費南戴茲指此為無稽之談。他表示雷耶斯僅是助手，主要負責實驗室裡的化驗，而掌控釀酒大責者還

Janus Gran Reserva紅酒。其中有50%以不去梗的葡萄，在石槽發酵釀造；另50%以去梗的葡萄在不鏽鋼槽釀造，兩者混調後，再予以培養熟成。

是費南戴茲本人。如前所述，本莊酒款風格實奠基於費南戴茲的父祖輩時期，費南戴茲的職責在於謹承傳統釀造風味，但在酒質上更加精進而已。

1. 佩斯喀拉酒業集團下的紅酒皆以田帕尼優品種釀成，通常在9月底到10月中之間以手工採收。
2. 費南戴茲在Dehesa La Granja酒莊的附設農場共養殖超過千頭的綿羊。
3. Dehesa La Granja酒莊的地下酒窖共花費125名工人17年的歲月才在1767年鑿畢。
4. 佩斯喀拉酒莊的酒汁在不鏽鋼槽發酵完畢後，會以重力流入下一層的不鏽鋼桶裡（如圖地面所示），以低溫靜置20天以去除較大的酒渣；之後本莊的酒液既不過濾，也不進行黏合濾清。

自首年份的1975到1981年份之間，費南戴茲依舊使用傳統而古老的釀酒設備：原型源自羅馬時代的石造發酵槽，以及建於十六世紀的木造榨汁機；這間古老的釀酒小室依舊位於本莊入口右側處。1982年之前，本莊以不去梗的整串葡萄放入寬大的石槽裡發酵釀造Tinto Pesquera紅酒；1982年起本莊添購了不鏽鋼發酵槽以及去梗機，用來釀造給外銷市場的Tinto Pesquera酒款，而當初帕克所嘗到的1982 Tinto Pesquera便以新法釀成；而供應給西班牙國內市場的同年份Tinto Pesquera依舊循古法釀造。

1

2

3

4

| 1 | 2 | 3 | 4 |

1. Alenza Gran Reserva為阿莎酒莊的傳統風格名釀。

2. Millenium Reserva以100%法國全新橡木桶培養，為單一葡萄園（Viña Alta）酒款。

3. Tinto Pesquera Crianza（左）以及Tinto Pesquera Reserva Especial（右）。

4. Condado de Haza Crianza（左）以及Condado de Haza Reserva（右）。

當年，費南戴茲將這兩款釀法不同、風格略異的紅酒各留下2,000公升，相混後，以美國橡木桶培養3年，此混合版之酒質竟比原有的兩個版本愈加均衡複雜，費南戴茲於是在1986年將此酒裝瓶，並以羅馬門神賈奴斯（Janus）替酒取名為Janus Gran Reserva。賈奴斯為雙面門神，一面看過去，一面觀未來；此酒如羅馬神祇，統合了過去與現在觀點與釀法（不去梗在石槽釀造＋去梗在不鏽鋼槽釀造），成為本莊最頂尖的酒款之一；Janus Gran Reserva僅在佳年釀造，曾推出上市的年份為1982、1994、1995、2003以及2006。

佩斯喀拉酒莊僅採田帕尼優釀造紅酒，除Janus Gran Reserva之外，目前均以不鏽鋼槽釀造，發酵溫度不特高（攝氏25-27度），期間會進行淋汁以加強萃取，並以美國橡木桶進行培養；其佳釀級（Crianza）以及陳釀級（Reserva）紅酒在培養時約使用30%新橡木桶，較高檔的Reserva Especial與特級陳釀（Grand Reserva）紅酒則採約40%新桶培養。本莊也另產一款僅出現過兩個年份（1996以及2002），且以100%法國全新橡木桶培養的Millenium Reserva，此酒以高海拔的Viña Alta葡萄園之老藤果實釀成，為本莊唯一的單一葡萄園酒款，酒質與Janus相當，但風格略微現代。

佩斯喀拉酒業集團

佩斯喀拉酒莊基本上只採用自園葡萄釀酒，但若遇嚴重霜害或冰雹襲擊，會酌量外購葡萄。目前本莊擁地200公頃，規模不小，費南戴茲由本莊獲得商業上的巨大成功後，開始進行酒業版圖的擴張。

1980年代中，費南戴茲發現了一處位於斗羅河岸不遠、占地80公頃的廢棄園區，後經長達3年的協商後才購下此位於緩坡上的面南園區，並在1989年建立阿莎酒莊（Condado de Haza）；此位於洛阿（Roa de Duero）酒村旁的第二家酒莊也以田帕尼優釀酒，風格與酒質與佩斯喀拉近似，不過略微雄渾粗獷，首個商業年份為1994。

1. 費南戴茲最新力作：Pesquera AF Hotel於2011年4月底在潘雅菲酒村裡正式開幕，旅館前身為一古色古香的麵粉碾製廠，裡頭卻是摩登炫目的精品旅館。

2. 以上精品旅館內的滿月餐廳最著名的甜點以費南戴茲名字命名：El Postre de Alejandro；以溫熱的頂級黑巧克力醬搭配酥脆麵包片與Dehesa La Granja酒莊製作的手工羊酪，筆者保證美味滿分。

阿莎酒莊目前擁有約200公頃園區，除佳釀級、陳釀級以及Reserva Selección（以法國桶培養）酒款，還釀產一款頂級的特級陳釀Alenza Gran Reserva，此酒以莊主夫婦名字的字首和字尾結合而成（Alejandro＋Esperanza），並採傳統釀法以向父祖輩時期的酒款風格致敬：整串葡萄不去梗，且以腳掌破皮後（在幾年前已停止此做法）直接發酵，此酒是另款以100%全新橡木桶培養（美國桶）的傳統風格美釀。Alenza首年份為1995，此後每年都有少量生產，筆者尤愛2001 Alenza的深沉與華麗，有些神似布根地哲維瑞—香貝丹酒村裡的特級葡萄園紅酒。

費南戴茲年事已高，卻依然衝勁不減。先是在20世紀尾聲時，在斗羅河岸產區西邊的扎摩拉省（Zamora）成立Dehesa La Granja酒莊，此頗具歷史的農莊（兼酒莊）一度被改建成鬥牛養殖廠，但在此前，其實一直存有釀酒傳統，但直到費南戴茲入主後才又恢復昔日釀酒榮光，其首年份為1998。莊內的地下酒窖當初由125名工人耗費了17年（1750-1767）光陰才鑿成，占地3,000平方公尺，恆濕恆溫，最適釀酒；同樣以田帕尼優釀成的酒款包括Dehesa La Granja以及Dehesa La Granja Selección紅酒；本莊總占地面積達800公頃，葡萄園面積250公頃，費南戴茲還在此豢養了1,000多頭綿羊以及3,00多頭牛隻，其女婿並以莊內的綿羊奶製成風味絕佳的羊酪。

另一家約同時建立的酒莊位於西班牙中部的拉曼恰（La Mancha）產區：Bodega El Vínculo；其莊名實源自費南戴茲的雙親舊有的斗羅河岸小型酒莊名號，El Vínculo共計產有佳釀級、陳釀級以及特級陳釀Gran Reserve Paraje La Golosa Paraje三款紅酒（田帕尼優品種），其首年份為1999。本莊最新產品為在2007年份首次推出的Alejairén白酒，此酒避除了Airén品種常見的酸度較欠之缺陷，以焦糖、蜂蜜、柑橘、奶油以及薑汁等氣息收攏人心，優質值得推薦。

今日的佩斯喀拉酒業集團（Grupo Pesquera）共有四家酒莊，費南戴茲也分派四名女兒分別掌管四家酒莊，其中小女兒Eva Maria具有釀酒師文憑，為費南戴茲在釀酒上的最佳執行者；其實，佩斯喀拉酒莊之所以引進法國橡木桶以及Alejairén白酒之誕生，都要歸功於她向父親的力薦。此外，有鑒於費南戴茲對斗羅河岸以及整個的卡斯提亞—萊昂葡萄

Dehesa La Granja Selección紅酒。

酒產區的諸多貢獻，卡斯提亞—萊昂葡萄酒學院（Castilla y León Wine Academy）也於最近頒發榮譽釀酒人（Honorary Winemaker）殊榮予他。至此，舊日發明甜菜採收機的小農已蛻變為一則傳奇。

Tinto Pesquera

Calle Real, 2
47315 Pesquera de Duero
Valladolid
Spain
Tel: +34 983 87 00 37
Website: www.pesqueraafernandez.com

一舉中的
Dominio de Pingus

　　長期以來，西班牙葡萄酒並非國際收藏家熱中的標的物，因除去歷史悠久的裴嘉・西西里雅酒莊之外，真正具膜拜酒般地位的名釀屈指可數；然而平古斯酒莊（Dominio de Pingus）卻像石頭裡迸出的異數，首釀年份便一舉中的，獲美國酒評家帕克高分讚揚而成為最受藏家或癡狂愛酒人覬覦追索的寰宇級名釀。若說帕克、高分、天價、限量這些關鍵字顯得粗俗與銅臭，那麼地位崇高的英國葡萄酒大師學院（Institute of Masters of Wine）在2011年4月將該機構破天荒首次頒發的年度「釀酒大師獎」（Winemakers' Winemaker Award）頒予在專業人士眼中眾望所歸的平古斯酒莊酒主暨釀酒師彼得・希賽克（Peter Sisseck），應能讓心有不平與憤世嫉俗者稍加寬心。

　　1983年，時年21歲的彼得・希賽克跟隨舅舅Peter Vinding-Diers腳步至波爾多格拉夫區的Château Rahoul實習釀酒一年半，之後返回家鄉丹麥攻讀農經學位（彼得從未有釀酒訓練與文憑），其後幾年他分別在加州與澳洲酒廠工作，及至1990年彼得再隨舅舅赴西班牙斗羅河岸產區擔任修院酒莊（Hacienda Monasterio）的釀酒師。

　　然而，成立自有酒莊乃彼得心中一路以來的理想與目標，他便於1994年開始尋找理想的葡萄園，同年，他有幸找到位於產區中部歐那酒村（La Horra）的4公頃老藤葡萄園（植於1929年）。1995年，彼得在產區最西邊的歐內西蒙酒村（Quintanilla de Onesimo）成立平古斯酒莊，也釀造出首年份的1995 Pingus，然而此年份以及隔年的1996 Pingus其實都以租來上述之葡萄園所釀，由於前兩年份酒款已替彼得賺進穩固身家，他便於1997年2月正式買下本莊賴以成名的老藤園區。

1.　莊主彼得・希賽克；平古斯酒莊的莊名取自其幼時小名Pingus。

2.　Pingus紅酒於前景的1,600公升小型木槽內發酵釀造，二軍的Flor de Pingus則以後頭的不鏽鋼槽釀造。

1

2

Pingus紅酒國際平均售價約在650美元上下，年均產量僅有5,000瓶左右。

1

2

3

4

1. 彼得‧希賽克近年所推出的斗羅河岸新酒ΨPSI乃以本區的數個老藤園區果實釀成。

2. 即使合作購買的軟木塞製造商均為一時之選，本莊依舊會對各批軟木塞進行抽檢；圖為Flor de Pingus所使用的軟木塞，每個0.7歐元；若是正牌Pingus紅酒所使用者，每個便要索價1歐元。

3. 本莊先進的實驗室可檢驗紅酒中的揮發酸是否過多，以確知酒質穩定情形。

4. 自2010年份起，有部分的Flor de Pingus改在如圖的2,250公升大木槽（等同於前景的10個小橡木桶的容量）培養，若實驗成果佳，將來可能增加大木槽培養的比例；以前的Flor de Pingus都是在225公升小橡木桶培養（約五成新桶），期間約14個月。

一朝沉船，一夕暴漲

醸技非一朝可成，其人其酒卻是一夕成名。1996年當帕克品嘗到首年份的1995 Pingus，便讚其為「本人畢生飲過的最佳紅酒之一」，並給出98分的極高評價，使平古斯酒莊躍上國際酒壇，其酒價自然開高。此外命運之神也推波助瀾：1997年，一艘載有900瓶1995 Pingus以及12,000瓶二軍酒1995 Flor de Pingus的貨櫃輪遇巨浪沉沒，使平古斯給美國市場的該年份紅酒配額俱沒，更讓此年份Pingus酒價水漲船高，使其晉身為西班牙最昂貴的葡萄酒；目前1995 Pingus的身價已經超過1,000美元。年份不論，美國市場的Pingus紅酒平均售價約在650美元上下，平均年產量約在5,000瓶左右。

雖一般稱Flor de Pingus為平古斯的二軍酒，然若據嚴格的定義而言，Flor de Pingus並非真正的二軍酒，因其葡萄園雖與釀造正牌的Pingus紅酒一樣位在歐那酒村，但完全是不同的葡萄園。除非在年份欠佳，不推出Pingus的年份，才會用到Pingus園區的葡萄果實來釀造Flor de Pingus，而這情形僅在2002年份出現過一次。另，彼得當初原不希望大家誤會Pingus乃僅在最佳年份才會推出的紅酒，所以也在年份較遜一些的1997年推出Pingus。然而，事後看來，彼得坦承或許當初不該讓1997 Pingus上市；而確實此年份也是歷來正牌酒酒質最弱者。用以釀造Flor de Pingus的葡萄園面積為22公頃，但都是租來的葡萄園；自2004年份起此酒愈加精練集中，與正牌酒Pingus的酒質差距益形接近，可說相當物超所值，其近年的平均售價約在120美元。

平古斯的紅酒皆以田帕尼優品種釀造，而關於此品種的無性繁殖系，彼得有其獨特見解。

田帕尼優在斗羅河岸也被稱為Tinto Fino以及Tinta del País（也拼成Tinto del País），一般認為三者同物，並無差別。但彼得與一些志同道合的友人則不這樣認，他們認定田帕尼優或是Tinto Fino其實是葡萄根瘤蚜蟲病侵襲本區（約在十九世紀末、二十世紀初），導致葡萄樹幾乎死亡殆盡後才開始全面重植的現代無性繁殖系；而葡萄根瘤蚜蟲病爆發前，斗羅河岸的傳統無性繁殖系乃為Tinta del País。

彼得進一步解釋裴嘉・西西里雅酒莊園內的優質植株即是Tinta del País，其果粒與葉片均較小，風味更加集中。他繼續指出裴嘉・西西里雅在舊時還稱其自家的Tinta del País為Tinto Aragones；然而，在西班牙其他產區，Tinto Aragones其實指的是格那希品種（Garnacha，法文為Grenache）。彼得還發現用以釀造Flor de Pingus的園區中便有一小塊百年老藤園區為

平古斯位於歐內西蒙酒村酒村裡，村裡的Posada Fuente de la Aceña旅棧的附屬餐廳所烹的「粗鹽燒羊腿」極為美味，與同由彼得・希賽克擔任釀酒師的Hacienda Monasterio酒莊（建於1990年）之紅酒（圖中白色酒標）相搭更為相得益彰。

Tinta del País。他認為其品質優於現代的田帕尼優或是Tinto Fino無性繁殖系。故而當本莊需要種植新株時，他皆在這小園中以馬撒拉選種的方式培育出Tinta del País幼株，以供遞補死株或缺株，且避免向育苗場購買其所謂現代的田帕尼優無性繁殖系。

可想而知，並非所有當地人都同意彼得以上論點，並認為他這個丹麥人「啥都不懂」。然而，筆者覺得彼得所言有其可信度，裴嘉‧西西里雅所自行出版的《裴嘉‧西西里雅傳奇》（*Vega Sicilia, Journey to the Heart of a Legend*，José Peñín撰文）第117頁第2段便可證實其論點並非空穴來風。雖然，目前的裴嘉‧西西里雅釀酒師也不再談及Tinto Aragones的往事了。

僅此一桶 Amelia

除Pingus, Flor de Pingus之外，平古斯也自2001年起生產本莊的第三款酩釀，且每年僅產一個225公升橡木桶的量，換算起來每年只有300瓶。此款比Pingus還要珍稀許多的紅酒名為Amelia，酒名其實源自本莊的美國進口商The Rare Wine Co.老闆Mannie Berk的女兒之名。Amelia稀罕之處不僅因量少難得，還在於它完全釀自前段所提，種有Tinta del País的那塊百年老藤園區（1995-2000年份之間，這些老藤Tinta del País葡萄也是釀造Flor de Pingus的原料之一）。說是園區可能過於誇張，因為這些Tinta del País僅有寥寥500株，可說是活生生的罕有古董葡萄樹。Amelia之酒質與Pingus相當，若三生有幸，或許可在美國遇得，否則就僅能在國際拍賣會上競標此美物了。

釀造Pingus紅酒的葡萄園之平均樹齡約在75年，而釀製Flor de Pingus園區的平均樹齡也有40年左右。本莊自2000年開始採行自然動力法

Pingus紅酒在培養階段的最後兩個月，會在如圖的蛋形水泥槽（原型由Michel Chapoutier所設計）內進行所謂的「修復培養」後才裝瓶。平古斯採用位於波爾多右岸Lalande de Pomerol酒村附近的精品製桶廠Darnajou所製作的橡木桶（如前景）培養葡萄酒。另，在2004年本莊曾經一度採用過Dominique Laurent桶廠所出品的「魔術橡木桶」（桶板厚度為雙倍厚度的45公厘）以培養Pingus以及Flor de Pingus。

（Biodynamic，請參見《頂級酒莊傳奇》相關章節），且是法國自然動力法先驅尼可拉・裘立（Nicolas Joly）所創的自然動力法倡導組織回歸風土（Return to Terroir）之成員。不過，其施用於葡萄園裡的自然動力法之「配方500號系列」乃外購而來；本莊人員從簡，無法負擔此繁瑣作業。不僅如此，彼得每年都會請知名的法國農業學家暨土壤微生物學家布津農來訪兩次以追蹤檢驗土壤之活性。平古斯還於幾年前在莊內設置先進的實驗室，目前的工作要項為篩選並培養出屬於自家葡萄園風土所獨有的野生酵母株，萬一當年度的發酵遲緩或不順

1. Amelia紅酒每年僅產出300瓶，比Pingus紅酒更難購得。

2. Flor de Pingus以樹齡平均約40年的老藤果實釀成。

3. ΨPSI紅酒的首發年份為2007，相當物超所值，年產約46,000瓶左右。

2

1

3

暢時，可酌情培養添入使用；本莊堅持不採用外購的商業酵母。

斗羅河岸常見的每公頃葡萄樹種植密度為2,000株，許多人以為這是當地傳統，彼得卻又指出這是1950年代初，大型農耕機被大量運用後才有的現象（斗羅河岸的葡萄農通常同時種植其他經濟作物），如此才可讓龐大的農耕機可同時出入穀物耕地與葡萄園。彼得堅信高密度種植法才可提升葡萄的品質。他以釀造Amelia的Tinta del País百年老藤園區為例，其種植模式為1.5公尺行距乘以1.5公尺樹距，如此換算的種植密度為每公頃6,000株葡萄樹，他認為這才是老傳統；而目前許多當地的葡萄園的種法是3公尺行距乘以1.5公尺樹距，如此換算的密度僅有每公頃1,900株左右。釀造Pingus的園區（絕大多數植於1929年）為每公頃3,000株，本莊預計在未來漸次提高密度。此外，為降產以求質，本莊每年會在夏季進行四次綠色採收（疏果），致使Pingus紅酒的來源園區之每公頃平均產量僅達約1,600公升。

揮別新桶

本莊葡萄全以手工採收，基本上完全去梗（但2009年份僅進行50%去梗）。Pingus紅酒於1,600公升的中小型發酵木槽內發酵釀造，後在225公升的全新法國橡木桶內進行乳酸發酵。接著約18個月的橡木桶培養，在2007年份之前會以100%全新橡木桶培養，但自2007年份起已逐漸減少新桶比例，並自2009年份起全以舊桶培養；培養階段的最後兩個月，彼得還讓酒液在廣肚的蛋形水泥槽內進行所謂的「修復培養」階段後才裝瓶。以上為Pingus紅酒近年在酒質培養上的一大轉變；反而是二軍的

Flor de Pingus的新桶培養比例（50%）較高。

為回饋讓其實踐理想的斗羅河岸產區，彼得在前兩年推出首年份為2007的新酒Ψ PSI以間接嘉惠當地葡萄農。傳統上，本區九成的葡萄農都將所獲葡萄賣給本區的大、小酒莊，但由於採「論斤計價」制，故造成葡萄農多數重量不重質；在此情況下，產質不產量的老藤葡萄樹就成了被首要根除的對象。

為扭轉此慘劇，彼得以較高的價格向葡萄農收購老藤葡萄釀酒，以拯救珍貴的葡萄老樹。當地多數酒廠通常只願付出每公斤0.4歐元的價格購買葡萄，彼得則以每公斤1.5-2歐元的價格買入。他再以此釀出集合眾多園區老藤的Ψ PSI紅酒（Ψ為希臘文的第23個字母，發音為Psi，因形似本區痀僂嶙峋的老藤而以之命名），其風格甜潤強勁，雖少了平古斯自家酒款的複雜與細膩風味，但酒質優良且物超所值（國際售價約32美元）。

雖已成就斐然，彼得‧希賽克的腳步依舊難得停歇。他近年與聖愛美濃產區的Château Faugères之莊主Silvio Denz共同成立同產區的新酒堡：侯雪宏堡（Château Rocheyron）。侯雪宏堡位於Château Laroque旁的石灰岩台地上，首年份的2010 Château Rocheyron以70%梅洛以及30%卡本內─弗朗釀成。尚未上市的此酒潛質如何，是否仍可一舉中的，搏得喝采，且讓筆者來日續筆再報。🍷

Dominio de Pingus

C/Millán Alonso, 49

47350 Quintanilla de Onesimo

Valladolid

Spain

Website: www.pingus.es

化外名莊
Bodegas Mauro

西班牙國寶酒莊裴嘉・西西里雅前任明星釀酒師馬里安諾・嘉西亞（Mariano García）所創立的茅洛酒莊（Bodegas Mauro）由於位在斗羅河岸法定產區劃界之外，因而所釀酒款僅能以次一級的卡斯提亞─萊昂地區餐酒掛名上市。然而，地區餐酒的列級並無損本莊聲望，相反地，茅洛酒莊的系列酒款乃為行家所揀飲、評家所讚頌的美釀；馬里安諾・嘉西亞也曾被美國知名的《葡萄酒與烈酒雜誌》（*Wine & Spirits Magazine*）選為「2004年全球年度最具影響力的50大釀酒師」之一。

茅洛酒莊所在的圖代拉酒村（Tudela de Duero）位於斗羅河岸法定產區西邊不遠處，海拔700公尺，斗羅河呈馬蹄形自村子中心穿流而過。圖代拉具悠久釀酒傳統，西班牙國王腓力二世（Felipe II, 1527-1598）甚至有鑑於本村酒質優越，在1562年下令使本村免於賦稅。今日的圖代拉除茅洛酒莊的酩酒之外，還是西班牙最佳的大白蘆筍產區，舉世聞名的西班牙米其林三星餐廳elBulli（已停業）的當家大廚阿德里亞（Ferran Adrià）也嚴選「圖代拉白蘆筍」為頂級食材，故而圖代拉實為鄰近的瓦雅多利市（Valladolid）之美酒美食後花園。

緣滅第三代

現年67歲的馬里安諾之祖父以及父親兩代均在裴嘉・西西里雅酒莊擔任葡萄園工人，而第三代的馬里安諾甚至誕生於裴嘉・西西里雅的員工宿舍裡。馬里安諾自1968年起在裴嘉・西西里雅擔任助理釀酒師，1985年則被升任為

1. 茅洛酒莊最初設立於圖代拉酒村裡的一棟十七世紀大宅院裡，現在依舊充當培養酒窖以及裝瓶之用。圖為宅院裡的地下藏酒窖。

2. 茅洛酒莊的VS以及Terreus紅酒於不鏽鋼槽中進行酒精發酵後，會在圖中的大木槽中進行乳酸發酵，之後才於小型橡木桶中培養。

1

2

1

2

1. 茅洛酒莊莊主馬里安諾・嘉西亞曾在裴嘉・西西里雅酒莊釀酒長達30年，釀酒經驗與對斗羅河岸酒史的了解無人能出其右。

2. 由於阿爾托（Aalto）酒莊的培養酒窖並未完全深埋地底，其窖內還設置有加濕器以備不時之需（圖中空氣裡以及地上仍可見所噴出的水氣凝結）。莊主之一的薩嘉尼尼指出斗羅河岸的2005、2009以及2010均為近來的好年份。

3. 茅洛酒莊在創莊年度首批釀出的1978 Mauro Vino Fino de Mesa紅酒。

3

總釀酒師，直至1998年被裴嘉・西西里雅的總經理帕布羅・阿伐雷茲解雇為止，共於此竭誠效力三十載，也釀出許多經典年份（如1989, 1994, 1995, 1996等）。那麼，是何等因由讓裴嘉・西西里雅自斷右臂，解雇旗下最優秀的明星釀酒師馬里安諾？

癥結便在本文主角茅洛酒莊。馬里安諾在為裴嘉・西西里雅效命的第十個年頭，即1978年，以父之名建立茅洛酒莊；當時裴嘉・西西里雅的業主對於馬里安諾在工作之餘另行設立茅洛未置一詞，算是默許。然而在1982年入主裴嘉・西西里雅的阿伐雷茲家族對此狀態不甚滿意，長年來一直希望馬里安諾能放棄經營茅洛酒莊。馬里安諾則認為茅洛為一小型家族酒莊，且「僅是」地區餐酒，與裴嘉・西西里雅的國際盛名絲毫無可比擬，並不構成競爭，故堅持為家族下一代的未來繼續經營當時尚未

成名的茅洛酒莊。其實，帕布羅・阿伐雷茲曾多次提出併購茅洛的意願，但馬里安諾絲毫不為所動。日久，阿伐雷茲家族終忍無可忍，於1998年遞出最後通牒，終結了裴嘉・西西里雅與馬里安諾家族的三代主僱情緣。

茅洛酒莊最初設立於圖代拉酒村裡的一棟17世紀大宅院裡，後於2004年將釀酒廠遷至村郊的現代化廠房裡，但原來的大宅院依舊充當陳年培養酒窖以及裝瓶之用。本莊共有園區面積60公頃，但其中約有12公頃為租來自耕的葡萄園；還另向長期合作的葡萄農購買小比例的葡萄以釀酒。基本上採有機農法種植，但還未申請有機認證。園裡種植的主要品種當然是田帕尼優，但也種有小比例的希哈品種（植於1993年）以及比例微不足道的格那希。

基本上，馬里安諾同意平古斯酒莊莊主彼得・希賽克的說法，認為在19世紀葡萄根瘤蚜

圖為斗羅河岸知名古鎮潘雅菲旁的潘雅菲城堡（Castillo de Peñafiel），裡頭設有葡萄酒博物館。堡下山坡上的奇異圓柱體其實是地下酒窖的通風口，下頭的地下酒窖有許多是羅馬時代之遺跡。阿爾托酒莊就位在潘雅菲西邊不遠的 Quintanilla de Arriba 酒村。

蟲病爆發前，斗羅河岸以及周遭酒村的田帕尼優之傳統無性繁殖系為Tinta del País或是Tinto Aragones（在西班牙其他產區，Tinto Aragones指的是格那希）。他們強調目前一般泛稱的田帕尼優或是Tinto Fino是後來選出的現代無性繁殖系；他們兩人也認為Tinta del País或Tinto Aragones之品質優於果粒較大的田帕尼優或是Tinto Fino。馬里安諾還指出其La Oliva葡萄園裡所種植的便是Tinto Aragones，而若本莊有種植新株之需要，也會以馬撒拉選種的方式自La Oliva園區培育出Tinto Aragones新株為之。

尷尬的法定產區劃界

當筆者問到為何茅洛酒莊未被劃入斗羅河岸法定產區（D.O.）裡？馬里安諾則解釋1982年在設立法定產區時，目標乃在推廣斗羅河岸的粉紅酒。當初斗羅河岸的釀酒大宗乃是被當地人稱為Clarete的淡色紅酒，酒色較紅酒為淡，又較一般各地常見的Rosado粉紅酒略深；總之，屬粉紅酒範疇。1982年當斗羅河岸法定產區首次劃定時，有關單位並未將裴嘉‧西西里雅劃入範圍內，主因是它不產粉紅酒。之後，他們才驚覺若連西班牙國寶都被排除在法定產區之外，那可真要貽笑大方，便連忙在1984年將法定產區往西擴張到裴嘉‧西西里雅之西邊的歐內西蒙酒村（平古斯即位於此）以將裴嘉‧西西里雅囊括在內。然而在歐內西蒙更西邊一點的圖代拉酒村，也即是茅洛酒莊所在地，卻仍未被列入法定產區裡。

對當地酒史極為熟稔的馬里安諾進一步揭示：「事實上在1982年之前，本區僅有裴嘉‧西西里雅、茅洛、佩斯喀拉以及普洛多斯（Protos）四家酒莊釀造紅酒，其他都僅釀粉

紅酒。」然而，今日的有識者皆認為茅洛家的紅酒乃本地區田帕尼優紅酒之經典展現，酒質優越不凡，甚至勝過絕大多數的斗羅河岸法定產區酒款。或許，有關單位來日應將法定產區再度西擴，以包含圖代拉酒村，讓茅洛不再屈居地區餐酒等級？然現實是，茅洛一系列三款紅酒熱賣暢銷，並未受制於其等級，並為懂行愛酒人所激賞。本莊的初階酒款為Mauro紅酒，主要的釀酒品種為田帕尼優，通常會混調有約10-16%左右的希哈，以及比例微乎其微的格那希；此酒會在橡木桶裡（美國桶占80%，法國桶占20%；其中有20%的新桶）培養16個月後裝瓶，再經3個月瓶中培養後上市。

較高階的特選紅酒Mauro Vendimia Seleccionada（簡稱VS，首年份為1994）以La Oliva以及Santibáñez de Valcorba兩園的老藤葡萄（平均樹齡60歲）釀成，經33個月橡木桶培養後（前27個月在全新法國橡木桶培養，最後6個月移至美國舊桶培養），還經1年瓶中培養後推出。另，本莊酒價最昂者為年產僅約6,000瓶的Terreus紅酒（首年份為1996），它以Paraje de Cueva Baja園區的老藤葡萄釀成（平均樹齡85歲，部分為超過百年的老藤），為單一葡萄園酒款，在全新法國橡木桶中培養33個月後裝瓶，並經1年瓶中培養上市。VS以及Terreus皆以百分之百的田帕尼優釀成，兩者酒質相當，前者以優雅以及繁複風味見長，後者則以更勝前者的濃郁風韻與絲綢般的單寧紋理迷倒眾生。

多羅新象

高踞紅土高原之上的多羅酒區直到1987年才獲准成立法定產區，土質以帶鐵質的貧瘠紅

1

1. 首年份為1996的Terreus頂級紅酒僅在最佳年份推出，至目前為止，未推出上市的年份為1997、2000、2002以及2007。

2. 左為基礎款的Mauro紅酒（酒質並不初階）。右為Mauro VS紅酒，本莊的出口主任開玩笑指VS=Very Sexy；莊主馬里安諾也幽默補充VS並不等於Vega Sicilia，年產量約為25,000瓶。

3. 多羅酒區年均雨量僅達300公厘，故每公頃種植密度極低，一般以3公尺行距乘以3公尺樹距模式種植，換算每公頃僅有1,000株葡萄樹。

4. Aalto PS酒質優越，僅產於優秀年份；2002以及2007年份並未產出PS紅酒。

2

3

4

1

2

3

1. 阿爾托酒莊建於偏僻的山腰上，莊名取自芬蘭建築大師阿爾瓦·阿爾托。

2. 茅洛酒莊的老藤葡萄園，圖為本莊的葡萄園主任David。

3. 阿爾托酒莊莊主之一的薩嘉尼尼曾任斗羅河岸法定產區管理委員會主席六年時間，會講幾句中文。莊內的不鏽鋼發酵槽由他和馬里安諾·嘉西亞共同研發而成，其形似飛碟，又像是蘭嶼達悟族男人常頂著的錐形大銀盔；其形狀有易萃取。

色黏土為主，各地塊的差別僅在其為「混有石塊的黏土」或是「混有砂質的黏土」，且幾乎不存在石灰質土壤；屬少雨（年均雨量僅達300公厘）的極端大陸型氣候。多羅位於斗羅河下游，斗羅河岸法定產區之西約莫100公里處，自1990年代中起因產區潛力重新被看好，吸引了許多斗羅河岸名莊甚至是國際酒業赴此投資。1998年時，登記在案的多羅酒莊僅有9家，統計至2011年中止，酒莊總數已達53家，氣象欣欣向榮，可說正值酒質文藝復興之洗禮。

1996年，馬里安諾到多羅替自己與老東家裴嘉・西西里雅搜購優質葡萄園，馬里安諾在之後不久便推出1997 San Román紅酒，並在隨後建立多羅區的自有酒莊茅洛多斯（Bodegas y Viñedos Maurodos），而其現代化的釀酒廠則建於2001年。裴嘉・西西里雅遲至2004年才推出2001 Pintia紅酒。馬里安諾在2001年已逐漸交棒，將茅洛與茅洛多斯兩莊的釀酒大任交予同樣具有釀酒文憑的小兒子艾杜瓦多（Eduardo García）負責，大兒子阿貝托（Alberto García）負責銷售、財務與公關；馬里安諾本人則退居幕後，擔任監督與建議的角色。

多羅的紅酒絕大部分以百分之百的Tinta de Toro釀成，它乃田帕尼優在多羅長期適應後的特殊無性繁殖系，葡萄果皮較斗羅河岸的田帕尼優略厚，單寧也更多；若過晚採收，常會出現如加州金芬黛（Zinfandel）品種的過熟果醬香氣，酒精濃度常可飆上16、17度。為避免此過去多羅紅酒常出現的缺點，艾杜瓦多會將採收期提前一些、以較低的溫度進行慢速發酵，也將浸皮萃取時間縮短。此外自2009年份起，艾杜瓦多也在茅洛多斯酒莊的兩款多羅紅酒裡加入約2%的馬瓦西亞品種（Malvasía, 園中有少量種植）白酒，使其酒質更顯均衡與芬芳。

多羅酒村裡建於十二世紀的La Colegiata de Santa María la Mayor教堂。

茅洛多斯的基礎酒款為Prima紅酒，以約90%的Tinta de Toro、6-7%的老藤格那希（平均樹齡約45歲）以及微量的Touriga Nacional和馬瓦西亞白葡萄釀成；Touriga Nacional源自離多羅不遠的鄰國葡萄牙，但因並非多羅法規所允許的品種，故艾杜瓦多並不將其標示出來；Prima僅以舊桶培養12個月，以清新生動的果香與飽滿的酒體引人。

較高級的San Román紅酒以百分之百的Tinta de Toro老藤釀成（部分為120年樹齡，且未經嫁接在美國種樹根上），葡萄來自多羅的六個酒村，包括多石如法南教皇新堡（Châteauneuf-du-Pape）的聖羅曼酒村以及多砂的維亞艾斯特酒村（Villaester）。聖羅曼酒質強勁集中，維亞艾斯特酒質優雅、酸度較佳，艾杜瓦多以互補調和之原則，調釀出風格均衡的San Román。一般而言，San Román紅酒較裴嘉·西西里雅的Pintia來得渾圓扎實，後者則在相對年輕時即展現多層次氣韻與在多羅區少見的優雅；然而，將San Román陳個8年以上再開瓶，其優雅與層次並不讓Pintia專美。

斗羅河岸異軍突起

1999年，離開裴嘉·西西里雅不久的馬里安諾與剛卸下斗羅河岸法定產區管理委員會主席職務的薩嘉尼尼（Javier Zaccagnini）一拍即合共創阿爾托酒莊（Bodegas y Viñedos Aalto），莊址位於Quintanilla de Arriba酒村的偏僻山腰上。創莊不過十餘年，由馬里安諾擔任總釀酒師的阿爾托異軍突起，成為斗羅河岸最受矚目與歡迎的新星酒莊，其1999首釀年份的40,000瓶紅酒在短短兩個月內便售罄，國際酒評也均給以極高評價。此外，其酒價相對於漲至極點

的波爾多高級紅酒而言，顯得相當物超所值。

阿爾托的莊名取自薩嘉尼尼崇敬的芬蘭建築暨工業設計大師阿爾瓦·阿爾托（Alvar Aalto, 1898-1976），並在建莊之初設立了幾個釀酒準則：以百分之百的田帕尼優釀造、僅採用老藤葡萄（最年輕的葡萄樹也有40年樹齡）、來自七個優質酒村的葡萄分開釀造之後，才視年份狀況混調成初階的Aalto以及僅在佳年釀造的Aalto PS紅酒。Aalto PS為Pagos Seleccionados（園區精選之意）之縮寫，此酒以介於60-100年的老藤釀成，平均年產僅15,000瓶，阿爾托並未在年份欠佳的2002與2007年份推出PS。此外值得一提的是，薩嘉尼尼也在鄰近的魯耶達產區，與夥伴以植於葡萄根瘤蚜蟲病爆發前的170年樹齡老藤維黛荷（Verdejo）釀出品質極高的Ossain白酒，此酒的2007年份曾被Verema.com的幾千名業餘葡萄酒愛好者共同評選為2010年年度最佳白酒。

不屬於斗羅河岸法定產區的「化外名莊」茅洛酒莊自2001年由艾杜瓦多接手後，對於葡萄園的管理與照料更顯一絲不苟，因而酒質愈來愈能彰顯當地風土之細節；即便本莊對多數酒友而言，尚不能稱之為名聞遐邇，但若不識本莊，則讀者心中的葡萄酒地圖便要缺了令人遺憾的一角。🍷

Bodegas Mauro

Cervantes 12

47320 Tudela de Duero

Valladolid

Spain

Website: www.bodegasmauro.com

| 附錄 | 進口商資訊 |

酒莊	進口商	進口商連絡電話	進口商網址
嘉柯莫·康特諾酒莊 （Azienda Vitiviniciola Giacomo Conterno）	交響樂	（02）2741-2939	http://winesymphony.com
朱賽裴·馬斯卡雷洛 （Azienda Agricola Giuseppe Mascarello e Figlio）	越昇國際	（02）2533-3180	http://www.ascentway.com.tw
巴托洛·馬斯卡雷洛酒莊 （Cantina Bartolo Mascarello）	目前無正式進口商		
布魯諾·賈寇薩酒莊（Bruno Giacosa）	台灣金醇	（02）2393-1233	http://www.formosawine.com.tw
歌雅酒莊（Gaja）	星坊酒業	（02）2508-0079	http://www.sergio.com.tw
路其阿諾·桑鐸內酒莊 （Azienda Agricola Luciano Sandrone）	交響樂	（02）2741-2939	http://winesymphony.com
羅貝托·弗艾裘酒莊 （Azienda Agricola Roberto Voerzio）	交響樂	（02）2741-2939	http://winesymphony.com
史皮內塔酒莊（La Spinetta）	夏朵菸酒	（02）2708-2567	http://www.chateaux.com.tw
保羅·佳布列酒廠（Paul Jaboulet Aîné）	威廉彼特	（02）2718-2669	http://www.creationwine.com.tw
夏卜提耶酒莊（M.Chapoutier）	長榮桂冠酒坊	（02）2563-9966	http://www.evergreet.com.tw
尚路易·夏夫酒莊（Domaine Jean-Louis Chave）	交響樂	（02）2741-2939	http://winesymphony.com
積架酒廠（Etablissements Guigal）	大同亞瑟頓	（02）2586-7996	http://www.wine.com.tw
托貝克酒莊（Torbreck Vintners）	長榮桂冠酒坊	（02）2563-9966	http://www.evergreet.com.tw
火雞平原酒莊（Turkey Flat Vineyards）	長榮桂冠酒坊	（02）2563-9966	http://www.evergreet.com.tw
奔富酒廠（Penfolds）	法蘭絲	（02）2795-5615	http://www.finessewines.com.tw
亞倫巴酒莊（Yalumba Wine Company）	酩洋國際	（02）2507-2558	http://www.leading-brands.com.tw
大德莊園（Domaine du Clos de Tart）	佳釀股份有限公司	（02）2236-5938	http://www.grandvin.com.tw
隆布萊莊園（Domaine des Lambrays）	交響樂	（02）2741-2939	http://winesymphony.com
鹿躍酒窖（Stag's Leap Wine Cellars）	星坊酒業	（02）2508-0079	http://www.sergio.com.tw
雪弗酒莊（Shafer Vineyards）	大同亞瑟頓	（02）2586-7996	http://www.wine.com.tw
賀蘭酒莊（Harlan Estate）	酒堡國際	（02）2506-5875	http://www.ch-wine.com.tw
蔻更酒窖（Colgin Cellars）	酒堡國際	（02）2506-5875	http://www.ch-wine.com.tw
艾布魯酒莊（Abreu Vineyard）	酒堡國際	（02）2506-5875	http://www.ch-wine.com.tw
普恩酒莊（Weingut Joh. Jos. Prüm）	亨信股份有限公司	（02）2737-0123	http://www.trustwell-wines.com.tw
弗里茲·哈格酒莊（Weingut Fritz Haag）	美多客企業有限公司	（02）2705-0245	http://www.medoc.com.tw
翰侯·哈特酒莊（Weingut Reinhold Haart）	長榮桂冠酒坊	（02）2563-9966	http://www.evergreet.com.tw
羅伯·威爾酒莊（Weingut Robert Weil）	夏朵菸酒	（02）2708-2567	http://www.chateaux.com.tw
凱勒酒莊（Weingut Keller）	台灣金醇	（02）2393-1233	http://www.formosawine.com.tw
裴嘉·西西里雅酒莊（Bodegas Vega Sicilia）	星坊酒業	（02）2508-0079	http://www.sergio.com.tw
佩斯喀拉酒莊（Tinto Pesquera）	長榮桂冠酒坊	（02）2563-9966	http://www.evergreet.com.tw
平古斯酒莊（Dominio de Pingus）	維納瑞酒窖	（02）2784-7699	http://www.vinaria.com.tw
茅洛酒莊（Bodegas Mauro）	交響樂	（02）2741-2939	http://winesymphony.com

＃波爾多高級酒為公開市場，無獨家代理，購酒請洽各大酒商。

| 圖片出處 | Photo Credits |

除以下圖片出處外，其餘皆為作者拍攝
（Except as indicated below, other photos are taken by Jason LIU）

- Giacomo Conterno: P.21; P.22 photo 3
- Bartolo Mascarello: P.39 photo 2; P.40
- Bruno Giacosa: P.43; P.44; P.46 photo1
- Gaja: P.51;P.52 photo1; P.55 photo1; P.57
- Luciano Sandrone: P.60
- La Spinetta: P.78 photo1,3
- Château Ausone: P.83; P.84 Photo 1,3,5; P.85; P.86 photo 2
- Château Cheval Blanc: P.91; P.93 photo2, 4; P.94 photo 3; P.95
- Château Pavie: P.104; P.105; P.107 photo 3
- Torbreck Vintners: P.152; P.155 photo1
- Turkey Flat Vineyards: P.106; P.161; P.163 photo2,3,5; P.164; P.165 photo1
- Penfolds: P.166; P.167; P.169 photo1; P.172 photo 3
- Stag's Leap Wine Cellars: P.202; P.205; P.209; P.211
- Shafer Vineyards: P.203; P.212; P.219 photo1
- Harlan Estate: P.222; P.224; P.225; P.227; P.230 photo1
- Colgin Cellars:P.234; P.236 photo2; P.240 photo1
- Abreu Vineyard: P.242; P.246 photo1; P.248 photo1
- Weingut Joh. Jos. Prüm:P.252 photo2; P.253 photo2; P.254; P.257
- Weingut Fritz Haag: P.259; P.260 photo2; P.261; P.262; P.264
- Weingut Reinhold Haart: P.265; P.266; P.268 photo1; P.270 photo1; P.271; P.272
- Weingut Robert Weil: P.278 photo1,4,5; P.280 photo2
- Bodegas Vega Sicilia: P.299 photo1,3,4; P.301
- Tinto Pesquera: P.306 photo1

Dieses Haus wurde im
Jahre 1726 in Ergänzung
eines schon vorhandenen

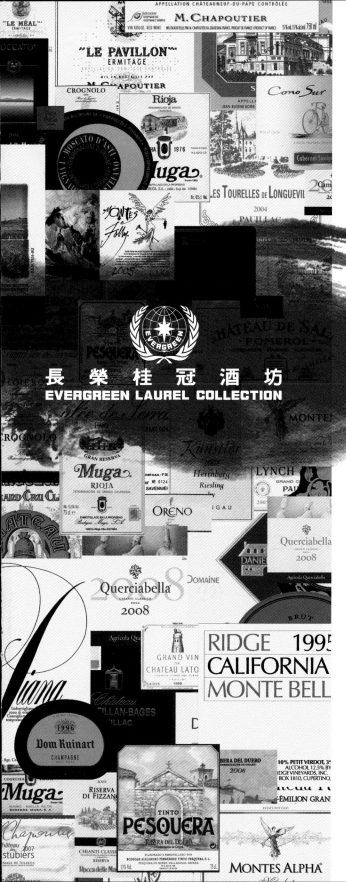

長榮精選 酒中桂冠

新世界、舊世界、紅酒、白酒、甜酒、氣泡酒，
未免您浮沉於浩瀚酒海無所適從，長榮桂冠酒坊
全省專業門市為您精選各式美釀，初階至評等滿
分頂級珍釀一應俱全，恆控溫溼度呵護下的葡萄
珍露待您一嚐究竟。

● 總公司/ 台北市中山區南京東路2段53號2樓
　　Tel: (02) 2563-9966/ Fax: (02) 2563-9488
● 一江門市/ 台北市中山區一江街21-1號/ Tel: (02) 2567-2288
● 安和門市/ 台北市大安區安和路2段12號/ Tel: (02) 2754-7970
● 微風台北車站門市/ 台北市中正區北平西路3號2樓
　　（台北車站微風食尚中心2F）/ Tel: (02) 2389-018
● 微風廣場復興門市/ 台北市松山區復興南路一段39號（微風廣場B2）
　　Tel: (02) 8772-6712
● 高雄楠梓台糖量販門市/ 高雄市楠梓區土庫一路60號B1
　　Tel: (07) 355-511

澳洲經典酒莊

TORBRECK

BAROSSA VALLEY

《葡萄酒投資》一書裡，全澳洲的「投資級葡萄酒」的38款紅酒

裡頭，托貝克酒莊（Torbreck Vintners）的酒釀就佔了四款：分

別是The Factor、Descendant、Les Amis以及Run Rig。其中Run

Rig為現代澳洲經典名釀的代表作，它同時也名列2010年版「藍頓

澳洲葡萄酒分級」（Langton's Classifications of Australian

Wine）中位階最高的Exceptional等級中的一員。此外，其初階酒

款Woodcutter's Shiraz由於極為物超所值在神之雫漫畫推薦後，

更讓托貝克大名耳熟能詳於酒迷之間。

The Laird

全澳洲最昂貴之酒
Robert Parker 100分紅酒

Run Rig

現代澳洲經典名釀的代表作
Wine Advocate 96分

The Pict

Robert Parker 91分

Decendant

Wine Advocate 95分
Robert Parker 95分

The Struie

Robert Parker 92分

Woodcutter's Shiraz

Robert Parker 90分
神之雫第二十三集：帶領神咲雫到
澳洲找尋第六使徒之酒。

 長 榮 桂 冠 酒 坊
EVERGREEN LAUREL COLLECTION

台北市中山區南京東路2段53號2樓

Tel: (02) 2563-9966/ Fax: (02) 2563-9488